DER GEOLOGISCHE AUFBAU ÖSTERREICHS

VON

PROFESSOR DR. **LEOPOLD KOBER**

VORSTAND DES GEOLOGISCHEN INSTITUTS
DER UNIVERSITÄT WIEN

MIT 20 TEXTABBILDUNGEN UND 1 TAFEL

SPRINGER-VERLAG BERLIN HEIDELBERG GMBH

1938

ISBN 978-3-7091-9578-9   ISBN 978-3-7091-9825-4 (eBook)
DOI 10.1007/978-3-7091-9825-4

Vorwort.

Gewaltiges Geschehen gestaltet die Gegenwart: Österreich ist ein Land des volksdeutschen Reiches.

Grundlinien des geologischen Aufbaues Österreichs werden hier gegeben. Sie erfließen aus der Arbeit, der Erkenntnis der letzten 30 Jahre.

Um- und Aufbau ist auch hier notwendig geworden. Ungeahnte neue Erfahrungen haben eine neue Geologie geschaffen.

So wird das Buch, das in Lebensarbeit herangereift ist, auch zum Ausdrucke moderner Geologie. Es will organische Synthese sein, allgemeines Gestaltungsbild alpiner Gebirgsbildung.

Über den engeren Sinn einer geologischen Landeskunde hinaus möchte diese Arbeit aber auch ein bescheidener Beitrag sein zu dem großen Aufbauwerke unserer Zeit. Immer enger gestalten sich die Beziehungen zwischen Geologie und Leben.

Wien am 9. April 1938.

L. Kober.

Inhaltsverzeichnis.

Inhaltsverzeichnis. V

A. Die Alpen.

Allgemeines.

Die alte Geologie hat die Alpen in Ost- und Westalpen gegliedert, in Nord- und Südalpen. Man unterschied in den Ostalpen die Sandstein-, die Kalkalpen-, die Grauwacken-, die Zentralzone, die Südalpen.

Alle diese Zonen waren bodenständig, autochthon, an der Stelle, wo sie heute stehen, auch entstanden. Brüche, Überschiebungen, Hebungen und Senkungen zerteilten die Alpen in Schollen, in Zonen, deren regionale Anordnung auf Zusammenschub hinwieß.

Eduard Sueß gab 1875 in dem Werke: „Die Entstehung der Alpen" ein allgemeines Gestaltungsbild: die Alpen sind von Süden gegen Norden zusammengeschoben. Einseitiger Schub, einseitiger Druck habe die Alpen erzeugt. Sueß erkannte bereits damals die grundsätzliche Verschiedenheit von Alpen und Vorland und sprach von einem Übertreten der Alpen über ihr Vorland. Das Bild von der Bodenständigkeit der Alpen und ihren Zonen konnte aber die Erscheinungen nicht vollständig erklären. Da war z. B. die Glarner Doppelfalte, die M. Bertrand (1884) veranlaßte, eine einzige große Überfaltungsdecke von Süden gegen Norden anzunehmen.

In den Westalpen hatte auch das Phänomen der Klippen die Geologen immer wieder beschäftigt, bis endlich H. Schardt (1893) die Lösung fand: die Klippen sind überschoben. Sie sind nicht bodenständig. Sie sind fremd, exotisch. Sie sind Reste einer aus dem Süden der Alpen stammenden Schubmasse. Sie sind „schwimmende Klippen".

Dann war es der Gegensatz von Ost- und Westalpen. Am Rhein stehen sich ost- und westwärts zwei Gebirge fremd gegenüber. Die Zonen im Westen entsprechen nicht denen des Ostens. Die Kalkalpen des Rhätikon haben im Westen keine Fortsetzung. Die Gesteine des Prättigauer Flysches grenzen fast unmittelbar an das Altkristallin der Silvretta; doch schiebt sich eine „Aufbruchzone" ein, die mesozoische Kalke enthält.

Da fand M. Lugeon 1902 die Lösung der Fragen der Schweizer Geologie. Er gab die Grundlagen des Deckenbaues der Schweizer Alpen. 1903—1906 konnte P. Termier die Synthese des Deckenbaues der Ostalpen finden. 1905 schied E. Sueß auf Grund aller Erfahrungen in den Ostalpen drei große Deckensysteme: das helvetische, das lepontinische, das ostalpine.

E. Sueß gliederte in dieser Zeit auch die Alpen in zwei Gebirge: in die nordbewegten Alpiden, in die südbewegten Dinariden. Die alpin-dinarische Linie trennt von Eisenkappel in Kärnten über Meran bis Ivrea Alpen und Dinariden.

Die Durchbohrung des Simplon im Simplontunnel brachte den Beweis, daß auch die Zentralalpen Deckenbau haben. E. Argand konnte die große Synthese des penninischen (lepontinischen) Deckenbaues geben. Damit war der Beweis erbracht: die Westalpen sind ein Deckengebirge. Die Decken schieben sich von Süd gegen Norden.

In den Ostalpen fand die neue Lehre wenig Freunde. Rothpletz hatte schon die Verschiedenheit von West- und Ostalpen durch die große rhätische Überschiebung deuten wollen. Er hat den Stein ins Rollen gebracht. Er sah die Ostalpen von Osten her überschoben auf die Westalpen. Die Deckenlehre forderte dagegen Bewegung von Süd gegen Norden. In relativ kurzer Zeit, im Alttertiär, sollten die Ostalpen 100 km weit die Westalpen — die westalpinen Decken — überfahren haben. Die ganze Mechanik wurde für unmöglich gehalten.

So begann der Kampf gegen die Deckenlehre der Ostalpen, gegen die Lehre von Termier: die Tauern seien ein Fenster. Inmitten der Ostalpen kommen in den Zentralgneisen, in der Schieferhülle westalpine Gesteine, Bündner Schiefer, mesozoische Schistes lustrés, also lepontinische oder penninische Gesteine durch Erosion unter der ostalpinen Schubmasse zum Vorschein.

Jahre vergingen. — Aber auch die Gegner der Deckenlehre lernten mit der Zeit — Decken zu sehen.

So wurde von den Gegnern des Tauernfensters durch den Zwang der Erscheinungen der Natur eine „gemäßigte Deckenlehre" geboren. Dem Nappismus wurde ein Halbnappismus entgegen gestellt, der auch heute noch seine Vertreter hat.

Indessen — die neue Lehre ist zu einer neuen Geologie geworden. Ein Strom der Erkenntnis ging von der Deckenlehre aus und hat auch die Nachbargebiete befruchtet. Wir sehen heute tiefer, weiter. Die Arbeitsmethoden sind verfeinert worden. Die Beobachtung im Felde ist wesentlich schärfer geworden. Erst jetzt hat der Geologe schauen, beobachten gelernt. Staunend sehen wir die Größe, die Gesetzmäßigkeit, das wunderbare, das erhabene Kunstwerk der Natur, das uns im Aufbau der Erdrinde entgegentritt.

Erst jetzt wird die ganze Wirklichkeit des geologischen Geschehens offenbar. Bewundernd schauen wir den tiefen Sinn kosmisch-geologischer Evolution.

I. Das Penninische Deckensystem.
Die Penniden = Die Metamorphiden.

1. Das Tauernfenster = Die Tauriden.

a) Allgemeines.

An den Anfang unserer Darstellung stellen wir die Grunderkenntnis der Deckenlehre der Alpen, der Ostalpen: die Tauern sind ein Fenster.

Die Tauern sind ein Fenster — diesen Fundamentalsatz der modernen alpinen Geologie, der durch die genialen Erkenntnisse von Bertrand, Schardt, Lugeon, Sueß, Termier herangereift ist, gilt es auch hier zu beweisen. Erneut zu beweisen, 30 Jahre nach seiner Aufstellung, mit der ganzen Wucht der Tatsachen, die seit dieser Zeit erkannt worden sind.

Von den Tauern aus bauen wir den Deckenbau der Ostalpen auf. Das ist der Weg unserer Darstellung. Wir legen Stein auf Stein, Zone auf Zone, daß der Deckenbau der Ostalpen sich gestalte, in seiner ganzen Größe und Schönheit des Baues und der Gestaltung — falls wir imstande sind, das große Vorbild nachzubilden.

Geschichtliches. Klassisches Land tritt uns in den Tauern entgegen. Grundsätzliche Erkenntnisse sind von hier ausgegangen. Anfang der Fünfzigerjahre konnten die Pioniere österreichischer und alpiner Geologie, Stur und Peters die Zentralgneise und die Schieferhülle der Hohen Tauern als eine Einheit dem übrigen Gebirgsrahmen entgegenstellen. Um dieselbe Zeit sprach der Schweizer Geologe Studer die Schieferhülle der Tauern von Heiligenblut als „Flysch" an und verglich diese Gesteine mit den Bündner Schiefern — eine Beobachtung, die erst ein halbes Jahrhundert später durch Termier ihre geniale Erklärung fand.

Die plutonische Theorie sah im Zentralgneis im Sinne von L. v. Buch, in seinem Aufsteigen die Ursache der Gebirgsbildung. Diese Theorie lebt später, in anderer Form, besonders in mineralogischen Kreisen fort. Von geologischer Seite wird diese Theorie frühzeitig abgelehnt. Posěpny erkennt, daß der Sonnblick-Zentralgneis in Schuppen gelegt ist. E. Sueß baut auf diesen und anderen Erfahrungen die Lehre von der „Passivität der Eruptivgesteine" bei der Gebirgsbildung auf. Damit wird ein entscheidender Schritt getan.

Mineralogen und Petrographen finden im Zentralgneis und in der Schieferhülle eine bestimmte Form der Bildung der kristallinen Schiefer. Von den Tauern aus entstehen auch Grundsätze über die Gliederung kristalliner Schiefer. Becke, Berwerth, Löwl, Weinschenk, Grubenmann geben dieser Zeit ihr Gepräge. Die Begriffe „Piezokristallisation", „Kristallisationsschieferung" werden geschaffen. Gebirgsbildung, Intrusion, Kristallisation werden in ursächlichen Zusammenhang gebracht.

Diese Arbeiten setzt Sander fort. Er schafft den Begriff der „Tauernkristallisation". Die Studien über „Gefügeregelung" von Sander und Schmidt gehen auch von den Tauern aus und führen zu neuen Erkenntnissen, bei denen aber bereits schon die neue Erfahrungswelt der Deckenlehre entscheidend mitspielt.

Der Weg zur Deckenlehre. Dieser wird durch die Arbeit von E. Sueß vorbereitet. Er erkennt die große Nordbewegung der Alpen, ihr Übertreten über das Vorland, ihre grundsätzliche Verschiedenheit im Bau gegenüber dem Vorland. Er sieht 1873 schon die Überschiebungen der Radstädter Kalkalpen durch das Schladminger Massiv. Er denkt an das mesozoische Alter der Schieferhülle, die allgemein als paläozoisch galt. Er sieht den Zentralgneis bewegt wie jedes andere Gestein. Er spricht sich 1902 für die Einheit der Glarner Doppelfalte aus. Er gibt 1905 vom Engadiner Fenster aus die Gliederung des Deckenbaues der Ostalpen, für den G. Steinmann und V. Uhlig die Unterlagen suchen, Beweise für die neue Lehre Termiers. 1907 beginnen die großen Arbeiten der Akademie der Wissenschaften in Wien. Unter Führung von E. Sueß, V. Uhlig, F. Becke werden die östlichen Tauern durch M. Stark, F. Seemann, W. Schmidt, F. Trauth und L. Kober untersucht. Im Tauernwestende arbeitet B. Sander und gibt eine Darstellung des Tauernwestendes, während L. Kober nach dem Tode von V. Uhlig und E. Sueß, erst nach dem Kriege die kurze Zusammenfassung: „Das östliche Tauernfenster" geben kann (1921).

1923 gibt R. Staub auf Grund der Exkursionen mit L. Kober in den Ostalpen im „Bau der Alpen" eine große Synthese des Deckenbaues der Alpen, der Ostalpen, des Tauernfensters. Dann arbeiten Schüler von Staub in den Tauern. Cornelius und Clar geben eine geologische Karte der Glocknergruppe. Hammer studiert den Tauernnordrand im Raume von Krimml. Kölbl geht den gleichen Weg und findet — die Tauern sind kein Fenster, ähnlich wie Hammer.

Allgemeine Charakteristik des Tauernfensters. Die penninischen Decken der Westalpen sinken in Graubünden unter die ostalpine Deckenmasse, tauchen nach 25 km im Engadiner Fenster auf, verschwinden wieder. Nach 70 km Entfernung vom Engadiner Fenster erscheinen sie im Tauernfenster wieder. Dieses reicht vom Brenner bis zum Katschberg. Hier tauchen die penninischen Gesteine endgültig unter die ostalpine Schubmasse hinab, 260 km entfernt von Graubünden.

Das Tauernfenster ist 160 km lang, 30 km breit, reicht im Norden bis an die Salzach. Im Süden ist das Mölltal, die Heiligenblut—Matreier Zone die Grenze. Innerhalb dieses Raumes liegt das Tauernfenster als große Kuppel, als Kulmination unter der ostalpinen Decke, die überall den Fensterrahmen bildet. Immer sind es unterostalpine Gesteine, die das Fenster einrahmen. Der Rahmen ist vollständig geschlossen.

„Zentralgneis und Schieferhülle" bilden im Tauernfenster eine geologisch-tektonische Einheit, die auch eine bestimmte petrographische Fazies darstellt. Alte und junge Gesteine formen die Tauern, die man wegen ihrer großen Ähnlichkeit mit dem (Lepontin) Pennin der Westalpen als Pennin (Kober) bezeichnet hat. Kober hat auch vorgeschlagen, diese ganze penninische Einheit als „Metamorphiden" zu bezeichnen, um eben das besondere Charaktermerkmal dieser Zone, die allgemeine alpine Metamorphose zum Ausdruck zu bringen. Staub hat in seiner Alpensynthese das Tauernfenster ganz nach den Erfahrungen der penninischen Zone der Westalpen gedeutet. Demgegenüber ist festzuhalten, daß den Tauern im Rahmen der Penniden (Metamorphiden) eine Eigenstellung zukommt. Die Tauern haben bei aller Übereinstimmung mit dem Pennin der Westalpen ihre Eigenheiten, ihre Individualität, ihren Stil, im Gestein, im Bau, in der Metamorphose, in der Gestaltung. Dieser „Tauernstil" ist festzuhalten.

So schlagen wir vor, in Zukunft das Tauernfenster — „die Tauriden" zu nennen, um eben die „Tauernfazies" in ihrer ganzen Bedeutung festzuhalten. Es ist besser zu trennen, zu sondern, um schärfer zu sehen — zusammenlegen kann man immer, wenn man gelernt hat, über allem Gemeinsamen in der Natur das Besondere zu sehen.

Es ist eine der Hauptaufgaben dieser Arbeit, dieses allgemeine Prinzip soweit als nur möglich, zum Ausdruck zu bringen, in der Erkenntnis, daß dieses Prinzip der Weg zur Wahrheit ist, zur vollen Erfassung der ganzen Größe und Schönheit der Natur.

Die ganze geologische und tektonische Bedeutung der Tauriden wird offenbar, wenn man bedenkt, daß das Tauernfenster mit 160 km Länge ein volles Drittel der Längserstreckung der Ostalpen aufbaut, ziehen wir vom Westrande der Ostalpen eine Linie über die Tauriden bis zum Ostrand der Ostalpen bei Graz. Festzuhalten ist dabei, daß das Tauernfenster im Rahmen der Penniden wieder eine Einheit, einen Typus darstellt, der den „tauriden Bauplan" zum Ausdruck bringt.

b) Das östliche Tauernfenster = Die östlichen Tauriden.

Allgemeines.

Wir betrachten nunmehr zuerst das östliche Tauernfenster. Es ist am besten bekannt. Es zeigt alle typischen Merkmale der Tauriden und kann somit als Typus des tauriden Baues hingestellt werden. Darum wird es eingehender behandelt.

Die Grundlage für die Darstellung geben die schon erwähnten Arbeiten der Akademie, die im östlichen Tauernfenster kurz zusammengefaßt sind. Dazu kommen die neueren Arbeiten von Clar und Cornelius, von Kieslinger, Winkler, von Prey und Braumüller, von Hottinger; doch können diese Aufnahmen nur Ergänzungen im Detail sein.

Hier sei gleich gesagt, daß die Darstellung von R. Staub abgelehnt wird, insofern Staub die Tauern dem westalpinen Penninstil zurechnet. Das entspricht nicht den Tatsachen der Natur. Die Tauern haben, sozusagen, den ostalpinen Penninstil, den wir eben den tauriden Bauplan nennen. Er kommt in der Schichtfolge, in der Tektonik besonders zum Ausdruck. Man kann sagen: die Tauern sind relativ mehr autochthon. Sie sind nicht so in Decken zerspalten. Sie ragen eher als großer Deckenkörper aus der Tiefe empor. Nur ihr Dach ist von der Last der darübergehenden ostalpinen Decke zerschoben worden. Das zeigt sich in den Dachzonen des Tauernfensters, in der oberen Deckengruppe, in den „Dachdecken" des Sonnblicks, des Moderecks. Die „Grunddecken" der Tiefe bilden einen geschlossenen Deckenkörper.

Im großen und ganzen geht über die östlichen Tauriden eine Schichtfolge, eine Tektonik, eine Metamorphose hinweg. Mesodynamik wird leitend. Alpiner Tektonismus der zweiten Tiefenstufe gestaltet eine Einheit, die wie aus einem Gusse geflossen erscheint, die aber aufgelöst werden muß, in alle die Phasen des Werdens in der Vergangenheit, deren Anfang nicht recht zu erkennen ist.

Stratigraphie.

Wir können im östlichen Tauernfenster folgende Gesteinsgruppen unterscheiden: das alte Dach, in das die Intrusion des Tauerngranits erfolgt. Dazu kommt wenig entwickeltes Paläozoikum und das Mesozoikum, das unserer Erfahrung nach bis in die Mittelkreide reicht, da die Tauern in der Oberkreide bereits von der ostalpinen Decke überschoben sind. Das lehrt der Gesamtbau der Ostalpen, insbesondere die Transgression der Gosau.

Das alte Dach und der Tauerngranit. Die Grundlagen für die Erkenntnis dieser Gesteine haben wohl in erster Linie Becke und Berwerth geschaffen. Diese „Petrographie des Zentralgneises" wird in neuester Zeit durch die Arbeiten von Angel fortgeführt. Neue Untersuchungen im Katschberggebiet sind durch Exner im Gange.

Es ist hier nicht der Ort, alle die Auffassungen wiederzugeben, die gerade von petrographischer Seite über den Zentralgneis herrschen. Nur soviel sei gesagt, daß die Meinung überwiegt: der Zentralgneis sei eine Intrusion in die Schieferhülle, wobei letzterer Begriff keine genaue geologisch-stratigraphische Abgrenzung erfährt. Auch bringt man meist die jungen golderzführenden Quarzgänge in unmittelbarem Zusammenhang mit dem Zentralgneis.

Suchen wir die Tatsachen festzuhalten, die die strenge geologisch-stratigraphisch und tektonische Beobachtung ergibt. Wir finden als allgemeine Erscheinung: der Granit intrudiert in ein altes Dach. Granit und altes Dach bilden eine Einheit gegenüber der deutlich erkennbaren jungen Schieferhülle des Mesozoikums. Der Aplit, den Becke im Mellnikkar seinerzeit entdeckt hat, ist von Angel und Exner wieder aufgefunden worden. Er liegt in einer Schuppenzone von Zentralgneis und Gesteinen der Schieferhülle, die noch nicht genau genug gegliedert werden konnte. Tatsache ist, daß noch niemals im östlichen Tauernfenster ein echter Gang vom Granit aus in die junge Schieferhülle gesehen worden ist.

Die Intrusion des Granits in ein altes Dach ist durch Kober nachgewiesen worden. Im Geologischen Institut ist eine Sammlung von Tauerngesteinen, gesammelt 1911—1923, in denen auch Kontaktzonen von Granit mit altem Dach im Handstück vorliegen. Die Gesteine stammen aus dem Maltatale und zeigen granitisches Material, eindringend in Glimmerschiefer, die eine tektonische Mulde bilden zwischen der Ankogel- und der Hochalm Decke. Sie sind keine Dachzone, schwimmend im Zentralgneis, wie anscheinend Angel deuten möchte.

Man kann die Intrusion des Tauerngranits in ein altes Dach im östlichen Tauernfenster immer wieder sehen, so im oberen Murtal, im Maltatal, im Sonnblickgebiet. Man sieht, wie Dachzonen im Granit schwimmen, wie das granitische Material das Dach aufsplittert, es durchtränkt und durchdringt. Man sieht „Kontaktzonen", „Randzonen", „Dachzonen". Man sieht die Aufschmelzung des alten Daches, das Eindringen des Granits, die Mischung des Materials. Man kann Angel nur beistimmen, wenn er neuerdings Migmatitbildung beschreibt und Gesteine dieser Art abbildet — diese geologische Tatsache ist als solche bekannt und immer wieder ausgesprochen worden. Dabei wurde der Granitintrusion paläozoisches Alter zugeschrieben (Kober, Dal Piaz). Karbones Alter wurde angenommen. Das Dach galt als alt, als vorpaläozoisch. Hierher gehören die Granatglimmerschiefer, Amphibolite, vielleicht auch gewisse Marmore, schlierige Gneise von der Art der Hornblendegneise des Murtales (Geyer). Hieher gehören aber auch alte, vorpaläozoische Migmatite.

Der Tauerngranit, der Zentralgneis ist eine granitische Intrusion, auf dem Wege der Aufschmelzung entstanden. Das Alter ist nicht sicher zu geben. Jüngstenfalls kann er variszisch, also karbonisch sein. Er gehört einer „Magmaprovinz" an, die in den Alpen weit verbreitet ist, die aber dem Vorlande fehlt. Es ist so der Zentralgneis ein typisch alpines Gestein. Gesteine dieser Art finden sich im helvetischen Grundgebirge der Westalpen, z. B. im Gotthardgranit. Zentralgneistypen finden sich in den penninischen Decken der Westalpen, vom Simplongneis an bis hinauf in die Gneise der obersten Decke. So hat Staub den Sonnblickgneis den Gneisen der Margna Decke gleichgestellt. Zentralgneistypen finden sich aber auch im ostalpinen Grundgebirge. So werden Gneise der Schladminger Masse als Zentralgneise angesprochen. Aber auch Typen der Antholzer Granitgneise gehören der „Tauerngranitisation" zu.

Es ist zweifellos, daß der Tauerngranit sein altes Dach weitgehend aufgezehrt, eingeschmolzen hat. So erscheint das taurische Grundgebirge weithin granitisiert. Der Granit wird zum Hauptbaustein. Das alte Dach ist spärlich entwickelt. Die Granitfazies des Grundgebirges ist der Charakterzug der Penniden, auch der Helvetiden, besonders aber der Tauriden. So wird der Gegensatz zum ostalpinen Grundgebirge mit seinem reich entwickelten alten Dach. Das zeigt, daß die Penniden einer geologischen Zone seit alter Zeit angehören, die eine ganz bestimmte geologische Geschichte hat, die grundsätzlich von anderer Art ist als die des ostalpinen Gebietes.

Das alles muß der Geologe festhalten, um die Eigenartigkeit der Tauriden zum Ausdruck zu bringen, die in alter Zeit schon angelegt wird, die durch den ganzen alpinen Zyklus durchgeht, bis auf die Gegenwart.

Der Tauerngranit ist durch die alpine Metamorphose zum Zentralgneis geworden. Er ist verschiefert worden, in erster Linie natürlich in den Randzonen der unteren Decken, in den Dachzonen. Die oberen Decken sind dagegen mehr verschiefert; doch zeigen auch sie noch primäre Granitstrukturen, wenn Granitschollen in Schieferhüllmassen schwimmen. Man findet immer wieder Granite, deren Feldspäte nicht in die allgemeine Schieferungsflächen eingeschlichtet sind. Man kann im Maltatal Generationen von Apliten sehen, die sich durchschlagen. Man bekommt hier den Eindruck, daß der Granit nicht einheitlich ist.

Becke hat im Zentralgneis das Prototyp der Kristallisationsschieferung gesehen. Er sah im Granit eine Intrusion während der Gebirgsbildung. Gebirgsdruck prägt dem erstarrenden Magma die

Kristallisation auf. Heute nennt man das: syntektonisch. In Wirklichkeit ist der Tauerngranit eine posttektonische Intrusion, eine posttektonische Aufschmelzung einer paläozoischen oder älteren Gebirgsbildung, die alpine, regional-orogene Metamorphose erfahren hat. Diese ist eine Dynamometamorphose, Belastungsmetamorphose, die aber auch von der Tiefe des alpinen Orogens Wärmezufuhr erfahren hat, als die alpine Granitfront hochstieg und die golderzführenden Quarzgänge lieferte. Sie ist im letzten auch eine statische Metamorphose.

Bewegung hat zuerst den Tauerngranit geschiefert, durchbewegt — doch nicht überall. Eine derartige Annahme wird öfter gemacht. Sie entspricht aber nicht den Tatsachen; denn es gibt im Zentralgneis noch Reliktstrukturen. Es gibt noch Tauerngranite. Man möge in Zukunft, soweit es geht, Tauerngranit und Zentralgneis auseinander halten und so die Verhältnisse der Natur wiederzugeben trachten, wie sie wirklich sind. Man hat eine Zeitlang zu sehr nur kristalline Schiefer gesehen, nur Kristallisationsschieferung. Man hat nicht gern von Aufschmelzung gesprochen. Sie besteht und es ist gerade das Verdienst von Angel, die Migmatitfazies der Randzonen des Zentralgneises mit aller Schärfe wieder dargestellt zu haben.

Der Zentralgneis ist nicht einheitlich aus einem Gusse. Er ist in sich differenziert und zeigt nach Becke syenitische, tonalitische Abarten. Der Forellengneis zeigt „basische Schlieren". Der Zentralgneis ist ein helles, frisches, massiges Gestein. Große Feldspäte treten hervor. Sie können ungeregelt liegen, ohne jede primäre Fließstruktur. Sie können schön in die Schieferung eingeregelt sein, dann liegt echter Zentralgneis vor. Es gibt vom groben Granitgneis alle Übergänge zum feinschuppigen Gneis, zum Injektionsgneis. Es verschwinden die Unterschiede und man kann in der Natur im Zweifel sein, ob noch Zentralgneis vorliegt oder ein Paragneis (Mischgestein).

Die Metamorphose des Zentralgneises setzt mit der Überschiebung durch die ostalpine Schubmasse ein. Die beginnt spätestens in der Mittelkreide. In der Oberkreide liegen die Tauriden schon in der Tiefe des alpinen Orogens, überschoben und bedeckt von der ostalpinen Decke. Die Belastung ist nicht überall gleich. Auch die Tiefenlage wird verschieden gewesen sein. Sie mag 10—15 km Tiefe gehabt haben.

Mit diesen Verhältnissen beginnt die alpine Metamorphose der Tauriden, die in sich wieder differenziert ist in Raum und Zeit, die bis in das Tertiär hinein andauert. Allem Anschein nach kommen die Tauriden erst im Jungtertiär wieder infolge der Abtragung der ostalpinen Deckenmasse zutage und steigen seit dieser Zeit in die Höhe.

Sander spricht von einer „Tauernkristallisation" und will damit die Besonderheit dieser Metamorphose betonen. Mit vollem Recht. Dieser Begriff enthält einen bestimmten Inhalt. Wir sprechen hier von einer tauriden Fazies der Metamorphose, von der Tauridenmetamorphose, in dem hier entwickelten Sinne, der in erster Linie das allgemeine geologische Gestaltungsbild festzuhalten sucht. Es geht aus von der Tatsache: der Tauerngranit ist eine alte Intrusion. Diesen alten Tauerngranit hat die alpine Gebirgsbildung in den Zentralgneis umgewandelt. Intrusion und Metamorphose sind zwei zeitlich verschiedene geologische Geschehnisse, die zwei verschiedenen Gebirgsbildungen zugehören.

Unumstößliche geologische Tatsache ist: der Zentralgneis ist keine syntektonische Intrusion. Intrusion und Schieferung sind nicht aus einem Gusse.

Das alte Dach. Hierher gehören alle Gesteine, in die der Granit eingedrungen ist. Ist der Granit eine oberkarbone Intrusion, so konnte im besten Falle noch Oberkarbon intrusiv verändert sein. So könnte noch Oberkarbon dem Dache zugehören; doch wäre es nicht altes Dach im engeren Sinne, das als „alt" im stratigraphischen Sinne zu deuten wäre.

Es gibt im Gebiete der Elendscharte Quarzkonglomerate, die als Oberkarbon gedeutet wurden, die vielleicht noch von der Granitintrusion betroffen sein könnten. Wäre diese Annahme richtig, dann wäre das Alter der Intrusion gegeben. Aber hier ist vieles unsicher.

„Altes Dach" sind die Granatglimmerschiefer des Ankogelgebietes, die Amphibolite der „Randzonen", die Granatamphibolite, dann verschiedene Injektionsgneise, wie die „Hornblendegneise" des Murtales. Zum alten Dache mögen vielleicht auch gewisse grobkörnige Marmore gehören. Gehen wir in den Westen der Tauern, so zeigt uns die Greinerzunge (Becke) typisches altes Dach (Alte Migmatite).

Im Osten ist das alte Dach geologisch schwieriger zu erfassen. Aber es ist vorhanden. Es liegt eine Gesteinsserie vor, die geologisch in zwei Faziesreihen gegliedert werden kann: in eine Gneisserie und in eine Glimmerschiefermarmorserie. Der ersteren Serie mögen alle Reste von Gesteinen angehören, die auf eine Metamorphose dritter Tiefenstufe deuten (Eklogit-Reste!). Das wäre also ein Grundgebirge von der Art der Koralpen — koride Fazies des Grundgebirges, wie wir hier sagen. Die Glimmerschiefermarmorserie ist zweite Tiefenstufe, ist die — muride Fazies des Grundgebirges. Typus ist die Brettsteinserie, die Glimmerschiefer, Marmore und Amphibolite zeigt.

Wir können demnach sagen: im alten Dach der Tauriden sind noch Spuren von koriden Gesteinen zu erkennen. Zweifellos ist die muride Fazies noch vorhanden. Beweise dafür sind die Granatglimmerschiefer des Ankogel, die Amphibolite, gewisse Marmore.

Daraus ergibt sich die geologisch so wichtige Tatsache. In den Tauriden war ein korides, ein murides Altkristallin vorhanden. Es war gleich oder ähnlicher Art, wie wir diese Grundarten ostalpinen Kristallins in reicher Entwicklung in der ostalpinen Decke finden. In den Ostalpen ist dieses alte Dach erhalten geblieben, in den Tauriden ist es entfernt worden, entweder exogen-erosiv oder endogen-intrusiv. Vielleicht haben beide Faktoren zusammengewirkt, daß das granitische Grundgebirge der Tauriden geworden ist. Wäre das Dach erosiv entfernt worden, dann muß der Granit lange Abtragungsgebiet, also Hochgebiet gewesen sein. Im zweiten Falle ist Tiefenlage anzunehmen, Abtragung des Daches von unten her, durch Aufschmelzung, durch Granitisation.

Aus dem geologischen Befunde der Tauriden ergibt sich also, daß in Summe ein Grundgebirge vorläge, wie wir es auch in der ostalpinen Serie immer wieder finden. Es besteht kein grundsätzlicher Unterschied in der Genetik des Grundgebirges der Tauern, der Ostalpen. Bloß das Mengenverhältnis von Dach und Orthomaterial, von Dach und Granit, von Dach und Sial ist anders. Anders ist mit einem Worte der Grad der Granitisation, die allgemeine Sialisierung, wie wir auch sagen können.

Im alten Dach liegen aber aller Wahrscheinlichkeit nach vorpaläozoische, polymetamorphe Serien vor, die durch die alpine Metamorphose der tauriden Tiefenstufe mehr oder weniger angepaßt worden sind. Es wäre aber ganz verfehlt, diese alten Gesteine mit der tauriden Metamorphose in ursächlichen Zusammenhang zu bringen, die Metamorphose dieser Gesteine für alpin-taurid zu halten.

Der geologisch-tektonische Befund der Tauriden ergibt, daß die tauride Metamorphose gar nicht so groß ist. Das sieht man deutlich an der Metamorphose der jungen Schieferhülle, die erste Tiefenstufe zeigt. Albit, Granat, Biotit, Hornblende gelten als Leitminerale der Tauernkristallisation — aber die Granaten der Granatglimmerschiefer des Ankogelgebietes sind ebenso alt wie die Granaten in der Granatglimmerschiefern der Muralpen. Mögen die Granaten der Ankogelglimmerschiefer alpine Rekristallisation durchgemacht haben, ihrer Anlage nach sind sie aber alt, genau so wie etwa die Granatamphibolite des Sonnblickgebietes.

Zu diesen „alten" Gesteinen rechnen wir hier auch jüngere basische Ganggesteine, die den Granit durchsetzen, die Kieslinger in letzter Zeit im Sonnblick gefunden hat, die lamprophyrischer Natur sind. Ihr Alter ist unbekannt.

Paläozoikum. Wir möchten nicht glauben, daß in gewissen Biotitglimmerschiefern ein durch die Granitintrusion verändertes Paläozoikum vorläge. Derartige Annahmen entziehen der Wissenschaft den Boden. Als Paläozoikum kann also nur gelten, was sich irgendwie als „paläozoisch" ansehen läßt. Da alle Fossilien bisher fehlen, bleibt nur die „Erfahrungs-", die Vergleichsstratigraphie, die die Gesteine nach dem Aussehen, der Fazies, nach dem Verbande beurteilt.

In das Paläozoikum werden aller Wahrscheinlichkeit nach die Quarzkonglomerate der Elendscharte gestellt werden können, die Kober gefunden hat. Dem Perm mögen Porphyroide und Quarzite zugehören. Schwarze Schiefer mögen paläozoisch sein. Auf der Nordseite des Herzog Ernst finden sich glimmerschieferartige Gesteine, die Kalklagen enthalten. Auch diese Gesteine können aus paläozoischen Geröllagen stammen.

Aufgabe der Zukunft wird sein, im Zentralgneisgebiet, in der „älteren" Schieferhülle nach Paläozoikum zu suchen.

Mesozoikum ist in der jüngeren Schieferhülle vorhanden. Es liegt bisher kein Beweis dafür in Form von Fossilien vor, doch spricht der ganze stratigraphische Verband für Mesozoikum, für die Altersgleichheit der jungen Schieferhülle der Tauern mit den Bündner Schiefern, mit den

Schistes lustrés der Westalpen. Für das mesozoische Alter der „Schieferhülle" spricht auch die tektonische Stellung.

Stratigraphie der Schieferhülle kann man nur machen, wenn man jahrelang in den Tauern gearbeitet hat, wenn man die Schieferhülle ebenso gut kennt, wie das Mesozoikum der Radstädter Tauern. Dann wird man erkennen, daß gewisse Gesteinsserien in beiden Zonen vorkommen. Man wird die alte Beobachtung bestätigen können, daß es Grenzzonen gibt, wo man die Schieferhülle nicht so unmittelbar von dem Radstädter Mesozoikum abtrennen kann, was doch leicht sein müßte, wenn die Trias transgressiv auf Paläozoikum liegen würde. Das hat E. Sueß auch schon veranlaßt, die Schieferhülle für mesozoisch zu halten.

Becke hat eine untere und obere Schieferhülle auf petrographischer Unterlage geschieden. Im Profil des Angertales liegen unten die Quarzite darüber die Marmorserie. Über dieser jüngeren unteren Schieferhülle liegt die obere, die weniger Kalk enthält, dafür aber reich ist an Grünschiefern, Serpentinen. Das Angertalprofil dieser Art und Gliederung ist zugleich auch stratigraphisch richtig, als die untere Schieferhülle hier gleich der Trias ist, die obere gleich dem Jura und der Kreide.

Die Gliederung der Schieferhülle in untere und obere gilt nur für die junge Schieferhülle, für Profile von der Art des Angertales, das relativ normal ist. Sie gilt aber nicht für die Schieferhülle im allgemeinen, weil die Schieferhülle ein tektonisches System darstellt, dessen große Mächtigkeit tektonisch erzeugt worden ist.

Bei genügender Erfahrung gelingt es aber immer wieder, die Schieferhülle in ihre Bestandteile aufzulösen, so Mesozoikum und Paläozoikum zu trennen, Trias und Jura zu sondern. Man erkennt auch, daß die grünen Gesteine als die jüngsten Horizonte synklinale Lagerung haben. Auch wenn sie geschuppt sind, bilden sie Muldenzonen, die Schichten enthalten, denen Oberjura-Unterkreidealter zukommt.

Unterkreide mögen vielleicht auch feine Brekzien sein, die Kober zuerst von der linken Talseite bei Klammstein im Gasteinertale beschrieben hat. Dagegen sind die feinen Kalkbrekzien von der Pfandlscharte nach Kober Lias, ganz allgemein Jura.

Obere Kreide ist im Tauernfenster nicht mehr vorhanden, da in dieser Zeit die Tauern, von der ostalpinen Schubmasse bedeckt, in der Tiefe lagen.

Vergleich der Profile. Die Schieferhülle hat sich am besten im Sonnblickgebiet gliedern lassen, besonders in der Modereck Decke. Auffallend ist, daß in vielen Profilen die untere Schieferhülle, die im wesentlichen Trias ist, fehlt. Es fehlen dann die Quarzite, die Schiefer, die Rauhwacken, die „Muschelkalke", die Dolomite der Trias. Dann liegen Kalkglimmerschiefer über Biotitglimmerschiefern. In anderen Profilen liegen „Randzonen" des Granits unter Kalkglimmerschiefern, deren Alter nicht eindeutig ist. Es gibt z. B. in der oberen Schieferhülle, gegen das Radstädter Mesozoikum zu, grüne Quarzphyllite, dann dunkle schwarze Kalkglimmerschiefer, die ganz gleich sind Gesteinen des Paläozoikums. Es ist zweifellos, daß es Kalkphyllite und ähnliche Gesteine gibt, die in der

Schieferhülle der Tauern sich finden und die feldgeologisch ganz und gar Gesteinen gleichen, wie sie auch im Murauer Paläozoikum (des Murtales) vorkommen.

Tektonik.

Die tiefste Teildecke des östlichen Tauernfensters ist die Ankogel Decke. Sie kulminiert im Ankogel—Hafnereckgebiet. Sie wird 26 km lang, maximal im Westen 14 km breit, im Osten wird sie schmäler. Sie ist auf eine Breite von 5 km aufgeschlossen. Sie kommt überall steil aus der Tiefe heraus, wird weithin vom alten Dach und, wo dieses fehlt, auch von junger Schieferhülle gegen die überschobene Hochalm Decke abgegrenzt. Im Ankogel trägt sie ein altes Dach von Granatglimmerschiefern. Sie sinkt von der Kulmination allseits in die Tiefe, ist im Süden aber gegen Süden zurückgelegt. Das ist besonders im Westen der Fall. Allgemein gilt, daß die Nordseite normal gegen Norden fällt. Die Südseite dagegen zeigt „Rückfaltung gegen Süden", sie ist gegen Süden übergelegt und fällt also gegen Norden ein. Das sieht man im oberen Maltatal und bei Mallnitz, am Südausgange des Tauerntunnels.

Abgrenzung. Die trennende Mulde gegen die höher liegende Hochalm Decke ist die Liesermulde. Sie ist als trennendes Band von junger Schieferhülle von Becke aufgefunden worden. Sie wurde damals als Schieferzone gedeutet, die auf sich einen Lagergang von Granit trägt. In Wirklichkeit trennt sie die Ankogel von der Hochalm Decke. Sie liegt zwischen zwei Gneiszonen, fällt im Norden, gegen das Murtal zu, gegen Norden ein, überlagert den Ankogelgneis und unterlagert den überschlagenen Stirnteil der Hochalm Decke.

Dann zieht die Mulde in das Mellnikkar hinauf, verzahnt sich hier mit Gneisen. Hier fand Becke auch einen Aplit, der aber ganz zerquetscht ist. Er liegt in einer Schuppenzone von Zentralgneis und Schieferhülle, also ganz in der Position, wie sie dieser Muldenzone zukommt. Kober fand die Fortsetzung der Liesermulde in der Form der injizierten Glimmerschiefer des oberen Maltatales. Gegen die Osnabrücker Hütte zu zerspaltet sich die Glimmerschieferzone und verschwindet gegen die Groß-Elendscharte.

Die Zentralgneise zeigen hier aber die typische Mylonitstruktur. In unbekannter Position liegt hier auch das Konglomerat (Karbon ?). Weiter gegen Westen zu wird die Mulde in der Seebachmulde von Mallnitz wieder breit und zieht endlich als schmales Band von Glimmerschiefern gegen Böckstein zu. Es ist die Woigstenzunge von F. Becke. Sie streicht quer N—S und trennt so im Westen den gegen Westen einfallenden Ankogelgneis von dem überschobenen Hochalmgneis des Stubnerkogels.

Im Norden wird auf der Strecke von Böckstein bis Muhr der Nordrand des Zentralgneises von der Ankogel Decke gebildet. Nur einige Stirnzapfen der Hochalm Decke stoßen als schmale Keile in die Schieferhülle. Sie wurden früher als intrusive Gänge in der Schieferhülle gedeutet.

Die Hochalm Decke ist wohl die Hauptdecke der östlichen Tauern. Sie ist 40 km lang, maximal 26 km im Osten breit. Im Westen, wo die

Ankogel Decke sich über die Hochalm Decke gegen Süden zurücklegt, ist sie bloß 12 km breit aufgeschlossen. Die Hochalm Decke hat einen komplizierten Bau. Im Großen bildet sie eine riesige Deckfalte, deren Stammteil im Süden liegt und an 20 km breit ist. Wenigstens 6 km lang ist der über die Ankogel Decke überschlagene Stirnzapfen, der die Liesermulde überlagert. Im Westen ist die Überlagerung der Hochalm Decke über die Ankogel Decke im Profil des Stubnerkogels in der Woigstenzunge 16 km weit aufgeschlossen.

Abgrenzung. Im Westen ist eine andere Tektonik als im Osten. Im Westen baut der überschlagene Teil den Stubnerkogel-Stirnteil, der Hauptteil liegt aber als Stammkörper in der Tiefe, unter der Mallnitzer Mulde tief begraben. Eine schmale Granitgneiszone verbindet bei Mallnitz, beim Tunnelausgang, steilstehend bis nordfallend den Stammkörper der Decke der Tiefe mit dem Stirnteil der Oberfläche. Es ist so, als hätte hier die höhere Deckengruppe des Sonnblick, die hier mächtiger ist, die Hochalm Decke in die Tiefe gepreßt, um Platz zu haben. Man spürt hier den Kampf um den Raum, dem die Deckenkörper unterworfen sind. Es ist so, als stünde unter der Last der ostalpinen Decke nur ein bestimmter Lebensraum für die Decken der Tauriden, für die Decken der Tiefe zur Verfügung. Wo die eine Decke mächtig wird, wird die andere schmäler. So verdrängen, verquetschen sie sich, sich gegenseitig bekämpfend, in plastischer Deformation.

Das sieht man auch im Osten, wo die Hochalm Decke mächtig wird, wenigstens dem Oberflächenbilde nach. Wir kennen ja nicht das tektonische Tiefenbild. Wir kennen nicht auf größere Strecken in die Tiefe hinein die Grenze von Ankogel und Hochalm Decke. Wir sehen nur, daß die Ankogel Decke relativ einfach gebaut ist, als steile Kuppel aus der Tiefe emporsteigt. Erst wenn das Dach der Hochalm Decke besser bekannt ist, wird man besseren Einblick haben in die Tektonik der Hochalm Decke. Becke und Stark haben auf der Südseite des Hochalmgneises „basische Randzonen" auffinden können. Vielleicht sind es auch Muldenzonen, die noch auf Schuppung im Dach der Hochalm Decke hinweisen.

Im ganzen macht die Tektonik der Hochalm Decke den Eindruck, daß eine in sich stärker deformierte Decke vorliegt, die im Süden auf der Strecke von Mallnitz bis zum Ostende des Tauernfensters gegen Süden rückgefaltet ist. Hier fallen die Zentralgneise auf 20 km gegen Norden. Unter sie fällt die Schieferhülle ein. Das zeigen die Profile von Vellach, von Penk im Mölltal.

Die Mallnitzer Mulde trennt im Süden die Hochalm Decke von der Sonnblick Decke. Die Mallnitzer Mulde ist zwischen Kolm-Saigurn und Kolbnitz im Mölltal an die 40 km lang. Sie ist maximal 6 km breit. Im Mittel hat sie 2—3 km Breite. Sie ist die Hauptmulde. Sie trennt die tieferen von den höheren Zentralgneis Decken. Sie trennt die mehr autochthonen Grunddecken von den viel mehr überschobenen und deformierten Dachdecken. Das ist die Sonnblick und die zu oberst liegende Modereck Decke.

Die Mallnitzer Mulde besteht z. T. auch aus einer Mischzone von Zentralgneisschuppen, Dachzonen und Schieferhülle. Meist besteht sie aber aus typischer Schieferhülle und Kalkglimmerschiefer. Sie geht

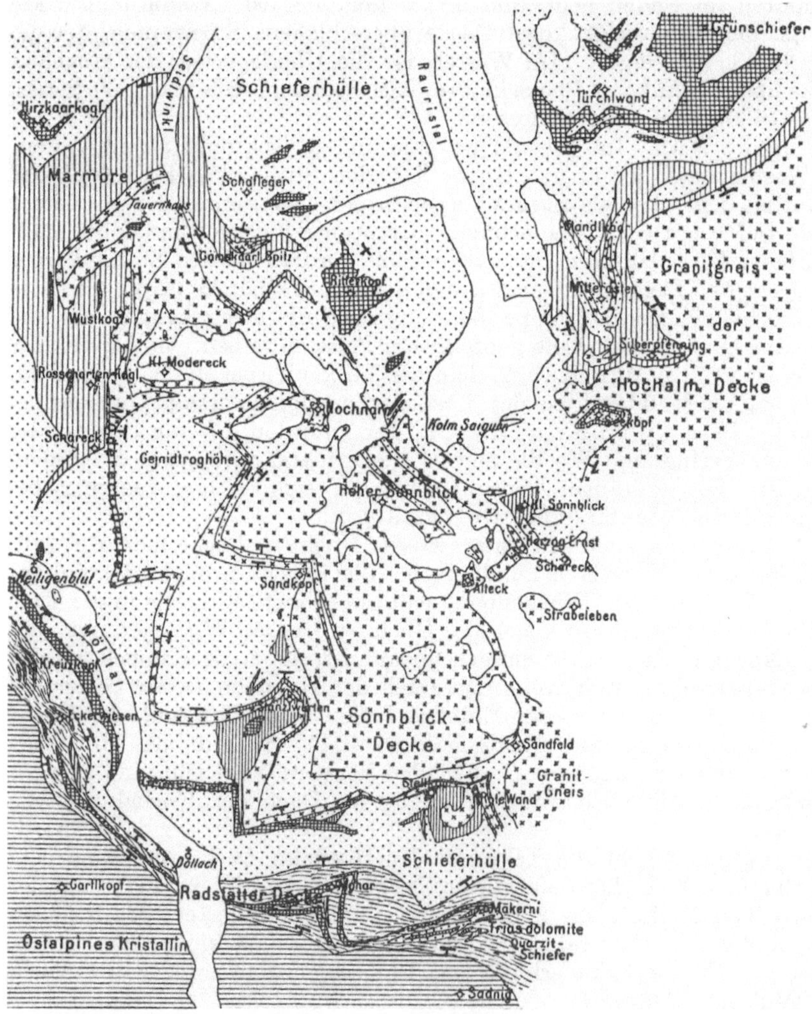

Abb. 1. Karte des Sonnblickgebietes nach L. K o b e r. Man sieht die Zerspaltung der Zentralgneise in die Hochalm, die Sonnblick, die Modereck Decke. Darüber liegt die Radstädter Zone, darüber das ostalpine Kristallin. Die Schieferhülle ist punktiert. Ganz besonders auffällig ist hier die Zerschlissenheit der Modereck Decke. Deutlich scheiden sich die Grunddecken von den Dachdecken. Charakterbild taurider Tektonik.

zweifellos tiefer als die anderen Mulden. Sie streicht bei Kolm zwischen dem Sonnblickgneis und dem Hochalmgneis der Siglitz aus. Aus der ganzen Tektonik und Mächtigkeit ergibt sich die geologisch-tekto-

nische Bedeutung der Mallnitzer Mulde, die nicht als nebensächliches
Beiwerk angesehen werden darf, wie das von Winkler geschehen ist.
Die Bedeutung der Mallnitzer Mulde hat zuletzt Kieslinger mit Recht
wieder betont.

Die Sonnblick Decke ist im Sonnblick typisch entwickelt. Sie ist
38 km lang, maximal 6 km breit, reicht vom Sonnblick bis nach Kolbnitz
im Mölltal. Hier endet sie als schmaler Gneiskeil, in der Schieferhülle
steckend. Hier liegt der Stiel, im Sonnblick aber die Stirn der Decke vor,

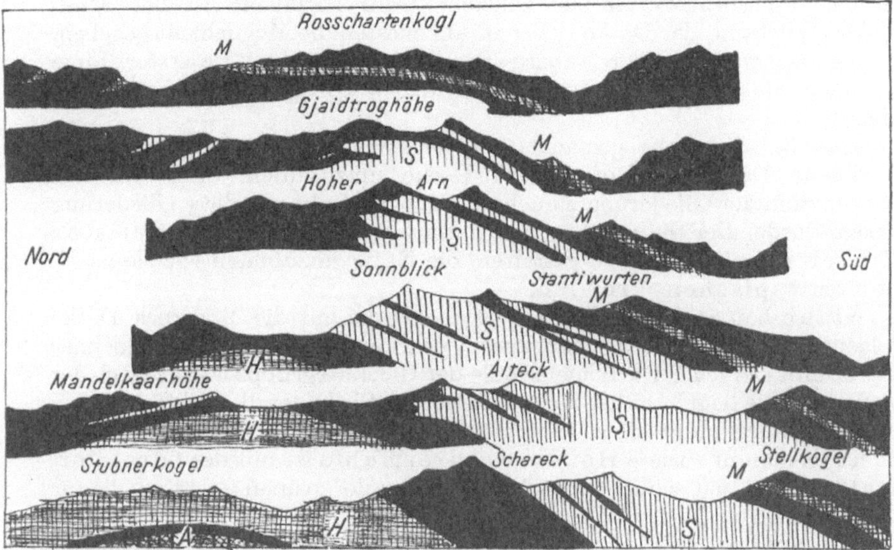

Abb. 2. Profilserie durch den Zentralgneis und die Schieferhülle in der Richtung von Ost (Schareck) gegen West (Rosschartenkogl). *A* = Ankogel Decke, darüber schwarz das trennende Schieferhüllband der Woigstenzunge, darüber die Hochalm Decke = *H*, darüber die Mallnitzer Mulde
(schwarz), darüber die zerspaltete Sonnblick Decke = *S*, darüber die Fleißmulde (schwarz), darüber
die Modereck Decke = *M*, darüber die Glocknermulde = Schieferhülle des Rosschartenkogls
(schwarz). Nach den Aufnahmen von M. Stark und L. Kober. Ein Beispiel taurider Zentralgneistektonik. Typische Tiefentektonik mit alpiner Metamorphose. Planparalleler Lagenbau mit
offenbarer Mesotektonik.

die in sich gelappt ist. Glimmerschieferbänder zerlegen den Nordaufbau
des Sonnblicks in drei Teillappen. Die Sonnblick Decke steigt aus der Tiefe
auf, legt sich nach Norden über, im Sonnblickgipfel stirnend.

Im Süden legt sich über die Sonnblick Decke die Fleißmulde und
darüber die Modereck Decke. Diese ist die höchste Decke. Sie ist
32 km lang, dabei nur 50—100 m mächtig. Sie legt sich wie ein dünner
Schild von Süden aufsteigend auf die Höhe des Kammes, taucht hier gegen
Norden hinab, mit zerrissenen Stirnlappen in der Schieferhülle stirnend.
Das kann man sehr schön auf der Nordseite des Modereck sehen.

Die Modereck Decke ist oberste Decke im östlichen Tauernfenster.
Sie spaltet sich aus dem Rücken der Sonnblick Decke ab. Sie beginnt bei
Fragant (im Mölltalgebiet) und endet mit den Stirnlappen, von viel Dolo-

mit — und Kalkmarmor umgeben, im Hochtorgebiet, in der Scheitelzone der neuen Glocknerstraße.

Die Mödereck Decke ist jene Decke, die am meisten laminiert, zerschuppt und zerschlitzt ist. Sie taucht gegen Westen unter die Schieferhülle der Glocknergruppe. Sie findet sich in Schollen in der Schieferhülle der Glocknergruppe.

Die Mödereck Decke zeigt am meisten eine deutliche Gliederung der Schieferhülle in Trias und Jura. Eines der besten Profile ist das der Stantiwurten bei Döllach. Ganz auffallend ist der Kalk-Dolomitreichtum der Decke. Hier ist am ehesten die Möglichkeit gegeben, in der Schieferhülle der Tauern Fossilien zu finden. In erster Linie kommen da die Profile der Stantiwurten, der Hochtorzone in Betracht.

Man hat Versuche gemacht, aus angeblichen Prioritätsgründen die Mödereck Decke in Rote Wand Decke umzutaufen, ohne auf den ganzen Sinn der Gliederung zu achten, der von Kober in diese Gliederung gelegt wurde. Der Sinn ist der und kann kein anderer sein: genetische Einheiten zur Einheit zu gestalten, die Natur abzubilden wie sie ist — in ihren typischen Profilen.

Staub hat auch den Versuch gemacht, die auf die Mödereck Decke folgende Schieferhülle als Glockner Decke aufzufassen. Eine Glockner Decke gibt es nicht. Die Schieferhülle der Glocknergruppe ist das Dach der Tauriden. Sie liegt über der Mödereck Decke. Sie bildet die Heiligenblutermulde, auf der unmittelbar das ostalpine Gebirge in großer Überschiebung zu liegen kommt. Diese Heiligenblutermulde ist mit der Glocknermulde ident und schließt in sich die Massen der grünen Gesteine, die für das penninische Dach so charakteristisch sind.

Die grünen Gesteine im Dache der Schieferhülle sind Grünschiefer, Serpentine, Prasinite — die typische Gesellschaft von Erguß und Intrusivgesteinen der basischen Reihe der geosynklinalen Sippe. Sie zeigen z. T. noch primäre Kontakte (Granigg). Niemals aber finden sich Stiele in die Tiefe. Niemals ist noch ein Zusammenhang mit dem Zentralgneis nachgewiesen worden. Sie liegen als schwimmende Massen in der Schieferhülle und bezeichnen immer synklinale Lagerung, auch wenn sie, verfaltet, von der Höhe herab unter tiefere Decken zu liegen kommen.

Die grünen Gesteine finden sich in den Tauern nicht mit Radiolariten vergesellschaftet. Sie haben tithon-neokomes Alter. Sie sind an der Spaltfläche von Pennin und Ostalpin gefördert worden, vielleicht auch noch zur Zeit, als die Überschiebung schon im Gange war. Sie hängen mit der Gebirgsbildung eng zusammen. E. Sueß hat sie auch als „Überschiebungsapophysen" gedeutet, was in Fällen zutreffen kann.

Im östlichen Tauernfenster mag auch noch die Granitgneismasse des Granatspitzkernes zur Darstellung kommen. Sie liegt in der Grenzlinie des östlichen und westlichen Tauernfensters. Sie gehört für alle Fälle zur oberen Deckenserie. Sie ist die Fortsetzung der Sonnblick, der Mödereck Decke. Sie verbindet so Osten und Westen. Sie kommt nur in der Gipfelregion zutage und liegt gegen Westen hin über dem Zentralgneis des westlichen Tauernfensters, also über dem Zentralgneis des Venedigerstockes.

Die Tektonik der Schieferhülle zeigt, daß diese stellenweise stark zusammengeschoppt wird. An anderen Stellen wird sie fast bis auf Null reduziert. Im Profil vom Modereck gegen Norden hat die Schieferhülle die tektonische Mächtigkeit von 14 km. Im Profil des Gasteinertales ist die Schieferhülle gar 20 km lang aufgeschlossen. Im Profil Nord vom Murtal ist die Schieferhülle oberflächlich bloß 4 km breit. Im

Abb. 3. Charakterbild der Schieferhülle der Tauriden. Das Wiesbachhorn von der Glocknerstraße gesehen. Metamorph mesozoische Schieferhülle. Photo. Die Schichten senken sich von der Kuppel des Fensters gegen Norden unter den ostalpinen Rahmen. Die enorme Mächtigkeit der Schieferhülle ist tektonischer Zusammenstau des Stirngebietes.

Katschbergprofil ist die junge Schieferhülle bloß ein paar 100 m stark. Das Gleiche gilt vom ganzen Ostrand, der zugleich auch Dach ist. Im Süden ist die Schieferhülle normal 3 km breit.

Daraus ergibt sich, daß die Schieferhülle im Norden, in der tektonischen Vortiefe, vor den Zentralgneismassen angehäuft wird. Hier stirnt die Schieferhülle. Prächtige Faltungsbilder stellen sich ein. Das Grün der Serpentine, das Braun der Schieferhülle formen bei günstiger Sonnenbeleuchtung schöne gegen Norden abfließende Falten. Das kann man an der Westseite des Fuschertales sehen.

Die Tektonik der Zentralgneise zeigt: die tieferen Deckenkörper sind weniger bewegt als die höheren. Sie sind massiger gefügt. Ankogel- und Hochalm Decke bilden einen Block, der keine Unterlage mehr erkennen läßt. Dieser Block hat eine Länge von 40 km, eine Breite von fast 30 km. Dabei ist das ganze Tauernfenster vom Modereck bis zum Katschberg fast 60 km lang, 24—38 km breit.

So nimmt also der tiefere Block eine große Fläche ein. Er formt im großen gesehen eine riesige Kuppel, auf der hauptsächlich im Westen noch die obere Deckengruppe liegt. Im Osten fehlt sie. Staub zeichnet sie zwar auch auf seiner Karte — aber bisher hat sie noch niemand nachweisen können.

Die Großtektonik der Tiefendecken macht den Eindruck, wie wenn der ganze Block relativ autochthon wäre. Es liegt nirgends ein Anzeichen eines Beweises vor, daß die Ankogel Decke mit der Hochalm Decke auf Schieferhülle schwimmt, der Monte Rosa Decke des Westens gleichzusetzen ist, wie das R. Staub zeichnet.

Allgemeines Gestaltungsbild.

Die ganze Tektonik von Staub, ihr Stil muß angesichts der Tatsachen der Natur abgelehnt werden. So kommen wir zu dem allgemeinen Gestaltungsbilde, wie es auch in der Tafel, im Tektonogramm 2 zum Ausdruck kommt.

Der penninische Block, der ursprünglich 80—100 km breit war, wird in der alpinen Geosynklinale zur großen Senkungszone, zum geosynklinalen Trog, der in der orogenen Phase noch mehr versinkt und zum orogenen Trog wird. Dieser wird von den Hochzonen im Norden und im Süden überschoben. Also von Norden her von den Helvetiden, von Süden her von der ostalpinen Decke. Aber die allgemeine Bewegung gegen Norden überwiegt. Die ostalpine Decke schiebt sich also über die Tauriden. Diese tauchen so unter den Nord- und den Südblock.

Unter- und Überschiebung ist ein Vorgang, der in der Mittelkreide die Tauriden in die Tiefe bringt, unter die Last der ostalpinen Decke.

Das östliche Tauernfenster bildet inmitten des ganzen Tauernfensters eine SO-gestreckte Zone, die in ostalpiner Richtung nach SO streicht. Es ist die gleiche Richtung, die wir in der böhmischen Masse an der Donau sehen.

Geologisches Geschehen wird hier offenbar, das seit alter Zeit, mit gleichen Kräften, in gleicher Richtung formt und das Großgefüge regelt wie das Kleingefüge. Die Granite des östlichen Tauernfensters sind in sich genau so in der gleichen Richtung gestreckt, wie das ganze östliche Tauernfenster. Eine Gefügeregelung wird hier sichtbar, die über Raum und Zeit hinweg geht, die von der böhmischen Masse bis tief in die Alpen reicht, die die geologische Geschichte, Makro- und Mikrotektonik bestimmt und regelt. Allgemeine kosmisch-geologische Kräfte wirken hier und formen Körper und Gestalten, die dem Sehenden die allgemeine Konstanz des geologischen Geschehens — wenn man will — das geologische Trägheitsgesetz offenbaren.

Das konnte aus dem Bau der Tauern immer und immer wieder betont werden.

Die Abgrenzung des östlichen Tauernfensters ist durch den ostalpinen Rahmen gegeben. Er wird auf der Strecke von Bruck-Fusch bis St. Michael im Lungau von der Radstädter Decke gebildet. Auf der

Ostseite umrahmt ein Haufwerk von Schollen mesozoischer Radstädter Gesteine das Tauernfenster. Das gleiche ist am Südrande der Fall, im Mölltal. Bei Heiligenblut—Matrei ist der Radstädter mesozoische Randsaum wieder schön entwickelt.

Der ostalpine Rahmen ist allseits geschlossen. Nirgends streicht das Tauernfenster in das ostalpine Gebirge hinein. Das hat bisher noch kein Geologe zu behaupten gewagt. Im übrigen wird der ostalpine Rahmen später genauer besprochen. Hier genügt vorläufig die Darstellung des Baues des östlichen Tauernfensters als Typus des penninischen Tiefentektonismus taurider Art, der als riesige Kulmination aus der Tiefe des orogenen Troges an die Oberfläche kommt.

c) Das westliche Tauernfenster = Die westlichen Tauriden.

Das westliche Tauernfenster ist an die 100 km lang. Es liegt zum größten Teil mit dem Südwestgebiet außerhalb der Grenzen Österreichs und kann hier nur soweit dargestellt werden, als es das im östlichen Tauernfenster gewordene Erkenntnisbild ergänzen kann.

Für die Westtauern liegen die älteren Arbeiten von Becke, Löwl, die alten Zusammenfassungen von Stur und Peters vor, die neuen Arbeiten von Sander, Christa, Dünner. Für das neuitalienische Gebiet gibt es eine große Monographie von italienischer Seite, dessen Geologie und Tektonik G. Dal Piaz gibt.

Stratigraphisch treten Geröllgneise hervor, die im Osten fehlen, sowie Grauwackengesteine und Porphyroide. Auch die Greinerzunge hat im Osten kein Seitenstück. Tektonisch herrscht im Westen der gleiche Bauplan wie im Osten. Ein tieferer, mehr autochthoner Deckenkörper wird von einer höheren Schuppenzone überfahren.

So können wir uns hier kurz fassen und als wesentlich festhalten. Zillertaler- und Tuxermasse, sowie der Venedigerstock formen einen tieferen Zentralgneiskörper, der allseits steil aus der Tiefe emporsteigt. Er wird im Westen durch die „Greinerzunge" gespalten; doch geht die Spaltung nicht tief. Altes Dach, mit alter vorpaläozoischer Metamorphose, mit alten Migmatiten wird in diesen Gesteinen sichtbar, das durch alpine Metamorphose „nachgeregelt" worden ist, soweit es notwendig war. Christa hat in diesem Gebiete im Zentralgneis alte Granitstruktur feststellen können, was mit allen unseren Erfahrungen übereinstimmt.

Über den tieferen „Grundkörper" liegt eine Schuppenzone, der im Osten offenbar der Granatspitzkern angehört. Ihr gehört die Venedigerteildecke zu (Dal Piaz). Die Lappen und Schuppen am Westrande des Zentralgneises gehören hierher. Alles überdeckend liegt die Schieferhülle, im Süden, im Westen, im Norden. Bloß hier ist auf einer Strecke von Krimml bis in das Stubachtal, auf 30 km die Schieferhülle nicht typisch entwickelt. Hier ist ein anderer Bau, der von Hammer und Kölbl studiert worden ist, der von der Art sein soll, daß hier kein Tauernfenster existiert.

Überlegen wir einmal. Das Tauernfenster ist 160 km lang, 30 km breit. Das gibt einen Fensterrand von 380 km. Davon sind 30 km noch nicht so genau erforscht, daß es Geologen gibt, die hier keinen Fensterrand sehen können, obwohl er auf 350 km gut bekannt ist. Das allein sollte zu denken geben. Im übrigen sind Darstellungen dieser Art nicht zutreffend. Die Aufnahmen von Cornelius im Osten zeigen, daß die Grauwackengesteine nicht in das Fenster hineinstreichen.

Im übrigen wird von diesem Fensterrande im Rahmen der Lungauriden noch die Rede sein.

Die Regionaltektonik zeigt: das westliche Tauernfenster ist SW—NO gestreckt. Es zeigt die westalpine Streichrichtung. Es schart sich mit dem östlichen Tauernfenster in der Glocknermulde. Diese trennt als Quermulde die West- und die Ostkulmination. Diese Tauernlinie ist zugleich die Scharungslinie west- und ostalpiner Streichrichtung innerhalb der Tauriden.

Das ganze Bild der Tauerntektonik zeigt: im Westen und Osten steigen die Grunddecken aus der Tiefe, formen in der Tauernkulmination Nebenkulminationen, die die große Querdepression der Mitte trennt. Diese Trennung geht anscheinend tiefer und deutet auf einen Querzusammenschub der Tauriden in West-Ostrichtung, der jünger ist als der Deckenbau, der in Über- und Unterschiebung in S—N-Richtung erfolgt ist.

So senkt sich die Glocknermulde als tiefe Querdepression zwischen die Kulminationen des Westens und des Ostens.

Überschau. Wir haben so Stein auf Stein, Zone um Zone aufeinandergelegt und haben damit ein klares Bild vom Deckenbau der Tauriden, von der Tiefe der Grunddecken bis in die Höhe der Dachdecken. Wir sehen, wie über dem Dache der Schieferhülle das ostalpine Gebirge liegt.

Wir erkennen, wie in den Tauriden ein spezifisches Grundgebirge erscheint, ein Paläozoikum, ein Mesozoikum bestimmter Art. Wie den Tauriden ihre Tektonik, ihre Metamorphose zukommt. Wie hier in der Tiefe der Alpen Meso- und Epidynamik sich abspielt, eine geologisch-tektonisch-fazielle Einheit sich gestaltet, die ganz anderer Art ist als die des ostalpinen Rahmens.

In allen diesen so grundlegenden geologischen Erscheinungen liegen die Grundtatsachen für die Erkenntnis Termiers: die Tauern sind ein Fenster. Es gibt keine andere Möglichkeit der Erklärung des tauriden Tektonismus.

Als weiterer Beweis kommt dazu die Existenz des Engadiner Fensters, dann die Überlagerung der Fenster durch die ostalpine Schubmasse. Damit ist der weitere Weg der Arbeit gegeben.

2. Das Engadiner Fenster. Die Penniden des Engadin.

Abgrenzung. Das Engadiner Fenster erschließt im Inntal von Ardez bis Prutz auf einer Strecke von 50 km Länge und 15 km Breite inmitten der altkristallinen Gesteine der Silvretta, der Ötztaler Alpen Westalpen unter den Ostalpen.

Echtes Pennin erscheint hier in Form der Bündner Schiefer unter den alten Gneisen und Graniten der Umrahmung. So klar ist hier das Bild, daß auch auf der geologischen Übersichtskarte von Österreich von Hammer und Vetters das Engadin als Fenster erscheint, was beim Tauernfenster nicht der Fall ist.

Grundgebirge ist im Engadiner Fenster nicht aufgeschlossen. So unterscheidet sich das Engadin in dieser Hinsicht vom Osten und Westen. Für den Geologen aber ist das Engadin ein riesiges Bohrloch der Natur, das hier Kenntnis gibt: 25 km Ost vom Westrande der ostalpinen Deckenmasse bei Davos erscheinen im Inntal bei Ardez wieder penninische Bündner Schiefer.

Zwischen dem Pennin und dem ostalpinen Altkristallin liegt eine unterostalpine Schuppenzone, die die Fortsetzung ist der unterostalpinen Decken in Graubünden.

Wir bezeichnen hier die Engadiner mesozoischen (tertiären?) Schiefer als Pennin, stellen sie mit den Penniden des Westens zusammen und können feststellen: die Penniden des Engadin stellen die unterirdische Verbindung zwischen den Westpenniden und den Ostpenniden des Tauernfensters her, das 70 km weiter östlich liegt.

Damit ist die allgemeine geologisch-tektonische Charakteristik des Engadiner Fensters gegeben. Es ist kleiner als das Tauernfenster. Es hat andere Bauart. Es ist nicht so hoch emporgetragen. Aber das Engadiner Fenster ist wegen seiner Fensternatur mit ein Fundament der Deckenlehre Termiers, der Ostalpen. Wer das Engadiner Fenster anerkennt, der muß konsequenterweise auch das Tauernfenster anerkennen.

Das Engadiner Fenster liegt mit seinem Nordteil von Finstermünz bis Prutz, also auf einer Strecke von 25 km Länge auf österreichischem Boden. Ein herrliches Stück Österreich erschließt sich hier. Kunstvoller Straßenbau in pittoresker Landschaft führt hinauf zur Grenzstation Nauders gegen Italien. Auf der breiten Malser Heide leuchtet im Abendrot die Gletscherwelt des Ortler. Nach Süden hinunter kommen wir nach Meran, nach Bozen —.

In grandioser Art ist auf dem Wege von Landeck nach Prutz, weiter aus der Tiefe des Inntales hinauf nach Nauders das Fenster, sein Rahmen aufgeschlossen. Es ist verständlich, wenn man diese Bilder gesehen hat, — die sich übrigens im Süden, im Westen genau so schön wiederholen —, daß schon Blaas die Ansicht ausprechen konnte: die Bündner Schiefer des Engadin seien die Fortsetzung der Bündner Schiefer des Westens, Graubündens.

Bei Landeck hat man im Norden die Kalkalpen vor sich. Dann verquert man gegen Süden auf der Innstraße die ostalpine Phyllit- und Grauwackenzone, darnach die kristalline Zentralzone. In Prutz ist man bereits im Engadiner Fenster. Andere Landschaft, anderer Bau erscheint. Dabei liegen zwischen Landeck und Prutz keine 10 km Luftlinie.

Genau so scharf ist der Fensterrand bei Fünstermünz—Nauders. In der Tiefe die penninischen Schiefer, die Kalkphyllite, in der Höhe die

Ostalpen, das Altkristallin, darauf die Trias, das Tal flankierend. Profile, die das gewaltige geologische Geschehen in formvollendeter Schönheit der Landschaft enthüllen.

Arbeiten. In der Arbeit: Das Inntal bei Nauders hat E. Sueß 1905 die Grundlinien des alpinen Deckenbaues gegeben. In dieser Arbeit finden wir zum ersten Male die Bezeichnungen: helvetisch, lepontinisch und ostalpin.

Der österreichische Geologe W. Hammer hat in langer Arbeit auf den geologischen Spezialkarten, Blättern 1 : 75000 von Landeck und Nauders, die klassischen Gebiete des österreichischen Anteiles des Engadiner Fensters aufgenommen und in genauester Weise dargestellt. Er hat im Jahrbuch der geologischen Bundesanstalt 1914 eine Beschreibung der Bündner Schiefer des tirolischen Inntales gegeben: dort findet man die Literatur über dieses Gebiet, das von jeher von großem Interesse war, das auch von Schweizer Geologen studiert worden ist. Theobald, Escher, Studer, Heim, Tarnuzzer sahen frühzeitig schon in diesen Bündner Schiefern Jura, Kreide und Tertiär. Wogegen die aus den ostalpinen Kalkphyllitregionen der Hohen Tauern kommenden österreichischen Forscher, besonders Stache, sie ganz oder zum Teil zum Paläozoikum zu stellen geneigt waren. Koch dagegen glaubte schon frühzeitig auch an ein tertiäres Alter mancher Bündner Schiefer.

Das Engadiner Fenster ist auch in eingehender Weise auf seiner Westseite von W. Paulcke studiert worden. Von ihm stammen die Profile vom Fensterbau des Engadin, die ihren Weg durch die Literatur genommen haben.

Gliederung der Bündner Schiefer des österreichischen Anteiles des Engadiner Fensters. Es sind tonige oder auch kalkige Schiefer, Phyllite, Kalkphyllite mit Kalk- und Brekzienlagen. Die Metamorphose ist oben geringer als in der Tiefe. Um Prutz findet man lichte, kalkfreie Phyllite.

Von diesen metamorphen Bündner Schiefern des Pennin unterscheiden sich deutlich die unterostalpinen mesozoischen Gesteine, die in Form von Schollen von Quarziten, Triasdolomiten und Brekzien über dem Pennin und unter dem ostalpinen Altkristallin liegen.

Die Hauptmasse der Bündner Schiefer bilden die „grauen Bündner Schiefer". Diese Bündner Kreideschiefer enthalten Foraminiferen der Kreide. Brekzien von der Art der Rozbrekzie, der Minschunbrekzie hat Paulcke schon mit dem Prättigauflysch, mit Niesenflysch verglichen. Es sind diese Brekzien flyschartige Sandsteine, die wenig metamorph sind, die sich deutlich von den echten Bündner Schiefern unterscheiden. Es sind Gesteine, die an gewisse Brekzien der Radstädter Tauern erinnern. Es sind Gesteine, die eine andere Geschichte als die echten Bündner Schiefer haben. Es sind flyschartige Sandsteine, die offenbar transgressiv über dem Deckenbau der Bündner Schiefer liegen, der also in der ersten Anlage vorgosauisch sein müßte. Das stimmt gut mit den Erfahrungen, die man mit dem Prättigauflysch gemacht hat, der nach Leupold transgressiv liegt und Oberkreide-Alttertiär ist. Gesteine dieser

Art kennt man aus den Tauern auch, aus den Radstädter Tauern. Doch stellen Brekzien Faziesgesteine dar, die weithin durchgehen können. Als orogene Gesteine sind sie aber keine sicheren stratigraphischen Leitgesteine.

Auffallende Gesteine der Bündner Schiefer sind besonders die grünen Gesteine, die bei Nauders z. B. sich an der Grenze gegen das ostalpine Überschiebungsgebirge einstellen. Es ist die gleiche Zone grüner Gesteine, die auch aus dem Tauernfenster von der Grenzregion gegen die ostalpine Deckenmasse von Heiligenblut bekannt ist.

Kober hat schon 1912 die Vorstellung entwickelt, daß der Alpenbau mehrphasig ist, daß die vorgosauische Gebirgsbildung den ersten Hauptstoß der Deckenbildung gebracht hat.

Die Erkenntnisse im Engadin, im Prättigauflysch (Paulcke, P. Arni, W. Leupold, 1933) lehren, daß der Prättigauflysch transgressiv liegt, daß er Oberkreide (Senon) ist, daß auch Eozän (Paleozän) vorhanden sein kann, daß dieser ganze Flysch mit dem helvetischen Flysch irgendwie zusammenhängt. Das Oberkreidemeer der Flyschzone muß mit dem Oberkreidemeer des Prättigau unmittelbar in Zusammenhang gestanden sein. Süd von diesem Flyschmeer, das offenbar schon über einen gewissen penninischen Deckenbau transgredierte, lag die Stirn der ostalpinen Decken, die in dem zweiten großen Hauptstoß des Alttertiär über den Prätigauflysch hinweg auf das Helvet geschoben worden ist.

So kann man auch die Verhältnisse im Engadin verstehen.

Diese wenigen Ausführungen müssen hier genügen. Sie sollen auch zugleich die Verhältnisse im Prättigau kurz beleuchten, die aber schon ganz außerhalb der österreichischen Grenze liegen. Bekanntlich taucht im Prättigau die westalpine Penninregion mit den echten Bündner Schiefern (Schistes lustrés), mit dem darauf liegenden (transgredierenden) Oberkreideflysch des Prättigau unter die große ostalpine Deckenmasse hinab.

Wir stehen hier am Anfang einer neuen Ordnung der Dinge. Der ostalpine Bauplan geht zu Ende, der westalpine beginnt.

3. Zusammenfassung.

Wir kennen heute das System der Metamorphiden von Nordkorsika bis zum Katschberg in den Ostalpen. Auf 1000 km Länge erscheint in den Alpiden der gleiche große Bauplan. Immer finden wir das granitreiche Grundgebirge, das metamorphe Schiefermesozoikum, die gleiche Metamorphose, die gleiche Tiefentektonik, die gleichen grünen Gesteine. Immer finden wir die gleiche Überlagerung durch ostalpine Gesteine. Immer ist es dieselbe tektonische Großzone, deren Bau und Geschichte von alter Zeit her bestimmt wird.

Sie ist in den Westalpen 60 km breit aufgeschlossen, in den Ostalpen 30—40 km breit.

Die Tauriden tauchen im Osten, an der Katschberglinie unter die Ostalpen hinab. Haben sie eine Fortsetzung gegen Osten? Es gibt Geologen, die diese Fragen bestimmt mit Nein zu beantworten wissen.

Derzeit sind Untersuchungen im Gange, die Frage zu untersuchen, ob im Wechselfenster die Schieferhülle der Tauern wieder auftaucht. Mohr hat diesen Gedanken schon geprüft, ihn aber abgelehnt. Die Zukunft wird auch hier die Wahrheit bringen. Es ist nicht unmöglich, daß in Wechselphylliten bestimmter Art nicht penninische Schiefer erscheinen könnten.

Sicher aber ist, das weit weg von den Ostalpen, im Fenster des Paring, in den Südkarpathen, eine Serie erscheint, die zumindestens als Übergangsregion vom Helvet zum Pennin anzusprechen ist.

So ist die Frage nach der Fortsetzung der Metamorphiden nach Osten nach reiflicher Überlegung der Tatsachen mit „Ja" zu beantworten — trotz vieler „Nein", die nach dem Majoritätsprinzip die Frage für sich entscheiden wollen.

Alles deutet in den Tauriden darauf hin, daß sie im Norden und im Süden durch regionale Linien erster Ordnung geschieden werden. Die Grenzen gegen Norden und Süden sind zweifellos Überschiebungslinien, die in die Tiefe gehen. Diese großen Überschiebungslinien wollen wir mit den Worten: Helvet- und Penninlinie festhalten.

Die erste gibt die Grenzen im Norden zwischen Helvet und Pennin, die zweite im Süden zwischen Pennin und Ostalpin. An diesen Großlinien bewegen sich die Blöcke gegen einander, schieben das Pennin zwischen sich zusammen, zerdrücken es. So fließen die Penniden nach Norden und Süden in Fließ-, in Quelltektonik über, werden zugleich zum Träger der Bewegung gegen Norden. Die Schiefermassen geben den Gleithorizont ab, das Schmiermittel, auf dem die ostalpine Deckenmasse sich vorwärtsbewegen kann. Dabei wird der Metamorphidentektonismus erzeugt, der zugleich noch unter dem Einfluß der Tiefe steht, der aufsteigenden Granitfront der alpinen Orogenese.

So binden sich hier wieder alte und neue Erkenntnisse zu neuem Bilde, das uns die Größe des kosmisch-geologischen Geschehens der alpinen Gebirgsbildung eindringlich vor Augen führt.

Wie ganz anders sehen wir heute den Kuppelbau der Tauern gegenüber der Darstellung, wie sie C. Diener 1903 gegeben hat. Und dennoch — verbindet uns die Tradition der Erkenntnis.

II. Die Ostalpine Deckenmasse.
Die Austriden = Die Zentraliden.

Allgemeines.

Die ostalpine Deckenmasse ist im Aufbau der Alpen eine tektonische Einheit erster Ordnung, die Staub die Austriden genannt hat. Kober spricht von Zentraliden, da diese Schubmasse aus dem zentralen Teil des Orogens stammt, da die Zentralzone ein wesentlicher Bestandteil der ostalpinen Decke ist.

Grenzen. Neben der Zentralzone gehören dieser Deckenordnung noch zu: die Kalkalpen und die Grauwackenzone. Mit diesem Umfang

ist die alpin-dinarische Grenze im Süden die scharfe Scheidung von
Dinariden und Zentraliden. Im Norden ist die Kalkalpen-Flyschgrenze
die Überschiebungslinie von Ostalpin auf Helvet. Im Osten taucht das
ostalpine Gebirge unter die junge Beckenfüllung. Im Westen heben die
ostalpinen Deckenmassen über Helvet und Pennin aus.

Die Rheinlinie ist eine Erosionslinie. Die dinarische und die Flysch-
Grenzlinie sind Überschiebungslinien, derart, daß die Dinariden die Ostalpen überschieben, diese wieder die Helvetiden.

Das ostalpine Deckensystem hat vom Rhein bis gegen Graz zu eine
Länge von 450 km. Die aufgeschlossene Breite beträgt im Rheinprofil
110 km, im Brennerprofil 90 km, im Tauernostrandprofil 140 km. Im
Profil des Bachergebirges wird die ostalpine Zone im Übergang gegen das
ungarische Zwischengebirge sogar 185 km breit.

Dabei beträgt die aufgeschlossene Überschiebungsbreite im Rheinprofil 100 km, im Brennerprofil 90 km. Im Tauernostrandprofil beträgt
die aufgeschlossene Breite der ostalpinen Decke über Helvet und Pennin
von Mondsee bis Möllbrücken 105 km.

Bedenkt man dazu noch, daß der Tauernostrand 300 km östlich vom
Westrand der ostalpinen Decke entfernt ist, so ergibt sich damit die
geologisch-tektonische Tatsache: die ostalpine Schubmasse
ist auf 300 km Länge und 100 km Breite auf Helvet und
Pennin aufgeschoben.

Natürlich setzt die Überschiebung noch weiter nach Osten fort. Diese
Zahlen geben nur die tatsächlich durch die penninischen Fenster aufgeschlossene, also sicher bekannte Überschiebung. Daraus ergibt sich ein
Bild von der Größenordnung des Geschehens, das hier in Betracht
kommt. Das zeigt sich sofort auch, wenn man Bau und Geschichte der
ostalpinen Schubmasse mit der Gestaltungsgeschichte von Helvet und
Pennin vergleicht. Ein ganz anderes Baubild ergibt sich.

Die ostalpine Decke stammt aus der zentralen Zone, hat reich entwickeltes Altkristallin, reich entwickeltes Paläo- und Mesozoikum. Sie
ist eben das Zentrum der ostalpinen Entwicklung, der ostalpinen Fazies,
die den Ostalpen das Gepräge gibt. Sie ist eben die Hauptzone des ostalpinen Bogens. Es ist der ostalpine Baustil, der hier seit alter Zeit
in besonderer Art gestaltet und so das ostalpine Gebirge im Raume, in der
Zeit formt.

Fazies und Tektonik geben der ostalpinen Schubmasse ihren ostalpinen Charakter. Bestimmte Gesteine, bestimmte Tektonik erscheinen.
Dafür sind die Kalkalpen, die Grauwackenzone, die Zentralalpen typische
Beispiele. Im ganzen aber formt die ostalpinen Gebirge eine Schubmasse,
deren Heimat im Süden der Tauern lag. Im Süden der Penningebiete
lag das Ursprungsgebiet der ostalpinen Decke. Von dort ist sie nach
Norden gewandert. Im Norden liegt die Stirn der Decke, in den Kalkalpen, in der Grauwackenzone. Die Wurzel aber liegt im Süden der
Tauern, im Süden des Pennin. Das Gebiet der heutigen Drau ist der
Raum, in dem das ostalpine System lag, als eine Zone, die mindestens
doppelt so breit war als sie heute ist.

Die ostalpine Deckenmasse ist in sich wieder gegliedert. Zonen legen sich auf Zonen. Wir werden versuchen im folgenden ein möglichst natürliches Bild vom Bau der ostalpinen Deckenmasse zu geben.

1. Die Zentralzone. — Die Zentraliden im engeren Sinne.

a) Allgemeines.

Die Zentralzone formt die Achse des Gebirges. Hierher gehört alles ostalpine Gebirge, alles Altkristallin, alles Paläo- und Mesozoikum, das zwischen der Grauwackenzone im Norden und den Dinariden im Süden liegt.

Diese ostalpine Zentralzone ist vom Rhein bis Graz 450 km lang. Sie zieht aber gegen Nordosten als schmaler Streifen weiter fort und baut hier eine schmale Brücke in die Karpathen.

Die Zentralzone dieser Art ist im Rheinprofil 100 km, im Brennerprofil bloß 50 km, im Profil des Tauernostrandes 90 km, im Profil der Koralpe aber wieder 100 km breit.

Man kann die Zentralzone in natürliche Einheiten gliedern. So scheidet sich naturgemäß das ostalpine Land Süd vom Tauernfenster als Wurzelzone ab, als relativ autochthones Land. Dieser Stammteil geht nach Norden hin in den überschlagenen Deckenteil über, der im Norden stirnt. Die Stirn der Zentralzone liegt naturgemäß vor und unter der Grauwacken- und der Kalkalpenzone. In der Tiefe mag in dieser Zone die Grenze von Helvet und Pennin liegen. Das ergibt sich aus den regionalen Verhältnissen von Helvet und Pennin.

Man kann die Zentralzone durch das Tauernfenster in eine westliche, östliche, nördliche und südliche gliedern. Man kann innerhalb der Zentralzone unter-, mittel- und oberostalpine Deckeneinheiten trennen. Man hat dafür auch eigene Namen gegeben.

Wir streben hier eine Gliederung an, die ganz und gar auf dem Prinzip der Natürlichkeit aufgebaut sein soll. Wir trennen hier, was in der Natur getrennt ist und verbinden, was in der Natur verbunden ist. Wir suchen über allem Gesetz, über alle Einheit auch das Besondere, das Individuelle festzuhalten und so die Natur zum Ausdruck zu bringen, wie sie ist, in all ihrer Mannigfaltigkeit, Größe, Schönheit und Einheit.

So scheiden wir zuerst als naturgegebene Glieder Stamm- und Deckenteile.

Stammteile, also relativ autochthone ostalpine Zentralzonen sind alle Gebiete Süd vom Pennin und Nord der dinarischen Grenzlinie. Als Drauiden bezeichnen wir den ostalpinen Zentralzonanteil, der Süd vom Tauernfenster liegt, der minimal 6—7, maximal 30 km breit wird. Die Drauiden lassen wir am Westrande der Tauern im Profil von Mauls (mit 6—7 km Breite) beginnen. Sie enden mit dem Bacher. Sie streichen typisch ostalpin, NW—SO. Die oberflächliche Grenze mag im Osten etwa durch die Glimmerschieferzone der Südseite der Koralpe gegeben sein.

Tonaliden sind alle ostalpinen Gebirgsteile im Süden des Pennin und nördlich der Tonale-Linie (der alpin-dinarischen Linie). Sie beginnen mit dem

Profil von Mauls und streichen mit typischem westalpinen SW-Streichen in das westalpine Wurzelgebiet der Westalpen im Addatal. Die Zone kann 5—20 km breit sein, kann in sich wieder „Wurzelgebiet" mehrerer Decken sein. Das spielt hier keine solche Rolle gegenüber der Tatsache, daß diese Zone eine tektonische Einheit darstellt, die relativ autochthon ist, die zwischen Pennin und Dinariden liegt. Sie ist der ostalpine Stammkörper. Aus ihm stammt alles ostalpine Deckenland in irgend einer Art. In dieser Zone ist also alles vereinigt, was unter-, mittel-, ober- oder hochostalpin sein könnte.

Deckenteile sind alle übrigen Glieder der ostalpinen Zentralzone. Man wird hier der Hauptsache nach unter- und oberostalpine Elemente unterscheiden können. Allzu scharfe Gliederung und Gleichstellung hat nicht viel Sinn, angesichts der Tatsachen der Natur.

Gliederung. Staub hat in der Zentralzone unter- und oberostalpine Decken als Grisoniden und Tiroliden unterschieden. Diese Deckengliederung ist aber angesichts der Auffassung von Staub, daß das Grazer Paläozoikum eine dinarische Deckscholle darstelle, unmöglich. Sie ist auch deshalb unmöglich, weil in ihr die Ötztaler Alpen zur höchsten ostalpinen Decke werden und die zentralalpine Brenner-Trias die Wurzel für die hochalpine Dachstein-Trias sein soll — eine Auffassung, die an der Gewalt der Tatsachen der Natur scheitern muß.

So ist diese Gliederung für uns unannehmbar. Wir gliedern auf Grund der lokal- und regionaltektonischen Verhältnisse in folgender Art:

Unterostalpin sind im Westen die Grisoniden, die unterostalpinen Decken Graubündens, also die Sella-, die Err-, die Bernina-Decke. Dazu kommen die unterostalpinen Decken: die Falknis-, die Sulzfluh-Decke, die Aroser Schuppenzone.

Unterostalpin (oder Mittelostalpin) sind die Ötztaliden, die im Süden die Campo Decke mit der Languard Decke umfassen. Das Campokristallin ist aber ident mit dem Ötztaler Kristallin. Das zeigen die Aufnahmen von Hammer. Die Brenner Trias ist gleich der Engadiner Trias. Über dieser aber liegt in großer Überschiebung die Silvretta Decke. So muß die Silvrettamasse über der Ötztaler Masse liegen. So müssen die Silvrettiden als oberste ostalpine Schubmasse der Zentralzone gelten. So müssen die Silvrettiden über den Ötztaliden liegen, wie das Kober 1912—1923 gezeigt hat.

Im Tauernfenster bilden die Radstädter Decken den unterostalpinen Rahmen über dem Pennin. Im Lungau ist der Typus dieser unterostalpinen Deckenserie zuerst erkannt und studiert worden. Dieser Typus ist nirgends so gut zu sehen als in den Radstädter Tauern des Lungau. So nennen wir hier diese so markante und geologisch so bedeutungsvolle Einheit die Lungauriden. Wir übertragen diesen Namen auf die ganzen unterostalpinen Gesteine, die das Tauernfenster umrahmen.

Wir nennen Semmeringiden die unter- (mittel-) ostalpine Einheit des Semmering—Wechselgebietes, die von Bruck a. d. Mur an die Brücke zu den Karpathen bildet. Wieder erscheint ein Bauelement so eigener Art, daß der eigene Namen Sinn hat. Es hat wenig Zweck, im Semmering-

gebiet im Sinne von Staub von Grisoniden zu sprechen, wenn mit diesem
Gebirge schon die Karpathen anfangen.

So bleibt noch das ganze Gebiet der Muralpen, der Koralpe übrig.
Hier scheiden wir sinngemäß Muralpen- und Koralpengesteine. Die
ersteren sind mit der Brettsteinglimmerschiefer-Marmorserie mit den
Grobgneisen typische Vertreter der zweiten Tiefenstufe. Die Koralpengesteine stellen die dritte Tiefenstufe der Brettsteinserie dar, wenigstens
deuten die Umstände darauf hin.

Dabei liegt die Koralpenserie auf der Muralpenserie. Das zeigen die
Arbeiten von Heritsch und Angel. Die Almhausserie ist die Grenze
der beiden Serien, die man als Oberostalpin ansprechen kann. Wir
bezeichnen hier diese Serien als Muriden und Koriden und halten
sie auch für alpin-tektonische Einheiten.

So kommen wir zu einer einfachen und natürlichen Gliederung, die vor
allem den geologisch-tektonischen Individualismus dieser Einheiten zu erfassen sucht.

b) Lungauriden und Semmeringiden. — Unterostalpine Zentraliden des Ostens.

Allgemeines.

Wir fassen hier zwei Deckensysteme zu einer Einheit zusammen, die
als unterostalpin bezeichnet werden können. Die Gesteine dieser Zonen
liegen unter der Hauptmasse der ostalpinen Zentralzone. Sie sind also
unterostalpin im weitesten Sinne des Wortes.

Die Lungauriden umrahmen das Tauernfenster. Die Semmeringiden erscheinen erst wieder 130 km Ost vom Tauernfenster bei
Bruck a. d. Mur als die Fortsetzung der Lungauriden gegen Osten. Sie
formen von hier an bis an die Donau eine Brücke, die 150 km lang und
maximal 40 km breit ist, die zu den Karpathen überleitet, die jenseits der
Donau mit den kleinen Karpathen typisch beginnen. Damit beginnt an
der Donau der echt karpathische Bauplan, der mit dem Auftauchen
der Semmeringiden bei Bruck a. d. Mur eingeleitet worden ist.

Lungauriden und Semmeringiden bilden eine fazielle und tektonische Einheit, die auch eine Einheit in bezug auf die alpine Metamorphose ist. Besonders charakteristisch ist das Mesozoikum, das zentralalpine Fazies hat. Werfener Schiefer, Dachsteinkalk, alpines Neokom,
Gosau fehlt gänzlich. Für die Lungauriden sind Brekzien sehr charakteristisch, die auch in den Semmeringiden spurenhaft vorkommen.

Der Bau dieser Decken wird als vorgosauisch angesehen, da Gosau
vollkommen fehlt, die doch im Gebiet dieser Zentralalpen vorhanden sein
sollte, wenn das Gebiet in der Gosauzeit freigelegen wäre. Das war aber
nicht der Fall; denn wir sehen, daß Gosau ganz nahe an die Semmeringiden
herankommen kann — aber sie kommt niemals im Rahmen der unterostalpinen Zonen vor.

Semmeringiden und Lungauriden bilden die unterostalpinen Decken
der ganzen östlichen Zentralzone, die vom Tauernwestrande an bis an die
Donau zu verfolgen sind.

Die Lungauriden.

Die Lungauriden umrahmen und bedecken das Tauernfenster als eine relativ schmale Zone, in der Altkristallin, Paläozoikum und Mesozoikum bestimmter Art vorkommt. Immer liegt der Ring der Lungauriden über dem Pennin und unter höheren ostalpinen Zonen und formt so eine unterostalpine Einheit bestimmter Art.

Stratigraphie. Grundgebirge ist wenig vorhanden und zeigt in der Fazies der Schladminger Masse‹ Granit und Dachgesteine (Hornblendegneise). Die Brettsteinserie fehlt fast ganz. Die Grobgneisserie ist typisch da. Das Altkristallin ist also von murider Fazies, doch tritt die Ultrafazies in Form der Aufschmelzungsgranite, die alpin deformiert werden, (Grobgneisfazies) stärker hervor.

Paläozoikum zeigt meist die Flysch-Quarzphyllitfazies, kann tektonisch mächtig werden. Es kann sein, daß auch das Paläozoikum von Mühlbach im Salzachtal hierher gehört. Dann gibt es auch ein kalkiges Paläozoikum. Dafür sprechen auch die Verhältnisse im östlichen Salzachtal. Die paläozoischen Klammkalkzüge würden hierher gehören.

Mesozoikum liegt in der zentralalpinen Fazies der Radstädter Kalkalpen vor. Die Schichtfolge reicht von der Trias bis in die untere Kreide. Jüngere Schichten sind unbekannt. Gosau tritt nicht in den Bau ein. Sehr typisch sind die Brekzien des Jura, der unteren Kreide, die Grobblock-Schuttmassen der Schwarzeckbrekzie und der Wildflysch dieser Serie. Auch Radiolarite und grüne Gesteine kommen vor.

Die Tektonik zeigt typisch unterostalpinen Stil, der im Süden Wurzel-, im Norden Stirntektonik zeigt. Eine gewisse Metamorphose, eine gewisse Belastung ist zu erkennen. Schollenlandschaften stellen sich ein. Gestaute Faltenstirntektonik findet sich. Epitektonismus legt sich hier mit Übergängen über den Mesotektonismus der Schieferhülle der Tauern. Wir steigen eine Stufe höher im Stockwerk des alpinen Deckenbaues. Dementsprechend wird auch der Bau ein wenig freier.

Die Radstädter Tauern.

Wieder nehmen wir einen Typus heraus, den wir als Beispiel lungauriden Deckenbaues genauer darstellen, da er auch am besten bekannt ist. Es handelt sich um das Gebiet, das die „Radstädter Zone" im weiteren Sinne umfaßt, um das ganze Gebiet der Radstädter Decken, das vom Katschberg, von St. Michael im Lungau bis gegen Bruck-Fusch und Zell am See im Salzachtal reicht. Das Gebiet ist an die 80 km lang, maximal 20 km breit und ist durch die Arbeiten der Akademie der Wissenschaften durch Uhlig, Stark, Seemann, Trauth, Schmidt, Kober genau erforscht worden. In neuerer Zeit kommen dazu die Untersuchungen von Blattmann, Schmidegg, Braumüller, Hottinger u. a.

Umgrenzung. Die Radstädter Tauern formen von St. Michael im Lungau einen großen Bogen. Sie liegen immer auf Schieferhülle und werden von höheren ostalpinen Gesteinen der Muriden überlagert. Im

Osten ist es vor allem die Brettsteinserie, die mit Granatglimmerschiefern das überschobene Dach bildet. Im Norden legt sich noch die Grauwackenzone von Schladming an bis Zell am See über die lungauriden Gesteine. Das ganze System taucht gegen Norden ein und bildet mit seinen übereinandergelegten Falten die unterostalpine Stirn. Es ist aber auch axiales Gefälle gegen Osten zu erkennen. Zweifellos geht aber die Bewegung von Süden gegen Norden und nicht von Norden gegen Süden, wie gewisse Vertreter der „gemäßigten Deckenlehre" auf Grund einer längst veralteten Literatur glauben machen wollen.

Das Gebiet der Radstädter Tauern ist sehr interessant. Es ist eine Hochburg für alpine Geologie. Hier kann man Tektonik lernen. Es ist gut aufgeschlossen, leicht zugänglich, von großer landschaftlicher Schönheit und vor allem reich an lehrreichen geologischen Erscheinungen fazieller, stratigraphischer und tektonischer Natur. Auch morphologisch ist es eigener Art. In allen Erscheinungen sieht man den — lungauriden Baustil.

Wieder betreten wir in den Radstädter Tauern klassisches Land. Von hier ist die Vorstellung ausgegangen, daß die Grenze der „Radstädter Gebilde" gegen die Schieferhülle an Stellen schwer zu ziehen sei. So entstand die Vorstellung, daß Teile der Schieferhülle mesozoisch sein könnten. Hier hat später dann auch die Deckenlehre eingesetzt. Hier hat E. Sueß schon vor langer Zeit erkannt, daß die Radstädter Tauern in großer Überschiebung unter dem ostalpinen Kristallin liegen, daß sie ihrerseits auf mesozoischer Schieferhülle irgendwie aufgebaut sind. Das war zu einer Zeit der Fall, als man die Deckenlehre noch nicht denken konnte. Aber man sah schon Erscheinungen, die eigener Art waren und die nicht recht in den Erfahrungskreis paßten.

Die alte Geologie hat unter Stur und Peters hier schon Aufnahmen gemacht, die später von Vacek und Geyer ergänzt wurden. Eine erste Zusammenfassung hat F. Frech gegeben. Zu allen Zeiten aber war man sich der Tatsache bewußt, daß hier ein Stück Gebirge vorliegt, das von besonderer Bedeutung ist.

Sieht man von den Höhen der Tauern gegen die Radstädter Berge, so liegen sie wie weiße Inseln inmitten dunkler Schieferberge. Im Hintergrunde erheben sich wieder die Kalkalpen. Man sieht vor sich die Schieferhülle, dann die Radstädter Kalkalpen, dahinter das Schladminger Massiv und die Grauwackenzone. In der Ferne ragen die Mauern der Südseite der Kalkalpen — ein Bild voll geologischer und landschaftlicher Größe, Gesetzmäßigkeit und Schönheit.

Man sieht in diesem großen Bilde, wie die Radstädter Kalkalpen der Schieferhülle aufliegen, wie sie unter die Schladminger Masse hinabtauchen. Man sieht vor sich die zentralalpinen Kalkalpen, weiter in der Ferne, auf der Grauwackenzone liegend, die nördliche Kalkalpenzone der Dachsteingruppe.

Zwei Kalkalpen liegen vor uns, die ganz anderer Art sind — andere Morphologie, andere Tektonik, andere Stratigraphie zeigen.

Die genaue geologische Aufnahme, über die Uhlig, Kober, Schmidt, Trauth und Blattmann berichtet haben, zeigt: Die Radstädter

Tauern liegen unter dem Schladminger Massiv. Sie bilden der Hauptsache nach eine verkehrte Serie von Paläo- und Mesozoikum, das mit dem Altkristallin der Schladminger Masse primär verbunden ist. Nach Norden hin fällt das ganze System unter die Grauwackenzone ein, nach Osten unter die Glimmerschiefer-Marmorzone der Brettsteinzüge der Muralpen.

Das Studium der Radstätter Tauern hat gezeigt: die Radstädter Tauern gliedern sich in Teildecken, die nach Norden getriebene Falten darstellen, die zugleich axiales Gefälle gegen Nordosten haben. Es lassen sich normale und verkehrte Serien unterscheiden. Falte legt sich auf Falte. Man sieht Stirnen gegen Norden getrieben. Man sieht synklinale Faltenschlüsse im Süden inmitten von Kristallin als schmale Bänder enden. Man sieht die Umbiegungen der Falten von Süden gegen Norden.

Man kann die Radstädter Tauern naturgemäß in drei Einheiten gliedern, die wir hier als untere, mittlere und obere Radstädter Decke bezeichnen wollen. Jede dieser Zonen hat ihren bestimmten stratigraphischen und tektonischen Bau. Übergänge stellen sich ein; doch stehen die Endglieder weit auseinander. Die untere Radstädter Decke hat penninische Züge, die obere wird immer mehr typisch zentral-ostalpin. Das gilt auch für die Tektonik.

Die untere Radstädter Decke. Stratigraphie, Tektonik und Verbreitung der unteren Lungauriden. Sie findet sich bei St. Michael im Lungau als St. Michaeler Schuppenzone. Man sieht in einem Steinbruch bei St. Michael eine Schuppenzone aufgeschlossen, in der Kalke und Dolomite in Fließtektonik verbunden sind und Bänder bilden, die von Quarzitschiefern und Spuren von Rauhwacken eingefaßt werden — Gesteine, die zweifellos der Radstädter Serie zugehören, aber viel stärker metamorph sind und eine Fließ-Schollentektonik zeigen, die penninischen Charakter hat. Es ist so, als läge hier eine tiefere, ganz laminierte Radstädter Serie vor, die faziell zwischen Pennin und Unterostalpin vermitteln würde.

Im Gipfel des Speiereck kann man gegen die Zederhauser Seite grüne Quarzitschiefer, Rauhwacken und braune Marmore unter der normalen Trias sehen, die eine tiefere Serie darstellen. In diese mögen auch die braunen Glimmermarmore des Scharreckgipfels gehören. An der Basis der Weißeneck- und der Hochfeind-Trias sieht man eine Schuppenzone von Quarzit, Quarzitschiefern, von Rauhwacken, Triasdolomit, braunen Marmoren. Vielleicht gehören hierher auch Brekzien.

Weiter ist diese Serie im Westen bekannt. Hierher gehören die Klammkalke, die Gesteine der Anthauptenserie. In den Klammkalken findet man wieder die Verflößung von Dolomit und Kalk. In der Anthaupten Serie (Kober) sieht man: altkristalline Schollen, diaphthoritisierte Hornblendegesteine, dann Quarzite, Rauhwacken, Triasdolomite, Schiefer vom Typus der Pyritschiefer, feine Brekzien, flyschartige Schiefer. Im Gipfel des Bernkogels beginnt diese Serie, die auch grüne Gesteine führt. Sie unterscheidet sich vom Pennin genau so wie vom typischen Radstädter Mesozoikum. Wieder liegt so eine Art Übergangs- oder Grenz-

zone von Pennin und Ostalpin vor. Weiter im Westen mögen die Kalk-
schieferzüge hierher zu stellen sein, die gegen Bruck-Fusch zu im steilen
Fallen gegen Norden durch die Hänge streichen.

Es ist nicht viel Sicheres, was es über diese Zone zu sagen gibt. Aber
das erkennt man: es liegt hier eine tektonische Zone vor, die über dem
Pennin und unter dem typischen Radstädter Mesozoikum. liegt, die
stratigraphisch unleugbar auf Mesozoikum hindeutet. Tektonisch ist die
Zone durch die Fließ-Schollenstruktur charakteristisch, die offenbar auch

Abb. 4. Die Westflanke des Schwarzeck in den Radstädter Tauern. In der Tiefe die Kalkphyllite,
darüber eine Schuppenzone, darüber das nach Norden umgeschlagene Mesozoikum der Weißeneck
Decke. N = Nord. S = Süd. T = Trias. J = Pyritschiefer und Jurakalke. Man sieht deutlich den
Schluß der Pyritschiefersynklinale im Süden, die unterliegende, die nach Norden überschlagene
Trias. Die Faltung geht also von Süden gegen Norden und nicht umgekehrt! Aufnahme L. Kober
1909. Ein Beispiel lungaurider Faltentektonik, die noch unter Belastung vor sich geht. Epitektonik.

die Kalkzüge zusammenstaut, so daß die Mächtigkeit tektonisch ist. Das
erkennt man auch aus der Stautektonik der Klammkalke, die hier
offenbar ihre Stirne haben.

Die mittleren Radstädter Decken. Mittlere Lungauriden. Mit dieser
Einheit betritt man festen Boden. Die Gesteine der mittleren Lungauriden sind leichter zu erkennen, wenngleich auch hier noch die Stratigraphie Schwierigkeiten bietet. Die Tektonik wird deutlicher, trotz
aller Komplikationen. Man kann in dieser Serie zwei Teildecken unterscheiden: die tiefere Speiereck- und die höhere Weißeneck-Decke. Ein
Band von paläozoischen Schiefern trennt sie tektonisch. Altkristallin gibt es in dieser Einheit nicht. Es wäre denn, daß das Altkristallin der Anthauptenzone des Rauriser Tales in die mittlere Deckenserie zu stellen wäre. In den Radstädter Tauern selbst ist das Paläozoikum von Mauterndorf der tiefste Horizont, der Schiefer, Grauwacken

zeigt. Fossilien sind nicht bekannt. Die Überlagerung der Serie durch Quarzit gilt als Beweis für das paläozoische Alter der 100 m starken Gesteinsserie, die wohl auch als Quarzphyllit zu bezeichnen ist, rechnet man hierher noch gewisse Gesteine der Südseite des Speiereckgipfels.

Quarzite, Quarzitschiefer, Rauhwacken sind untere Trias. Schwarze, gelbe, rosa Bänderkalke, braune Glimmerkalke gehören dem Muschelkalk zu. Dann folgen Diploporendolomite. Raibler Schichten sind Sandsteine,

Abb. 5. Charakterbild lungaurider Tektonik. Oben das Schladminger Massiv, darunter die obere Radstädter Decke in normaler und verkehrter Lagerung. Im Tale liegt bei Tweng das Twenger Altkristallin, darüber die normale Triasserie mit Quarzit = Q und Triasdolomit. Die Pyritschiefer = S bilden die Synklinale über der die verkehrte Serie kommt, und zwar zuerst wieder Triasdolomit = T, Muschelkalk = K und Quarzit = Q in Schuppen. KO = Karbon, Konglomeratflysch und Quarzphyllit = QP. Zu oberst Gneise des Schladminger Massivs. L. K o b e r 1911.

Rauhwacken und Schiefer (wie der Pyritschiefer). Hauptdolomit, Rhätkalke, Rhätschiefer, Lithodendronkalke bilden die obere Trias. Dem Lias gehören Lias-Crinoidenkalke zu, Pyritschiefer. Brauner Jura sind Belemnitenkalke. Dem höheren Jura gehören zu: radiolaritähnliche rote Schiefer, rote Quarzitsandsteine und die Schwarzeckbrekzien, die von flyschartigen Schiefern und Brekzien überlagert werden. Die Schichtfolge schließt mit Gesteinen, die bestenfalls untere Kreide sein können. Gosau ist nicht bekannt.

Das auffallendste Glied in dieser Serie sind die Schwarzeckbrekzien, die von E. Sueß schon als „Phakoide", als tektonische Brekzien angesehen wurden. Spitz hat sie rein sedimentär gedeutet. Es liegt in

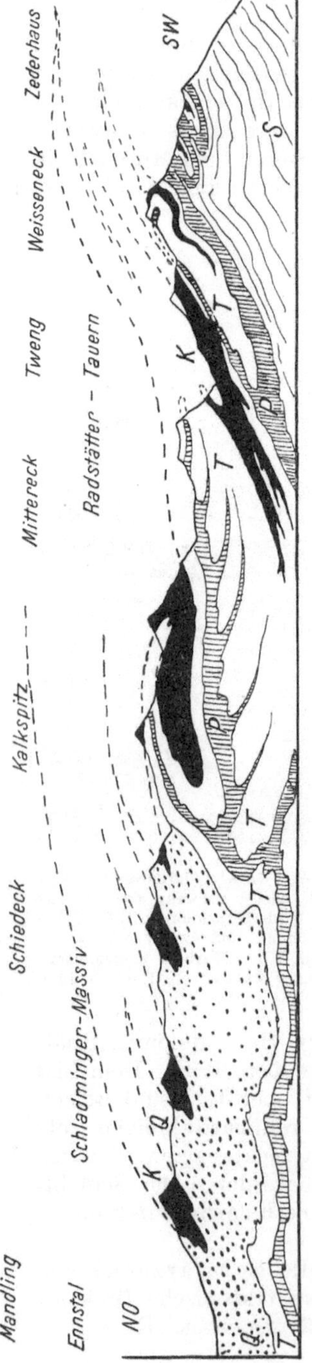

Abb. 6. Ein Sammelprofil durch die Radstädter Tauern. Zu tiefst die Schieferhülle = S, darüber folgt die Schuppenzone der unteren Radstädter Decke. Dann kommt die mittlere Radstädter Decke mit dem Kern von Kristallin oder Quarzit (schwarz). T = Trias. P = Pyritschiefer. Dann folgt die obere Radstädter Decke mit dem basalen Altkristallin. K = Twenger Kristallin, darauf die normale, die verkehrte Trias = T. Die Pyritschiefer = P bilden die Deckenmulden. Die Trias = .T liegt verkehrt unter dem Quarzit und Quarzphyllit = Q. Das Altkristallin = K liegt stirnend oben. L. K o b e r.

den Schwarzeckbrekzien ein echt orogenes Sediment vor, das von den Stirnen wandernder Decken stammt, das tektonischer Schutt ist, der sedimentiert, dann wieder tektonisch verarbeitet wird.

Die Schwarzeckbrekzie ist ein geologisch überaus interessantes Gestein, das auch aus ganz grobem Blockwerk besteht. Es gibt Fälle, wo man im Zweifel ist; liegt in dem großen Block schon ein Schubspan vor oder ist der Block noch sedimentär.

Die Tektonik zeigt eine Mischung von Schuppen- und Faltentektonik, ist in der Gipfelregion der Speiereck-, der Weißeneck-, der Schwarzeck- und der Hochfeindgruppe großartig aufgeschlossen und zeigt normale und verkehrte Falten übereinander. Die verkehrte Serie kann bloß 20—30 m dick sein, während die normale Serie 200—300 m hat. Man sieht auch im Weißeneckgebiet, wie diese Decke auf eine Entfernung von 500—600 m von 300 m Mächtigkeit auf 10 m Dicke reduziert werden kann. Man kann da überaus interessante Profile, gut aufgeschlossen, sehen. Hier kann man sehen, was typisch unterostalpiner Baustil, was typisch lungaurider Bauplan ist.

Im Speiereck sieht man sehr schöne „Gipfelfaltungen‟ von Quarzit, Trias, Schwarzeckbrekzie. Im Landschützkamm wiederholen sich die Schuppen von Quarzit und Dolomit viele Male. Im Weißeneck liegt in der Weißeneckscharte zutiefst: Pyritschiefer, Brekzie, Lias-Jurakalk, Triasdolomit (5 m). Darüber liegt Quarzit als Unterlage der normalen Triasserie des Weißeneck, die die nach N umgeschlagene Pyritschiefersynklinale enthält.

Man sieht hier auch, wie die unter der normal liegenden Triasserie verkehrt liegende Serie von Trias bis zu den Pyritschiefern eine gewisse Metamorphose hat und so der oberen Schieferhülle ähnlich wird. Tatsächlich hat man früher auch diese Gesteine in die Schieferhülle gestellt, sie als Marmore der Schieferhülle bezeichnet. Es sind das auch jene Gesteine, die auch schon die alten Geologen veranlaßt haben, hier an einen „Übergang" der „Radstädter Gebilde" in die Gesteine der Schieferhülle zu denken. Gesteine dieser Art waren auch die Ursache, daß man gedacht hat, gewisse Teile der Schieferhülle der Tauern könnten mesozoisch sein. Aber all diese Gesteine sind dem geübten Auge immer noch „typische Radstädter Gesteine", zum Gegensatz zu den Gesteinen der unteren Radstädter Decke, wie sie in der St. Michaeler Schuppenzone, in der Klammkalkzone vorkommen.

Die oberen Radstädter Decken. Die oberen Lungauriden. Stratigraphie. Sie setzen mit dem Mauterndorfer Granitmylonit ein, der vom Twenger Kristallin umschlossen wird. Diaphthorite von Schladminger Kristallin liegen in diesem Kristallin vor, das von Hornblendegesteinen abstammt. Dieser Zug von Kristallin läßt sich von Mauterndorf bis zum Mosermandl verfolgen. Er ist maximal 300 m stark und an die 20 km lang.

Mit dem Altkristallin ist ein schieferiges Paläozoikum mit Grünschiefern verbunden. Mit Quarzit wird die Trias eingeleitet, die von der gleichen Art ist, wie die der mittleren Deckengruppe. Auch der Jura ist gleicher Fazies, nur treten die Schwarzeckbrekzien stark zurück.

Tektonik. Im Profil von Tweng auf das Gurpetscheck folgt auf das Twenger Kristallin die normal liegende Trias mit Quarzit, Muschelkalk, Triasdolomit und Pyritschiefer. Dieser bildet die Synklinale, der die verkehrte Serie aufliegt. Sie setzt mit verkehrt liegendem Triasdolomit ein, dann folgen: Muschelkalk, Rauhwacke, Quarzit, Muschelkalk, Rauhwacke, Quarzit. Dann aber folgt das verkehrt liegende Paläozoikum mit Quarzkonglomerat und Quarzphyllit, der Schollen von rosaroten paläozoischen Kalken und Eisendolomit führt. Es ist diese (karbone?) Serie eine Art „Wildflysch", eine paläozoische Fazies der Schwarzeckbrekzie, der sie ähnelt. Es ist sehr interessant zu sehen, wie sich in dem Profil vom Weißeneck zum Gurpetscheck gleiche orogene Flyschbrekzien im Paläozoikum, im Mesozoikum finden. Über dem Paläozoikum folgt das Schladminger Altkristallin.

Die oberen Radstädter Decken bilden die nördlichen Radstädter Berge (Pleißling usw.). Sie bilden auch das große Fenster der Lungauer Kalkspitzen, das H. Holy studiert hat. Dieses Fenster im Osten ist das Gegenstück zum Fenster der Ennskraxen im Westen, das steil aus der Tiefe nordwärts vorstößt.

Verkehrte und normale Serien kann man in den oberen Radstädter Decken von Mauterndorf bis gegen Untertauern zu auf eine Strecke von 25 km verfolgen. Die große Pyritschiefersynklinale von Obertauern ist die trennende Mulde. Über ihr liegt alles Mesozoikum verkehrt, meist nur 100 m mächtig, oft zu mächtigen Rauhwackenlagern verrieben.

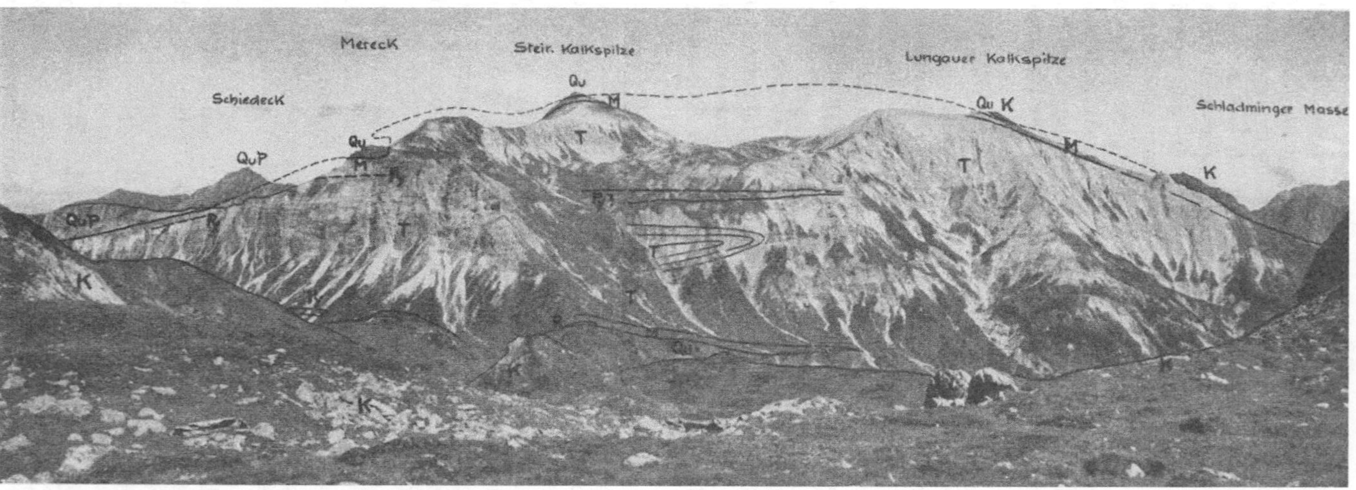

Abb. 7. Profil durch die Lungauer Kalkspitzen nach den Aufnahmen von H. Holy 1935—1937. Länge des Profils 3 km. Links Nord, rechts Süd. Bild-mitte Oberhüttensattel. Im Vordergrunde Altkristallin = K und prasinitartige Gesteine, das die Unterlage des Kalkspitzen Mesozoikums ist. Im Hinter-grunde das überschobene Altkristallin der Schladminger Masse = K (rechts). Links der überschobene Quarzphyllit = QuP, der unter dem Altkristallin der Schladminger Masse liegt. Überschoben liegen auch noch die Deckschollen von Quarzit = Qu und das Altkristallin = K (Albitgneis). Das normal liegende Mesozoikum beginnt unten mit Quarzit = Qu, Rauhwacke = R, Muschelkalk = M und trägt Triasdolomit = T und die Pyritschiefermulde = Py mit Jura-kalken. Verkehrt liegen über dem Pyritschiefer die Triasdolomite = T, darüber die Muschelkalke = M, die die Deckschollen von Quarzit und Kristallin tragen. Die Mächtigkeit des zusammengefalteten Mesozoikums beträgt 500 Meter. Der Faltenschluß liegt im Süden, im oberen Weißbriachtal. Die Pyrit-schiefermulde schließt unter der Steirischen Kalkspitze. Ein Beispiel lungaurider Decken- und Fenstertektonik.

Von Mauterndorf bis gegen Radstadt zu kann man die Überschiebung der oberen Radstädter Decken durch das Schladminger Kristallin, gut aufgeschlossen, sehen. Auf 30 km Länge kann man sich überzeugen, daß die hellen Kalkberge unter die düsteren Schieferberge fallen, daß das oberste Mesozoikum laminiert verkehrt liegt. In den ganzen Tauern kann man sehen, daß die Bewegung gegen Norden geht. Es ist unverständlich, wenn immer wieder Versuche gemacht werden, diese klaren Verhältnisse der Natur zugunsten der „gemäßigten Deckenlehre" am Schreibtische umzudeuten. Um dieses System zu widerlegen, sollen hier zwei Bilder und ein Profil gegeben werden, damit endlich einmal die Klarheit der Natur offenbar wird.

Zu den oberen Lungauriden-Radstädter Decken ist das Schladminger Massiv zu zählen. Es ist nicht klar, wo die Grenze gegen die obere ostalpine Serie zu ziehen ist. Es könnte die tief nach Süden eindringende Kalkspitzensynklinale die Grenze sein. Es könnte aber auch die auffallend scharfe Grenze, die sich auf der Südseite der Schladminger Masse gegen die Granatglimmerschiefer von Tamsweg zeigt, als Linie erster Ordnung angesehen werden.

G. Geyer hat schon erkannt, daß an dieser „Tamsweger Linie" das Schladminger Massiv plötzlich abgeschnitten wird. Unvermittelt stoßen die Granatglimmerschiefer an. In dieser Zone stellen sich auch Kalke, Serpentine, Schiefer ein, die Tornquist für Radstädter Mesozoikum gehalten hat. Allem Anschein nach liegt in dieser Tamsweger Mulde Paläozoikum von Murauer Art vor. So könnte diese Tamsweger Mulde hier die Grenze von Lungauriden und Muriden bilden, die weiterhin um das Schladminger Massiv zu ziehen wäre; doch ist diese Grenzführung nicht sicher.

Es ist denkbar, daß die Grenzführung überhaupt nicht in Form einer Überschiebung zu sehen wäre, denkt man das Bild in der Art: die Lungauriden sind die Unterseite, die Muriden die Oberseite einer großen Stirnschubmasse, die in den Lungauriden zweifellos vorliegt. Diesem Bilde widerspricht wieder das scharfe Abschneiden der Lungauriden an der Tamsweger Linie, die von Tamsweg gegen St. Michael die Granatglimmerschiefer fast quer über die verschiedenen Zonen der Lungauriden bringt. Hier gibt es noch manche Fragen zu lösen.

Es sei hier nur noch gesagt, daß man die mittleren und oberen Lungauriden bis Bruck-Fusch verfolgen kann. Typische Radstädter Quarzite und Triasdolomite, typische Schwarzeckbrekzien sind die Zeugen für die Existenz der höheren Lungauriden im Raum Süd des Salzachtales bis gegen Zell am See.

Suchen wir die allgemeinen Ergebnisse der Arbeiten über die Lungauriden der Nordostecke des Tauernfensters festzulegen, so ergibt sich: die Lungauriden liegen im Raum von St. Michael bis zum Fuscher Tal überschoben auf dem Tauernfenster. Die Überschiebung ist vom Murtal bis zum Fuscher Tal 80 km lang. Die aufgeschlossene Überschiebungsbreite ist 30 km. Zweifellos liegen die Lungauriden als Stirn im Norden einer Deckenmasse, die von Süden über die Tauern kommt. Fast ganz abgerissen von der Wurzel liegen die Lungauriden zu einem riesigen Stirnkörper gestaut unter den Muriden, von diesen vorgestoßen, vorgeschoben. Die Stirn der Lungauriden liegt unter dem Ennstal bei Radstadt. Die Wurzelzone beginnt am Fensterrand der Tauern, auf ihrer Südseite im Mölltal. Die aufgeschlossene Überschiebungsweite ergibt 60 km.

Alles spricht dafür, daß die Überfaltung vorgosauisch ist. Die Brekzien in der Trias, im Jura, deuten auf orogene Bewegungen. Im Lias, im oberen Jura hat es im Gebiet der Lungauriden Bewegungen gegeben, die in der mittleren Kreide zur Überfahrung des Tauernfensters geführt haben.

Die Lungauriden sind vorgosauische Deckenbauten.

Einer Gesteinsgruppe muß hier noch besonders gedacht werden, die als Dach der Lungauriden auf der Strecke von Untertauern bis in das Großarltal eine Rolle spielt. Es ist das die Zone der Radstädter Quarzphyllite, die sich als eigene Zone fast 90 km lang verfolgen lassen.

Im Lungauer Kalkspitz sieht man, daß diese Quarzphyllite sich zwischen Mesozoikum und Schladminger Masse einschieben. Es sind die gleichen Gesteine, die sich auch im Profil des Gurpetscheck finden. Immer wieder findet man das gleiche tektonische Verhältnis: die Quarzphyllite liegen als eine Art verkehrter Grauwackenzone zwischen dem verkehrt liegenden Mesozoikum und dem verkehrt liegenden Schladminger Massiv.

Man sieht ferner, wie dieser Quarzphyllit im Tauerntal die Trias überlagert, wie er das ganze Bergland Nord vom Seekarspitz bildet. Man sieht, wie in diesem Quarzphyllit das Schladminger Kristallin stirnt. Man sieht, wie das Seekarspitzkristallin als Deckscholle auf dem Quarzphyllit, auf dem Mesozoikum liegt. Man sieht, wie der Radstädter Quarzphyllit gegen Westen zieht, wie in der Ennskraxen von unten her die Radstädter Trias durch den Quarzphyllit gegen oben und Norden durchstößt (Schmidt). Man sieht weiter, wie der Quarzphyllit sich immer mehr mit der Trias verfaltet, wie die oberen Radstädter Tauern Decken zurückbleiben, die unteren mit dem Quarzphyllit sich verfalten. So entsteht das Bild, das Trauth studiert hat: Verfaltung von Quarzphyllit mit Kalken — ein Bild, das nur aus der Regionaltektonik heraus verständlich gemacht werden kann. Die Regionaltektonik ergibt: der Radstädter Quarzphyllit liegt immer oben. Er ist ein Teil der Lungauriden. Er ist die unter dem Schladminger Massiv verkehrt liegende lungauride Grauwackenzone. Er tritt im Westen in die gestaute Stirntektonik der Lungauriden von oben her ein und verfaltet sich mit den vorhandenen lungauriden Elementen.

Der Lungauridenring des Tauernfensters.

Unsere Aufgabe ist nun, zu zeigen, daß die Lungauriden das ganze Tauernfenster umrahmen. Es ist bekannt, daß dieser „Ring der Lungauriden" in der ganzen Umrahmung in Form von typischen Radstädter Gesteinen vorhanden ist. Am schönsten sind die Radstädter

Zonen in der NW-Ecke des Tauernfensters, in den Tarntalerköpfen entwickelt; doch auch im Süden finden sie sich in der Heiligenblut—
Matreier Zone.

Immer wieder findet man die Charaktergesteine der Radstädter Zone.
Oft sind es nur Schollen von Triasdolomit, Quarzit, Brekzien. Daß aber diese
so charakteristische Gesteinsgesellschaft gerade nur in dieser Zone
vorkommt — darin liegt der Beweis für die Existenz der Lungauriden.

Im Osten des Tauernfensters finden wir im Katschberggebiet die
neue Bauform in typischer Art. Die ganze Radstädter Zone ist hier in
Schollen aufgelöst. Exner studiert neuerdings diese Dachregion des
Tauernfensters, die Quarzphyllite, Quarzite, Triasdolomite, oben auch
paläozoische Kalke zeigt. Becke hat diese Schollenregion weiter am Ostrande gegen Süden verfolgen können. Sie scheint von Gmünd an zu fehlen.
Sie ist auch von der Südseite des Mölltales nicht bekannt. Allerdings
liegt hier die Lungauridenzone offenbar unter dem Schutt des Mölltales.
Sehr schön tritt die Radstädter Zone wieder um Döllach und Heiligenblut
auf, wo sie von Stark und Kober studiert worden ist. Schollen von
Triasdolomit, Quarzit, Brekzie schwimmen in einer schwarzen und
grünen Schiefermasse. Auch grüne Gesteine kommen vor. Es ist unverständlich, die Existenz dieser Zone im Sinne einer „Wurzelzone" der
Radstädter Decken zu leugnen (E. Kraus).

Weiter sind die Radstädter Zonen im Süden der Glockner-, der
Venedigergruppe bekannt. Die Matreier Schieferzone Tellers gehört
hierher. Dieses Südgebiet ist in neuerer Zeit von Angel und Cornelius
studiert worden. Weiter im Westen folgen die neuen Aufnahmen von
G. Dal Piaz.

Der Westrand des Tauernfensters ist vollkommen geschlossen. Es
gibt keine Fortsetzung der Schieferhülle ins Ridnaun. Es gibt auch keine
Fortsetzung der Radstädter Zone ins Ridnaun oder weiter fort gegen
Westen. Auf der Straße von Sterzing gegen Stange kann man sehen,
wie hier die Schieferhülle, die Radstädter Kalke und Dolomite unter die
Granatglimmerschiefer und Marmore der Ridnauner Zone einfallen. Das
Ridnauner Kristallin ist nichts anderes als der Gegenflügel des Ostens,
nichts anderes als die Brettsteinzone des Ostens.

Am Brenner liegen unter dem Stubaier Kristallin Radstädter Schollen,
die seit Frech bekannt sind. Meier und Dünner haben neuerdings
diese Gebiete studiert.

Der Nordrand des Tauernfensters zeigt in den Tarntalerköpfen
die typische Radstädter Serie. Sander, Hartmann, Meier, Spitz,
Schwinner haben über die Zone geschrieben. Sie zeigt als Besonderheit
neben den typischen Radstädter Gesteinen mit der „Tarntaler Brekzie"
noch Radiolarite und grüne Gesteine. Die Serie ist mit Quarzphyllit
geschuppt und fällt unter den Innsbrucker Quarzphyllit ein. Dieser ist
das völlige Gegenstück zum Radstädter Quarzphyllit der Radstädter
Tauern, der Schladminger Masse. Auch der Innsbrucker Quarzphyllit ist
eine verkehrt liegende Grauwackenzone. Auch er ist ein lungaurides
Element. Auch er gehört zum lungauriden Ring des Fensterrahmens.

Beim Ausgang des Zillertales aus dem Tauernfenster finden wir in den Profilen von Asteg die typische Radstädter Serie. Paläozoische Elemente stellen sich ein. Porphyroide treten deutlich hervor. Diese Zone kann man über die Gerlos bis nach Krimmel verfolgen. Im Krimmler Profil ist über Zentralgneis eine schwache Zone von Schieferhülle vorhanden. Darüber liegt die geschuppte Krimmler Trias. Darüber der Quarzphyllit — alles vollständig gesetzmäßig gebaut.

Die Lungauriden des oberen Salzachtales. Mit einem Male ändert sich die Situation. Die Schieferhülle der Tauern verschwindet mehr oder weniger auf eine Strecke von etwa 30 km, erst am Ausgang des Stubachtales hat man wieder deutlich die Radstädter Zone über der Schieferhülle.

Hammer und Kölbl haben diese Gebiete studiert und von hier aus ist die Meinung ausgesprochen worden, daß es hier keinen Fensterrahmen gibt, daß es kein Tauernfenster gäbe. Daß diese Auffassung unrichtig ist, ergibt sich schon aus den Aufnahmen von Cornelius im Osten des Stubachtales.

Nur soviel sei hier gesagt. Man sieht bei Ultendorf wieder Radstädter Trias. Die Darstellung von Cornelius als paläozoische Kalke ist unrichtig. Richtig dagegen ist, daß sich zwischen die Schieferhülle der Tauern und dem Paläozoikum der Grauwackenzone im Norden eine Zone von Radstädter Elementen einstellt. Sie besteht aus Schollen von Altkristallin, von Quarzphyllit, von Quarzit, von Triasdolomit und Triaskalken.

Alle diese Gesteine gehören dem lungauriden Rahmen zu und liegen über der Schieferhülle und unter dem Quarzphyllit, der die Verbindung herstellt zwischen dem Innsbrucker Quarzphyllit des Westens und dem Radstädter Quarzphyllit des Ostens.

Es kann sein, daß diesen lungauriden Gesteinen auch die paläozoischen Kalke von Mühlbach zuzuzählen sind. Es wäre aber auch die Möglichkeit denkbar, daß sie dem Zentralgneis zugehören. Die Frage wird gelöst werden.

Vom Stubachtal an verfolgen wir wieder die lungauriden Gesteine in Schollen- und Schuppenform bis in das Fuschertal. Im Norden fehlt hier der Quarzphyllit. So tritt die Grauwackenzone unmittelbar an das Tauernfenster heran — offenbar weil der Quarzphyllit im Süden mit den Tauerngesteinen verfaltet ist.

Das ist des Rätsels Lösung: es sagt zugleich auch: der Ring der Lungauriden ist um das ganze Tauernfenster vorhanden, auch wenn er noch nicht immer als solcher erkannt worden ist. Er ist aber immer in irgend einer Form vorhanden, als Schollen von Altkristallin, von Paläozoikum, von Quarzphyllit, von mesozoischen Gesteinen. Ganz besonders charakteristisch sind aber die lungauriden Brekzien, die in dieser Form nur in dieser Serie vorkommen.

Der Ring der Lungauriden ist der absolute Beweis für die Fensternatur der Tauriden. Er zeigt Altkristallin, Paläozoikum, Mesozoikum lungaurider Fazies über Altkristallin, Paläozoikum und Mesozoikum taurider Fazies.

Wenn wir auch in Fällen nicht bestimmt wissen, welches Alter einem Gesteine zukommt, so gibt doch der allgemeine Verband, trotz aller Schuppung, die Möglichkeit, das Wahrscheinliche zu finden. Das ist das Große an der Deckenlehre, daß sie gelehrt hat, das Kleinste und das Größte mit der gleichen Schärfe zu schauen, zu trennen und zu verbinden, wie das in der Natur der Fall ist.

So faßt die alte Geologie unter dem Namen Klammkalke zusammen, was wir hier als Paläozoikum, als Mesozoikum trennen, aus dem Grunde, weil wir die Möglichkeiten der Komplikationen erkennen und die Mittel haben, den Weg der Wahrheit zu gehen.

Die Tauriden, die Lungauriden aber bilden die herrlichsten N a t u r -d e n k m ä l e r u n s e r e r W i s s e n s c h a f t, damit auch unserer schönen Heimat.

Die Semmeringiden.

Allgemeines.

Im Nordostsporn der Ostalpen erscheint im Wechsel-Semmeringgebiet eine geologisch-tektonische Einheit eigener Art, die wir als Semmeringiden zusammenfassen. Es ist eine Einheit, die aus Altkristallin, wenig Paläozoikum in Quarzphyllitfazies und aus zentralalpinem Mesozoikum besteht. Dieses Mesozoikum erinnert an das der Radstädter Tauern, schlägt aber mit dem Altkristallin zugleich auch die Brücke zu den Kleinen Karpathen, damit zu den karpathischen Kerngebirgen vom Typus der Hohen Tatra.

Es ist eine Zone, die als u n t e r o s t a l p i n bezeichnet werden kann, da sie unter der Hauptmasse der höheren Ostalpen liegt. So ist zweifellos: das Semmering-Wechselsystem liegt unter der Grauwackenzone. Es liegt aber auch unter dem ostalpinen Altkristallin der Muralpen, das die Unterlage für das Grazer Paläozoikum ist.

G r e n z e n. Im Westen tauchen die Semmeringiden mit ihren Grobgneisen, Glimmerschiefern, Quarzphylliten, mit Schollen von Trias (Stanzer Tal) unter das muride Altkristallin, das das Grazer Paläozoikum trägt. Im N o r d e n überlagert die ostalpine Grauwackenzone das Mesozoikum der Semmeringiden. Das Westende der Semmeringiden liegt bei Bruck a. d. Mur.

Gegen O s t e n setzen die Semmeringiden über das Leithagebirge in die Kleinen Karpathen fort. Ist dort der semmeringide Bauplan etwas abgeändert, so besteht doch die Tatsache zu Recht:

Die Semmeringiden der Ostalpen auf der Linie Bruck—Gloggnitz—Hainburg setzen unmittelbar in die Karpathen fort, in deren Kerngebirgszone. Von den Karpathen kommend kann man auch sagen: die Semmeringiden sind Karpathen. Daraus ergibt sich:

In den Semmeringiden liegen die Karpathen unter den Ostalpen. Die Donau ist die geographische Grenze. Die geologische Grenze von Ostalpen und Karpathen aber liegt in der Steiermark, auf der Linie Stanz—Bruck a. d. Mur, bzw. in der Scharung von Leoben.

Im Süden und Osten tauchen die Semmeringiden unter die tertiären Becken hinab. In der Rechnitz-Bernsteiner Schieferinsel liegt Paläozoikum vor, das der zentralalpinen Grauwackenzone zuzuzählen ist. Hier stehen wir schon wieder auf oberostalpinem Boden. So muß die Grenze zwischen den Semmeringiden und den Muriden, die mit ihrem Altkristallin das Bernsteiner Paläozoikum tragen, zwischen Bernstein und Aspang liegen. Bernstein liegt zweifellos auf typisch muridem Boden, Aspang auf echt semmeringider Unterlage. Muride Deckschollen hat Kümel hier bereits gefunden.

Die Semmeringiden bilden von Bruck a. d. Mur bis Bruck a. d. Leitha ein unterostalpines Fenster, das im Norden, Westen und Südosten von den Muriden überlagert wird. Im Norden und Südosten ist es hauptsächlich die Grauwackenzone, im Westen ist es das muride Altkristallin.

Dieses Fenster ist von der Mur bis zur Donau 150 km lang. Es ist über 20 km breit. Es hat also ungefähr die Dimensionen des Tauernfensters. Es unterscheidet sich aber von diesem, daß der Kontakt mit der Überlagerung nicht überall gegeben ist, da tertiäre Becken das östliche Wechselgebirge (Rosaliengebirge) ummanteln. Das Leithagebirge ist allseits von Jungtertiär umgeben. Erst hoch im Waagtale wird der Fensterrahmen wieder vollständiger. Hier aber herrscht dann schon der typische karpathische Bauplan.

Geschichtliches. Im Semmering-Wechselgebiet erscheint ein Bauplan, der schon die Aufmerksamkeit der alten Geologen wachgerufen hat. Čžjžek hat die ersten Aufnahmen gemacht. Toula erkannte die Semmeringkalke als Trias. Zur Zeit des Bahnbaues hielt man die Kalke noch für paläozoisch. Toula erkannte auch die Übergangsstellung des Semmering-Wechselgebietes von den Alpen zu den Karpathen. E. Suess sprach hier zuerst von Deckenbau. Auffallend war für ihn der Gegensatz der Semmering- und der Kalkalpentrias. Im Sonnwendstein, in der Rax stehen sich zentralalpines und Kalkhochalpen-Mesozoikum mit aller Schärfe gegenüber. Uhlig ging dann daran, den Deckenbau aufklären zu lassen. Mohr gab die großen Linien des Deckenbaues des Semmering-Wechselgebietes (1912), Kober 1912 die Zusammenfassung des ganzen Systems. Die Grazer Schule gab weitere Beiträge (Heritsch, Schwinner). Cornelius, Bistritschan suchen in jüngster Zeit den Bau zu klären.

Arbeiten. Mohr unterschied: die tiefere Serie der Wechselgneise und der Wechselschiefer. Darüber die höhere Decke, die im Westen das Stuhleck aufbaut, im Osten das Gebiet um Aspang (Kernserie). Kober unterschied später im ganzen folgende Decken von unten gegen oben: die Wechsel Decke, die Stuhleck Decke, die Mürz Decke und die Thörler Decke. Letztere wird auch als Trägerdecke der Grauwackenzone aufgefaßt (Cornelius). Aber das ist nicht richtig, da der Kalk-Dolomitzug von Thörl bis zum Roßkogl bei Neuberg Mesozoikum ist und nicht Paläozoikum, wie Redlich gelegentlich einer Exkursion mit Uhlig gegenüber Mohr und Kober schon behauptet hat (1909).

Wieder legen sich die Decken wie Zwiebelschalen übereinander. Wieder geht alle Bewegung gegen Norden (NW). Wieder liegen die Stirnen im Norden, die „Wurzeln" im Süden. Wieder ist Epitektonik, Epidynamik zu erkennen, soweit die alpine Gebirgsbildung in Betracht kommt. Wieder liegt ein Bauplan vor, der sich in den unterostalpinen Rahmen am besten einreiht. Nur das Wechselfenster hebt sich ab und will sich nicht recht eingliedern lassen. Mohr hat schon darauf hingewiesen, daß im Wechselfenster, in den Wechselschiefern eine gewisse Ähnlichkeit mit der Schieferhülle der Tauern zu erkennen ist. Uhlig sah die ganze Serie für ostalpin an, desgleichen Kober (1912). Später glaubte Kober den Wechsel als helvetisch-autochthon deuten zu können. Wenn wir heute versuchen, eine Zusammenfassung des Baues der Semmeringiden zu geben, so wird es doch gut sein, das Wechselfenster als tiefere Einheit der Semmeringiden herauszunehmen. Es kommt dem Wechselfenster eine gewisse Ausnahmsstellung im Rahmen der Semmeringiden zu.

Das Wechselfenster.

Stratigraphie. Das Grundgebirge des Wechselfensters ist anderer Art als das der eigentlichen Semmeringiden. Im Wechselfenster erscheinen die Wechselgneise, die Wechsel-Albitschiefer als ältester Horizont. Die Wechselgneise erinnern an manche Gneise aus dem Twenger Kristallin. Somit stellen sich hier gewisse Zusammenhänge ein. Auch Albitschiefer sind aus den höheren Lungauriden bekannt. Wechselgneise und Albitschiefer fehlen den höheren Semmeringiden. Allem Anscheine nach liegt im Wechselgneis (und Albitschiefer) eine alte Dachzone einer Granitintrusion vor; eine „Randzone" wie man auch sagen kann. Glimmerschiefer sind selten. Als „Wechselschiefer" fassen wir Gesteine auf, die offenbar transgressiv liegen, die ein Paläozoikum repräsentieren, die oben augenscheinlich von Quarziten überlagert werden. So könnte man an jungpaläozoische Schiefer (Karbon) denken. Auffallend sind schwarze, graphitische Schiefer. Im Fröschnitzsattel erscheinen Schiefer, die längs der Waldbahn bis zum Feistritzsattel eine flache Kuppel bilden. Diese Schiefer erinnern an Gesteine der Schieferhülle. Höher kommen Grauwacken, endlich Quarzite, deren basale Lagen verrukanoartig sind. Darauf folgen Rauhwacken und Kalke, die Rhät-Jura sein könnten. Ob der Wechselserie Triasdolomite zugehören, ist bisher nicht sicher zu sagen. Sie dürften fehlen. So läge auch eine besondere Fazies des Mesozoikums vor. Gewiß fehlt auch in der Aspanger Kernserie nach Mohr der Triasdolomit. Aber dieser Komplex ist zweifellos im ganzen Bauplan den höheren Semmeringiden anzuschließen.

Tektonik. Das Wechselfenster bildet eine große Kuppel, die Wechselkulmination. Sie ist zwischen Sonnwendstein und Friedberg an 25 km lang und zwischen Vorau—Aspang an 20 km breit. Die Kulmination sinkt allseits unter die höhere Decke, die im Westen vom Stuhleck gebildet wird und im Osten von der Aspanger Kernserie. Im Westen schieben sich Wechselschiefer und mesozoische Streifen ein, die im Osten fehlen. So liegt bei Aspang die Kernserie mit dem Granit auf dem gröber werdenden Wechselgneis. Mesozoikum und Paläozoikum der Wechselschiefer sind bei der Überschiebung abgeschert worden, ein Bild der Tektonik, das der Südumrahmung des Wechselfensters allgemein zukommt. Es ist das ein Bauplan, wie er im Raume der „Wurzelzonen" immer wieder sich einstellt.

Nirgends findet sich im Wechselfenster altes variszisches N—S Streichen, oder ein Streichen, wie es der moravischen Zone zukommt. Alle Tektonik ist alpin orientiert. Die Wechselgneise zeigen im Hochwechsel W—O Streichen. Verschuppung mit den Albitschiefern, mit den Wechselschiefern findet sich, so z. B. Nord vom Feistritzsattel.

Der Deutung des Wechselfensters stellen sich Schwierigkeiten entgegen. Am einfachsten wäre es, das Wechselfenster als untere Semmeringiden mit den unteren Lungauriden in tektonischer Hinsicht in Beziehung zu setzen. Dann ist anzunehmen, daß in der Tiefe Pennin liegt oder eine helvetisch-penninische Kulmination, die die Ursache der Wechselkulmination ist. Diese Deutung liegt auch der Karte und den Profilen zugrunde. Es ist aber auch die Möglichkeit nicht von der Hand zu weisen, daß im Wechselfenster der mehr oder weniger autochthone Untergrund unmittelbar zutage kommt, der helvetisch-penninisch zu denken ist.

Die höheren Decken.

Stratigraphie. Die höheren Semmeringiden bilden in sich eine Einheit. Ihr Grundgebirge ist murid und zeigt Granitgneise, injizierte Glimmerschiefer, Glimmerschiefer. Paläozoikum sind Quarzphyllite. Mesozoikum ist nicht mächtig und besteht aus Quarzit, Rauhwacken, Muschelkalk, Trias-Diploporendolomit, Rhät, Lias, Jurakalken und Pyritschiefern. Kreide ist keine zu erkennen. Jungtertiär liegt im Raume der Semmeringiden meist in Einbruchsbecken, die deutlich die junge, kratogene Tektonik verraten.

Die alpine Deckentektonik zeigt zutiefst die Stuhleck Decke, auf ihr liegt die Mürz Decke, auf der die oberste, die Thörler Decke. Diese trägt den Thörler Triaszug.

Die Decken scheiden sich durch mehr oder weniger breite mesozoische Bänder. Sie treten im Westen deutlicher hervor als im Osten. Sie sind Stirnzapfen, kleine Digitationen der Hauptdecke. Die Stammdecke zerspaltet sich, staut sich im Norden. Die mesozoischen Synklinalen reichen wenig tief gegen Süden zurück.

Die erste trennende Synklinale liegt zwischen dem Wechselfenster und der Stuhleck—Aspanger Serie. Quarzite und Kalke lassen sich von Vorau im Süden über das Sonnwendsteingebiet bis gegen Aspang im Osten verfolgen. Das Mürztaler Mesozoikum bildet die Grenze zwischen der Stuhleck Decke und der Mürz Decke. Es ist besser entwickelt als das Veitscher Band, das als Synklinale zwischen der Mürz- und der Thörler Decke liegt. Letztere trägt die Thörler Trias, die vom Karbon überschoben wird. Die Existenz dieser Trias wird auch geleugnet (Cor-

nelius) und das Thörler Kristallin als Basis des Thörler Karbonzuges
angesehen. Diese Deutung entspricht nicht den Tatsachen. Bei Thörl
und östlich davon kann man sehen, daß die typischen Semmeringquarzite
mit Muschelkalken, mit Dolomiten verbunden sind, die dem Semmering
Mesozoikum angehören.

Die Semmeringiden ziehen über das Rosalien-, das Leithagebirge an
die Donau bei Hainburg. Jenseits der Donau erheben sich die Kleinen
Karpathen. Über der hochtatrischen Serie mit dem Lias-Jurakalk
folgt die subtatrische mit der Keuper Fazies in der Trias. Über dieser
folgt nach Beck und Vetters die Trias in der Lunzer Fazies. Hier
liegen somit Kalkalpenteile unmittelbar auf dem hochtatrischen Kern-
gebirge. Damit ist der karpathische Bauplan gegeben. Auf der kurzen
Strecke vom Semmering bis zur Donau hat sich die Veränderung vollzogen: Der ostalpine Bau ist in den karpathischen umgeformt, die Ostalpen sind zu den Karpathen geworden. In der Tiefe des Wiener
Beckens liegen die Teile, in denen sich der Umbau vollzieht.

Das sind die klaren Zusammenhänge. Aus ihnen geht der Übergang
von Ostalpen und Karpathen deutlich hervor. Es ist darum nicht richtig,
wenn Schwinner und Mohr andere Verbindungen suchen und
einen Zusammenhang des Wechselgebietes mit der böhmischen Masse,
im besonderen mit der moravischen Zone annehmen.So sieht Schwinner
im Umriß und in der Linienführung des „Raabalpenbaues“ die Fortsetzung variszischen Baues des Nordens. Der Raabalpenbau wiederholt
nach Schwinner das Bild der Thayakuppel. Die Gesteine sind weitgehend gleich. Die Boskowitzer Furche findet in der Thermenlinie und
im Pinkagraben ihre Fortsetzung. Schwinner ist anscheinend sehr
stolz auf diese Erkenntnis, die er als erster 1915 aufgeworfen hat, die zugleich in dem Satze gipfelt: „Graz liegt nicht in den Alpen, eher
in den Sudeten“. Schwinner selbst findet das jetzt etwas zu „ex-
tensiv ausgedrückt“, aber er glaubt noch immer, daß die Grazer Scholle
gewissermaßen mit dem Spieglitzer Schneeberg parallelisiert werden kann.

Diese Zeilen seien gestattet, um zu zeigen, wie weit sich manche
Vorstellungen vom wahren Wege entfernen können. Alle Verhältnisse in der Natur, in den Alpen, in der böhmischen Masse zeigen,
daß Alpen und Vorland getrennt sind, in der Tiefe, an der Oberfläche.
Die Fortsetzung der moravischen Zone liegt nicht in den Alpen, sondern
bleibt im Vorland und geht irgendwie der Donau entlang gegen Westen.

Alpen und Varisziden scheidet die alpin-variszische Grenz-
scholle. Diese Verhältnisse zeigt deutlich das Tektonogramm 2 der
Tafel der Ostalpen. Es gibt keinen Zusammenhang zwischen den
Semmeringiden und den Moraviden der böhmischen Masse.
Derartige Vorstellungen gehen weitab von der Natur.

Gestaltungsgeschichte.

Zur Entstehung der Semmeringiden sei noch ˙kurz festgehalten. Das Fehlen jeglicher Kreidehorizonte in den Semmeringiden
zwingt zur Annahme, daß die Semmeringiden vorgosauischen Decken-

bau irgend einer Art haben. Die Semmeringiden waren in der Gosauzeit von den Kalkalpen zugedeckt. Die Kalkalpen Decken sind erst nachgosauisch von den Semmeringiden abgestaut worden. Die Semmeringiden lagen zur Gosauzeit jedenfalls nördlich von ihrer ursprünglichen Heimat, die südlich vom Wechsel zu suchen ist, in der Tiefe, die heute von höherem ostalpinen Kristallin überschoben ist.

Zwischen den Semmeringiden und den Kalkalpen liegt eine große Kluft. Die ganze Verschiedenheit von Kalkalpen und den Semmeringiden wird klar, wenn wir den Sonnwendstein mit der Rax vergleichen. Ursprünglich lagen die Faziesgebiete weit auseinander.

Abb. 8. Charakterbild der Semmering—Raxlandschaft im Winter. Photo des Geographischen Institutes der Universität Wien. Im Vordergrunde die Semmeringiden, darüber die Grauwackenzone, darüber die Kalkhochalpen. Gegensatz von kalkalpinem und zentralalpinem Mesozoikum. Die Semmeringtrias streicht mit Mauern durch die Bildmitte und fällt unter die ostalpine Grauwackenzone. Über Trias liegt zuerst Oberkarbon. In dem Bilde liegen die Karpathen unter den Ostalpen.

Heute liegen sie übereinander. Groß ist der Gegensatz von Stratigraphie und Tektonik der beiden Zonen. Dort die kalkalpine Oberflächentektonik, hier die typische Tektonik der unterostalpinen Decken mit ihren liegenden Falten, verkehrten Serien, mit ihrer Stirnfaltentektonik.

Wo liegen die Verbindungsglieder, die in der alpinen Geosynklinale einmal Sonnwendstein und Rax—Schneeberg verbunden haben? In diese Verbindung gehört offenbar auch jene Zone, die von der Semmeringfazies zu der Kalkalpenfazies der Voralpen führt. In diese Verbindungszone gehört offenbar die Klippenzone, die subtatrische Fazies.

So ergeben sich aus der regionalen Betrachtung Zusammenhänge, die Licht werfen auf Verhältnisse, welche aus der lokalen Betrachtung schwer verständlich sind.

Aus der Tektonik der Semmeringiden geht hervor, daß die Kalkalpen über den Semmeringiden liegen, daß also die „Wurzel der Kalkalpen" südlich der Semmeringiden liegt. Die Kalkalpen sind über die Semmeringiden hinweg nach Norden gewandert, während diese selbst in der Tiefe, unter der Last der Kalkalpen stirnartig zusammengestaut worden sind.

Wieder müssen wir denken, daß auch der Bau der Semmeringiden mehrphasig ist. In der Unter- und Mittelkreide werden die Semmeringiden (über penninisches Gebiet) zum ersten Male nach Norden geschoben. Im weiteren Verlaufe der Überschiebung werden sie von den Kalkalpen überschoben. Im Mitteloligozän geht der Marsch nach Norden weiter. Die Kalkalpen werden abgestaut. Die Semmeringiden kommen wieder an die Oberfläche. Das Gebirge wird eingeebnet, im Helvet neuerdings zusammengestaut. Neuerliche Einebnung folgt. Mit dem Pliozän beginnt die Gestaltung der Gegenwart.

c) Muriden, Koriden und Drauiden.

Allgemeines.

Allgemeine Charakteristik. Muriden, Koriden und Drauiden bauen die mittlere und östliche Zentralzone der Ostalpen, die an der Brenner Linie beginnt, an der Donau endet.

Alle diese Einheiten bauen die höheren, die oberen Zentraliden. Sie bilden so die Dach-, die Rücken-, die Oberseite der ostalpinen Zentralzone im Gegensatze zu den Lungauriden und den Semmeringiden der Unterseite, die also immer unter den oberen Zentraliden liegen.

Diese gliedern sich naturgemäß in den Stammteil, den die Drauiden aufbauen, der Süd der Penninzone liegt. Den überschlagenen Deckenteil bilden die Muriden, auf denen wieder die Koriden liegen.

Alle diese Zonen tragen Paläo-, Meso- und Känozoikum. Das Mesozoikum ist mehr oder weniger tief in den Deckenbau einbezogen und zeigt die zentralalpine und die kalkalpine Fazies. Paläozoikum ist reich entwickelt. Das Altkristallin zeigt die muride, die koride und die Ultrafazies (Granitfazies) des Kristallins.

So stellt jede dieser Zonen eine geologisch-tektonische Einheit dar, die einen bestimmten Baustil hat, der in der ganzen geologischen Geschichte dieser Zone tief begründet ist. Zugleich bilden alle drei Zonen zusammen wieder eine Einheit höherer Ordnung, die der der tieferen Zentraliden mit aller Schärfe gegenübersteht.

Das kommt schon in der Tatsache zum Ausdruck, daß die Grauwacken- und die Kalkalpenzone die Stirnregion der höheren Zentraliden bilden und so aus der Stirnregion der höheren Zentraliden stammen müssen. Dafür kommen naturgemäß nur die Stirnzonen der Muriden und der Koriden in Betracht. So liegen die Wurzeln der Kalkalpen ganz im Norden und nicht im Süden, in den Drauiden, wie die ältere Deckenlehre angenommen hat — eine Darstellung, die Kober schon im „Bau der Erde", 2. Aufl., 1928, aufzugeben angefangen hat.

Die großen Kulminationen der Tauriden, der Semmeringiden lösen die höheren Zentraliden in mehr oder weniger getrennte Deckschollenmassen auf. So liegen im Norden des Tauernfensters, im Kellerjochgneis offenbar höhere zentralide Stirnteile vor. Gleichfalls ganz abgelöst finden sich höhere Zentraliden im Südosten des Wechselfensters, im Burgenland (Rechnitzer Schieferinsel).

Die übrigen Gebiete hängen mehr zusammen und zeigen in sich
wieder durch paläo- und mesozoische Ablagerungen eine gewisse Gliederung. Paläozoische Ablagerungen treten stark in Erscheinung. Sie
bilden (das burgenländische Paläozoikum liegt im Südosten der Sem-
meringiden-Kulmination) die Depression des Grazer Paläozoikums. 'West
von der Kulmination des Koralpensystems liegt die große Depression,
in der das Murauer-, das Stangalpen-, das Draupaläozoikum liegt. Mesozoische Glieder schalten sich ein, so im Stangalpen-, im Guttaringer
Mesozoikum. Der Hauptzug des Mesozoikums aber liegt im Drau-Meso-
zoikum der Karawanken.

Generelles Streichen. Die westliche Zentralzone zeigt von
ihrem Westrande bis zum Tauernfenster mehr SW—NO-Streichen,
das besonders in den Tonaliden auffällig hervortritt. Im Tauernbogen schwenkt die westalpine Richtung in die ostalpine NW—SO-
Richtung ein. Während aber das westliche Tauernfenster noch deutlich
das westalpine SW-Streichen zeigt, ist dies bei der ostalpinen Zentralzone nicht der Fall. Die Kettung von west- und ostalpiner Streichrichtung liegt im Tauernfenster ungefähr in der Mitte, im Glocknergebiet.
Dagegen erfolgt die Kettung west- und ostalpiner Streichrichtung in der ostalpinen Zentralzone mehr westlich, in der Linie
Innsbruck gegen Sterzing, in der Brenner Linie. Es liegt hier eine
gewisse Diskordanz im Streichen vor. Der penninische Tiefbau ver-
rät eine gewisse Unabhängigkeit vom ostalpinen Oberbau. Hier erfolgt
die Kettung von Westalpin und Ostalpin in der Region Mauls—Sterzing.
So hat die Ridnauner-, die Penser Zone schon deutlich das SW-Streichen,
während Ost von Mauls die Ost- und die Südostrichtung herrschend wird.
Die ostalpine Südostrichtung verfolgen wir bis in die Profillinie, die von
Leoben über die Koralpe nach Süden geht. Hier liegt die zweite Scharung.
Hier ketten sich die Ostalpen mit den Karpathen, mit dem Zwischengebirge. Schon die alte Geologie hat hier mit Vacek von einem nordsteirischen Gneisbogen gesprochen. Längs des Liesing- und des
Paltentales streichen Grauwacken- und Zentralzone von NW gegen SO.
Das Seckauer Granitmassiv schwenkt dann um St. Michael—Leoben in
die SW—NO-Richtung ein, die die östlichen Alpen bis an die Donau
festhalten. Hier setzen sie in die NO-Richtung der Westkarpathen fort.

In der Scharung von Leoben ketten sich Ostalpen und Karpathen. Bei Bruck setzt mit den Semmeringiden der karpathische Bauplan ein. So ist diese Kettung des nordsteirischen Gneisbogens kein
lokales Phänomen. Es bildet das Umschwenken der Ostalpen in die
Karpathen um die böhmische Masse tief im Inneren der Alpen ab.

Die sogenannten Weyerer Bögen der Kalkalpen gehören dem
gleichen Phänomen an, das wir auch tiefer im Süden der Zentralzone
treffen, im Umschwenken der Seetaler Alpen in das Gleinalpen-
system.

Die karpathische Scharung finden wir noch in den Marmorzügen
angedeutet, die als Almhausserie von Heritsch bezeichnet, Gleinalpen-
und Koralpengesteine trennen. Dieser Almhausbogen ist eine

alpine Linie und bedeutet eine alpine Bewegung: die Kettung der Ostalpen mit den Karpathen.

Tiefer im Süden streichen die altkristallinen Gesteine der Sau- und der Koralpe NW—SO. Man hat dieses Streichen in Zusammenhang mit dem böhmischen NW—SO-Streichen der böhmischen Masse gebracht (Schwinner). Man hat derartiges NW—SO-Streichen auch als tauriskisches Streichen und als alt angesprochen. Gewiß bestehen Beziehungen zum Streichen der böhmischen Masse. Aber in dem Falle bedeutet das NW—SO-Streichen der Koralpengesteine noch tief im Inneren der Alpen das Umschwenken der Ostalpen in das NO-Streichen der Karpathen. So liegt im Sau- und Koralpensystem nur mehr das ostalpine Streichen vor, während das karpathische in der Tiefe des steirischen Beckens versunken liegt. Aber sicher ist, daß das NW—SO-Streichen der Koralpengesteine gleich ist dem NW—SO-Streichen der Brettsteinzüge, gleich ist dem NW—SO-Streichen der Seckauer Masse.

Auch das Koralpenstreichen ist mit seinem „tauriskischen" NW—SO-Streichen ein alpines Streichen, das im Süden wieder ausgeglichen wird. So ist am Ostende des Possruck- und des Bachergebirges ein gewisses Einlenken in die karpathische Richtung zu erkennen, die im Bakonygebirge mit voller Sicherheit wieder zur Leitlinie wird.

Gesteinsserien. Altbekannt ist in den Muralpen der Gegensatz von Muralpen- und Koralpengesteinen. Alle Forschungen der neueren Zeit haben diesen Gegensatz bestätigt. Gerade der auffällige Unterschied war die Veranlassung zu Versuchen, die kristallinen Gesteine der ostalpinen Zentralzone in natürliche geologisch-tektonische, in petrographische Faziesreihen zu gliedern (Schmidt, Schwinner, Angel, Heritsch, Kieslinger). Man hat erkannt, daß die Koralpengesteine als die Katafazies der Muralpen, im besonderen der Brettsteinserie aufgefaßt werden können (Beck, Kieslinger). Schon die alten Karten zeigen das Hineinstreichen der Marmorzüge der Brettsteinserie in die Marmore der Koralpengesteine. Auf dem Blatte Eberstein—Hüttenberg von Beck ist das im Detail zu sehen. Sind diese Darstellungen richtig, so ist damit der Beweis erbracht, daß die Koralpenfazies nichts anderes ist als die Katafazies der Brettsteinzüge.

Stellen die Granatglimmerschiefer, die Marmore, die Amphibolite der Brettsteinserie die zweite Tiefenstufe dar, so können die Koralpengesteine als die dritte Tiefenstufe der Brettsteinserie aufgefaßt werden oder zumindestens als Übergang von der zweiten zur dritten. Sie sind entstanden durch eine allgemeine Granitisation, durch Vergneisung von der Tiefe her. Die aufsteigende Migmatitfront, wie man heute auch sagt, hat der Brettsteinserie die metamorphe Fazies der dritten Tiefenstufe aufgeprägt. Man kann auch sagen: Orogene Sialisierung ist eingetreten. Freilich noch nicht in dem Maße, daß das Sial in Form von Granit und fluidalen Gneisen in Form von „Granit-Batholiten" an die Oberfläche gekommen ist. Wenn dies der Fall ist, dann ist die vierte Stufe der orogenen Metamorphose erreicht. Ultrametamorphose ist eingetreten. Die orogene Aufschmelzung ist eine vollständige.

Auch der Fall ist bekannt. Er ist gegeben in all den Granitkörpern, die in den Tauern, die in der Zentralzone inmitten kristalliner Schiefer vorhanden sind. Diese Granite können mit einem „Kontakthofe" von Migmatiten, mit einer „Randzone" von Gneisen umgeben sein. Sie können ihre primäre Orthonatur bewahrt haben. Sie können auch orogene regionale Dynamometamorphose erlitten haben. Das Bild ihrer Form und Gestalt kann sehr mannigfach sein, wie die Natur zeigt.

So entstehen Faziesreihen kristalliner Schiefer. Granit-Gneisgrundgebirge finden wir im Pennin der Tauern. Stark granitisiertes oder vergneistes Grundgebirge zeigen die Silvretta, die Ötztaler Alpen. Es ist mehr Ultrafazies in der westlichen Zentralzone zu sehen als in der östlichen. Mischungen, die auch tektonisch sein können, stellen sich ein. Mischungen von muridem und koridem Kristallin, wie wir auch sagen können, mit der Ultrafazies der Granitisation.

So mannigfaltig die Erscheinungen in der Natur sein können, so ergeben sich doch auch hier wieder gesetzmäßige Baupläne, die mit der ganzen Gestaltungsgeschichte dreier kristalliner Faziesreihen zusammenhängen.

Wir geben nun als Beispiel des komplizierten Aufbaues der Muriden und Koriden ein Profil durch die Grenzzone von Gleinalpen- und Koralpengebiet wieder, das Angel und Heritsch studiert haben. Dabei ist festzuhalten, daß die Grenze zwischen Muriden und Koriden in der Almhausserie zu suchen wäre. Zugleich ist zu betonen, daß dieses Profil, sozusagen, die klassische Form der Komplikation darstellt, die im muriden und koriden Grenzgebiet und Bauplan auftritt. Mögen andere Profile im Detail komplizierter, andere wieder einfacher, großzügiger gebaut sein, in diesem Profil zeigen sich die Erscheinungen in typischer Form.

Das Profil geht von Obdach gegen Südosten, hat als Basis die Obdacher Granatglimmerschiefer-Marmorzone, also die Brettsteinserie, auf der die folgenden Zonen liegen. Auf der muriden Obdacher Serie liegt zuerst die muride Ammeringserie.

Die Ammeringserie bildet im Stubalpengebiet eine Einheit, deren „Kern" die zentralgneisähnlichen Ammeringorthogneise samt den dazu gehörigen Aplitgneisen und Pegmatitgneisen sind. Die Kristallisation ist posttektonisch. Sie ist voralpin. Die Faltung, Schieferung ist präkristallin und hat mit den jungen Bewegungen, die den Block auf die Obdacher Glimmerschieferzone geschoben haben, nichts zu tun.

Die Schieferserie, also die Schieferhülle, in die die Ammeringorthogranite (Gneise) intrudiert worden sind, besteht aus Meroxengneisen, Grössinggneisen. Letztere sind Paragneise, vergleichbar den Schiefergneisen von Spitz im Waldviertel. Dazu kommen noch die rutil- und chloritreichen Epigneise, dann biotitführende Hornblende-Granatgneise, Amphibolit, Kränzchengneise, Hornblendegneis, Marmor.

In der Ammeringserie liegen also zwei Kristallisationen vor. Eine alte, die das Altkristallin des alten Daches erzeugt hat und eine jüngere, die mit der Intrusion des Ammeringgranites und mit dessen Schieferung zusammenhängt, die schwächer ist als etwa die Schieferung des Zentralgneises im Sonnblick.

Diese zwei verschiedenen Kristallisationen unterscheiden Heritsch und Angel als die Gleinalpen- und die Ammeringkristallisation. Die ältere ist die Gleinalpenkristallisation. Nach der Intrusion, nach der Faltung und nach dem Ende der Gleinalpenkristallisation ist über die Ammeringserie die Ammeringkristallisation hinweggegangen, die offenbar ebenfalls aus Intrusion und Faltung besteht, also eine Kontakt- und eine Dynamometamorphose in sich schließt.

Die nächste Serie ist die Speickserie. Sie ist nicht mehr im ursprünglichen Kontakt mit der Ammeringserie. Dieser ist von jüngeren Bewegungen zerstört worden. Die Serie enthält: Amphibolite, Augengneise, die vielfach aplitisch geädert sind. Dann kommen vor Hornblendegneise, Hornblende-Granatgneise. Saussuritgabbro, Serpentin ist vorhanden (Antigoritserpentin). Knetgesteine finden sich. Neben diesen dunklen Gesteinen treten Augengneise hervor, auch Granulite, also granitische Typen. Marmore sind selten. Kränzchengneise finden sich, die von Angel als mechanische Mischgesteine von Eruptivgesteinen und Sedimenten gehalten werden, deren Vergneisung posttektonisch ist. So könnte z. B. aus einem „Tonerdesilikatgestein" und einem dioritischen Magma ein „Kränzchengneis" entstehen. Die Speickserie ist in der Phase der Gleinalpenkristallisation entstanden, soweit sie nicht im Felde des Kontakthofes der Ammeringserie liegt. Die nächste Serie ist die Rappoltserie, die mit der Speickserie z. T. tektonische Mischungszonen eingeht.

Die Rappoltserie ist keine metamorphe Einheit, vielmehr ist sie tektonisch entstanden und enthält Granatgneise, Meroxengneise, die in einer Hauptmasse von Glimmerschiefern liegen. Marmore kommen vor, dann Abkömmlinge von Quarziten, also Glimmerquarzite, Granatglimmerquarzite, u. a. „Mechanische" Einschaltungen sind verschiedene Amphibolgesteine, Pegmatitmarmore. Die Faltung dieser Serie ist präkristallin, die Metamorphose ist die der Gleinalpenkristallisation.

Die hangende Serie ist die Almhausserie. Ihr auffallendstes Glied sind die langen Marmorzüge. Ferner gehören hieher die Granitgneise des Wolkerkogels. Dieser Granit ist nach der Ammeringkristallisation aufgedrungen und hat nur mehr eine leichte Pressung erlitten. Ottrelithschiefer sind ein bemerkenswertes Glied dieser Serie. Glimmerquarzit kommt vor.

Die Teigitschserie umfaßt zum großen Teil Gesteine der untersten Tiefenstufe. Sie sind in der Gleinalpenkristallisation entstanden. Typen sind:[1] die Hirschegger Gneise, in denen Pegmatitgneise leitend werden. Die Bundscheckgneise, die Paragneise darstellen, deren äußeres Bild rasch wechselt. Diese Eigenschaft findet sich auch in anderen Gesteinen der Teigitschserie. Das gilt auch für die Hirscheggergneise, die Paragneise sind. Sie führen Sillimanit, Disthen. Die Stainzer Plattengneise haben

---

[1] In der Geologie der Steiermark gibt Heritsch auch Eklogit, Eklogitamphibolite, Sillimanitgneise an.

gleichfalls z. T. Sillimanit, große Feldspate, nach der Art der Bundscheckgneise. Gößnitzgneise haben grobes Lagengefüge. Glimmerschieferzüge
und Marmore finden sich in dieser Serie, in der noch Aplit-Granitgneise
und gefaltete Granitgneise vorkommen. Auch Diaphthorite kommen vor.

Die Gradener Serie ist die oberste. Ihre Gesteine sind in der Gleinalpenkristallisation entstanden, haben aber nachher noch Diaphthoritisierung erfahren. Die Hauptgesteine sind: Staurolithgneise und deren
Diaphthorite, ferner die auffallenden Mylonite, die oft reichlich mit
Pegmatitgneisen durchsetzt, die durchbewegt sind. Marmore und Glimmerschiefer kommen vor.

In diesem Aufbau liegen verschiedene Faziesreihen übereinander.
Charakteristisch, daß die Obdacher-, die Ammeringserie unten, die Teigitschserie oben liegt. Es liegt also auf der zweitstufigen Obdacherserie
die erststufige Ammeringserie. Oben liegt die Teigitschserie, die dritte
Tiefenstufe darstellt.

Man muß in diesem Aufbau unterscheiden: Phasen der Kristallisation und Phasen der Tektonik. Die Phasen der Kristallisation
zeigen sich in den verschiedenen Typen der Ammering-, der Gleinalpenkristallisation. Diese ist die letzte große Phase der Kristallisation. Sie
ist posttektonisch und alt; doch gibt es auch eine jüngere Tektonik. Diese
bringt die Tiefenstufen in verkehrter Reihe übereinander. Diese Tektonik
erzeugt Mylonite, Diaphthorite. Besonders tektonisch gemischt ist die
Almhausserie. Die ganze Tektonik ist alt. Sie ist vorpaläozoisch. Nach
Heritsch liegt also ein altes, „ausgefaltetes" Gebirge vor.

Heritsch hält aber doch die Ammeringkristallisation, die Bildung der
Mylonite für Karbon. Eine gewisse schwache postkristalline Kataklase
des Altkristallins wird auf vorgosauische und tertiäre Gebirgsbewegung
zurückgeführt. Von Deckenbau kann aber nicht die Rede sein. Ein
altes Gebirge, ein alter Horst im Sinne von E. Sueß liegt vor
(V. G. B. A., 1921, S. 57).

Einwände. Demgegenüber ist festzuhalten: in der Koralpenkulmination liegt die Scharung von ostalpiner und karpathischer Richtung vor.
Das ganze System muß also alpin bewegt sein. Das ergibt sich
schon auch aus der allgemeinen Deckennatur der Muralpen, der Muriden,
der Koriden. Die Muralpen sind kein alter Horst, sondern sind ostalpines
Deckenland, das über den Tauern liegt. Am Ostrand der Tauern kann
man feststellen: die Muralpen liegen in der Form der Muriden vom Mölltal bis ins Ennstal überschoben. Auf einer Entfernung von 60 km liegt
die ostalpine Zentralzone als Deckenland auf dem Pennin
des Tauernfensters.

Desgleichen liegen die Muriden in großer Überschiebung auf den
Semmeringiden.

Es ist ganz zweifellos, daß auch in der Tiefe der Koriden noch Pennin
vorhanden ist. Die Grenze von Ostalpin und Pennin zieht in
der Tiefe vom Tauernfenster über Friesach gegen das Südgebiet von Graz.
Alles Land Nord davon ist ostalpines Deckenland, alles Gebirge Süd
davon ist autochthon.

Der Beweis dafür liegt in der Tatsache, daß östlich von Graz sich wieder das unterostalpine Fenster der Semmeringiden öffnet. In ihm erscheint das Wechselfenster wieder als besondere Tiefeneinheit, die vielleicht schon pennin sein kann. Zu mindestens kann das Pennin nicht tief liegen. Das ergibt sich aus dem ganzen Bau des Wechselfensters.

Es ist jedenfalls nicht richtig, wenn behauptet wird, daß das Muralpengebiet als Ganzes ein alter Horst ist, der vollständig autochthon ist. Die Deckenlehre sagt hier klar und mit voller Bestimmtheit: Muriden und Koriden sind überschoben. Die Drauiden sind autochthon. Das ist die Erkenntnis der Deckenlehre, die Wahrheit der Natur.

Die Muriden.

Die Muriden stellen die untere Deckeneinheit der oberen Zentraliden dar und bestehen aus dem muriden Altkristallin der Granitgneisserie, deren Dach die Brettsteinserie bildet. Auf den Glimmerschiefern und Marmoren liegt wenig Paläozoikum. Mesozoikum ist nicht sicher zu erkennen. Es ist noch Jungtertiär in Becken vorhanden.

Zu den Muriden ist zu zählen: die Hauptmasse der Brettsteinserie, die im Osten das Tauernfenster umrahmt, die das Schladminger Massiv übersteigt. Alle diese Massen der Glimmerschiefer sind überschoben, haben axiales Gefälle gegen Osten und bilden zwei Kuppeln, die durch die Tamsweger Depression getrennt sind. Steil steigen die Granatglimmerschiefer aus dem Süden des Tauernfensters auf, überdecken dieses in der Tauernkuppel, fallen in das Murtal wieder ab, steigen in der Schladmingerkuppel nochmals auf und fallen wieder nordwärts unter die Grauwackenzone. In den Niederen Tauern streichen die Brettsteinzüge gegen SO und schalten sich bis Knittelfeld zwischen die Seckauer- und die Gleinalmmasse ein. Es ist fraglich, ob die Bundschuhgneise zu den Muriden gehören. Der Gedanke liegt nahe, in den Bundschuhgneisen die Fortsetzung der Gleinalpenzone zu sehen; doch sind deren Dächer zu verschieden, als daß man Almhauszone und Stangalpentriaszone unmittelbar zusammenstellen könnte.

So wird man vielleicht besser die Obergrenze der Muriden unter den Bundschuhgneisen zu suchen haben. Diese sind dann das granitische Grundgebirge der Koriden, das der Glimmerschieferzone der Muriden aufgeschoben ist. Im Osten ist die Almhausserie die Grenze von Muriden und Koriden. Wieder sind die Koriden den Muriden aufgeschoben.

Die Untergrenze der Muriden ist gegeben: auf der Strecke von Spittal a. d. Drau bis gegen St. Michael durch die 30 km lange Überschiebung der Granatglimmerschieferzone auf das Tauernfenster und auf die Lungauridenschollenzone. Von St. Michael an ist bis zum Preber die schon von Geyer erkannte Störungszone die Grenze, an der das Schladminger Massiv von der Granatglimmerschieferzone mit einem Male abgeschnitten wird. Bei Lessach findet sich in dieser Störungszone Paläozoikum in Form von Schiefern, Kalken und Serpentin. Tornquist glaubte hier Tauernmesozoikum erkennen zu können. Zweifellos liegt in dieser Tamsweger Mulde Paläozoikum vor, das Murauer Fazies hat.

Im Südgehänge des Prebers schuppen sich die Prebergneise mit den Granatglimmerschieferzonen, die West—Ost streichen, die im Sölker Paß die Schladminger Kuppel ummanteln. Alte Aufnahmen von Vacek liegen vor. Sie zeigen Gneise in der Tiefe, auf denen die Glimmerschiefer liegen. Bei St. Nikolai liegen im oberen Sölktal hochmetamorphe Quarzite, darüber Marmore, darüber die Masse der Granatglimmerschiefer, darüber im Gumpeneck wieder Kalke und Marmore. Hier fand Kober vor Jahren Dolomite in Glimmerschiefern, die Trias sein könnten. Auderieth studiert derzeit diese Zone, die über sich die Grauwackenzone trägt. Gelbrote kristalline Kalke stellen sich hier ein. Diese Kalke gleichen den gelbroten Kalken von Mühlbach im Salzachtale. Sie gleichen auch den Kalken, die sich als Gerölle im Karbonflysch des Gurpetscheck (bei Tweng) finden.

Es ist nicht möglich, derzeit mit Sicherheit die untere Grenze der Muriden im Norden festzulegen. Dazu ist das ganze Gebiet noch zu wenig bekannt. Es ist auch möglich, daß die Grenze zwischen den Lungauriden und den Muriden in der tief nach Süden reichenden Synklinalregion der Lungauer Kalkspitzzone zu sehen ist.

Die Untergrenze ist im Osten durch die große Überschiebung der Muriden auf die Semmeringiden gegeben. Es ist die Stanz-Birkfelder Überschiebungslinie. Hier bilden Gesteine des vereinigten Seckauer- und Gleinalpenzuges die Grenze (also „Hornblendegneistypen"). Von Birkfeld an stellen sich Glimmerschiefer und Marmorzüge ein, die auch die Fortsetzung der Almhauszüge sein können. Dagegen hat das Grundgebirge des Grazer Paläozoikum im Bereiche von Weiz wieder koride Gesteine in sich.

So haben wir die Muriden gegen unten und oben abgegrenzt. Die Obergrenze ist eine Bogenlinie, die von Judenburg über Oberwölz gegen Tamsweg und weiter gegen Süden zieht, unter die Bundschuhgneise hinein.

Dieser Murauer Bogen findet sich auch im Norden in der Grenzzone der Muriden gegen die Grauwackenzone wieder. In dieser Nordgrenze finden wir im Westen die Granitgneise der Hohen Wildstelle. Dann bilden Glimmerschiefer- und Marmorzüge die Grenze. Von Rottenmann an setzt der Granitzug des Bösenstein ein, der in die Seckauergneise fortsetzt. Diese vereinigen sich bei St. Michael mit dem Gleinalpenzug. Ganz im Nordosten bildet die Antiklinale der Amphibolite und „Hornblendegneise" des Rennfeldes die Grenze zwischen der Grauwackenzone im Norden und dem Grazer Paläozoikum im Süden. Die Muriden, im Westen 30 km breit, verschmälern sich auf eine 5 km breite Region. Die aufliegenden Koriden fehlen im Osten fast ganz. Die koride Stirn geht auf der Nordseite schon bei Mixnitz an der Mur zu Ende. Noch vor Mixnitz ist zwischen die Rennfeldgneise bei Pernegg eine Scholle von Paläozoikum mit Serpentin eingeschaltet.

Im Osten des Grazer Paläozoikums scheinen sich muride und koride Stirngesteine nur mehr in Form von Schollen als Unterlage zu finden. Der Untergrund des Grazer Paläozoikums ist anscheinend weitgehend abgeschert. Nur eine Zone von Marmoren und Glimmerschiefern scheidet das Grazer Paläozoikum von den Grobgneisgesteinen der Wechselserie. Der ganze Bauplan wird hier dem der Grauwackenzone ähnlich, wie er sich im Profil bei Thörl—Aflenz findet. In der Tiefe das Semmeringsystem mit der Trias, darüber die Grauwackenzone, in der oberostalpines Altkristallin mit stirnenden Deckschollenresten liegt.

Das Grazer Paläozoikum dringt am weitesten gegen Norden vor, genau so wie seine Unterlage. Durch diese ganze Stirnposition ist die starke Deformierung dieses Systems gegeben.

Es ist ja klar, daß in der ganzen muriden Zone starke alpine Tektonik vorhanden sein muß, die heute noch nicht bekannt ist. Hier gibt es noch ganze Arbeit zu leisten. Auffallend ist z. B. der Gegensatz der Nord- und der Südseite der Seckauer Alpen. Im Norden liegt die Grauwackenzone auf, im Süden — soll die Granatglimmerschieferserie das Dach sein, folgt man den Darstellungen von Kittl für das Bösensteingebiet. Dagegen ist nach Schwinner die Südgrenze eine Störungslinie. An dieser „Pölslinie" fallen die Brettsteinzüge unter das Seckauer Kristallin. Man muß fragen: Welche Bedeutung kommt der Pölser Linie zu ? Liegen die Seckauer Granitgneise auf dem Brettsteinzuge, sowie die Bundschuhgneise auf den Glimmerschiefern liegen ? Ist die Tektonik alt, ist sie jung — Fragen, die jedenfalls genau untersucht werden müssen, wollen wir endlich einmal klar sehen.

Auffallend ist und bleibt aber der Gegensatz von Nord- und Südseite der Seckauer Granitgneise. Auffallend ist im Bilde der Muriden auch der relative Reichtum an grünen Gesteinen. Serpentine kennt man vom Süssleiteck, ost vom Preber. Serpentin findet sich, west vom Bösensteingranit, bei Oppenberg. Bekannt ist die Peridoditmasse von Kraubath. Serpentine gibt es in der Gleinalpenregion, der vielleicht auch der Serpentin von Pernegg im Murtal zugehört.

Falls man die Kalkalpen nicht als abgeschert von einem anderen „Grundgebirge" ansieht, müssen die Muriden als Wurzelzone der Kalkalpen angesehen werden. Man kann sagen, daß von hier mindestens alle voralpinen Kalkalpendecken abstammen. Man kann denken, daß die hochalpinen Kalkdecken in der Koridenstirn ihre Wurzel haben. Alle diese Fragen sind zu untersuchen. Besonderes Interesse erhalten in dieser Hinsicht die grünen Gesteine. Vor allem ist die Frage zu lösen, wo z. B. die Wurzelstiele sind für die grünen Gesteine, die wir im Jura der Klippenzone finden, die in der Hallstätter Decke im Werfener Schiefer und im Haselgebirge sich anreichern ? Dieser Frage hat man bisher noch recht wenig Aufmerksamkeit geschenkt, obwohl sie doch von fundamentaler Bedeutung ist.

Die lokale Tektonik zeigt als erste Zone die Granitgneisregion des Bösenstein und der Seckauer Masse. Alte und neue Aufnahmen liegen vor, von Heritsch, Schwinner, von Kittl, von Böcher, von Hammer, Stiny, Schmidt und Clar.

Man erkennt, daß im Bösenstein relativ wenig metamorphe Granite vorliegen. Dagegen sind die Seckauer Granitgneise stark deformiert. Im

Profile von Hohentauern fanden Uhlig und Kober schon 1909 über dem Altkristallin Quarzite und Kalke, die sehr an das Radstädter Mesozoikum erinnern. Diese „Brodjägerkalke“ zeigen starke Deformation, die schon 1912 im „Deckenbau der östlichen Nordalpen“ dargestellt worden ist.

Schuppen von Seckauer Granitgneis finden sich in der Grauwackenzone und deuten auf starke Bewegung, wie auch die Grenze von Granitgneis und dem Paläozoikum als Bewegungshorizont gilt. Im Hochreichart-Gneis finden sich nach Böcher kristalline Kalke. Das alles deutet auf starke Tektonik. Das auffallendste aber ist die gänzliche Verschiedenheit von Nord- und Südseite der Seckauer Masse.

Über die Brettsteinserie ist zu sagen, daß sie durch ihre weite Verbreitung geradezu zum Leitgestein der Muriden wird. Keine andere Decke hat so viel Brettsteinfazies. Sie stellt eine alte penninische Serie in der Granatglimmerschiefer-, Marmor-, Amphibolitfazies dar. Sie ist aller Wahrscheinlichkeit nach proterozoisch.

Den geologischen Bau des Serpentinstockes von Kraubath und seiner Umgebung hat E. Clar in den Mitt. Nat. Ver. Graz, 1929, S. 178, beschrieben. Ältere Daten liegen über dieses Gebiet von Morlot, Miller, Stur, Redlich, Schmidt, Heritsch und Angel vor.

Der Kraubather Serpentin liegt in der Trennungsfuge des Seckauer- und des Kleinalmkristallins, ist an die 15 km lang und 5 km breit. Die Süd- wie die Nordgrenze ist tektonisch. Der Serpentin ist der Hauptmasse nach ein Abkömmling von Duniten oder Olivinfelsen in der Richtung gegen Lherzolithe. Recht scharf getrennts ind die Einlagerungen von Pyroxeniten. Geschieferte Serpentine finden sich am Nordrand. An der Südseite treten Smaragditschiefer und mächtige Antigoritschiefer hervor.

Die Tektonik zeigt den Serpentinstock von Kraubath als eine Linse, die im Süden vom Gleinalpenkristallin begrenzt wird. Die Nordseite ist eine Bewegungsfläche, an der z. T. steile Kontakte, z. T. aber auch Einfallen unter das Seckauer Kristallin zu erkennen ist. Randgesteine sind die Hüllgesteine der Nord- und der Südserie, also Amphibolite, Glimmerschiefer, Schiefergneise.

Paläozoikum und Mesozoikum ist fast nicht vorhanden, weil eben alles — abgeschoben worden ist. Es liegt im Norden, in der Grauwacken-, in der Kalkalpenzone. Paläozoikum ist in der Tamsweger Mulde vorhanden. Mesozoikum wird vermutet, in Resten, die als Wurzeln zu deuten sind, so z. B. im Gumpeneck. Auch in den Seckauer Alpen könnte Mesozoikum vermutet werden. Voralpines Mesozoikum käme in erster Linie in Betracht, damit auch die Klippenzone. Stammt diese aus dem ostalpinen Bereiche, dann müssen die roten Klippengranite in der Zone Schladminger—Seckauermasse gesucht werden. Es gibt in der Seckauer Masse Granite mit roten Feldspäten, wie sie im Klippengranit des L. v. Buchdenkmales vorkommen. Jungtertiär mit Kohle ist im Bereiche der Muriden um Knittelfeld vorhanden. Weite Einbruchsfelder stellen sich ein. Störungen begrenzen diese im Norden, im Süden. So tritt z. B. die Lobminger Störungszone im Süden des Beckens stark hervor (Czermak).

Die Koriden.

Allgemeines. Das Grundgebirge der Koriden bilden die altkristallinen Gesteine der Seetaler Alpen, der Sau-, der Koralpe. Sie streichen stark SO, tragen im Westen, im Süden, z. T. auch im Osten ein Dach von Granatglimmerschiefern der Brettsteinserie. Die koride Gesteinsfazies: Gneise, Marmore, Eklogite ist entstanden, indem von der Tiefe des orogenen Troges die Granitfront aufgestiegen ist und das Dach der Brettsteinserie, also Gesteine der zweiten Tiefenstufe, in solche der dritten umgeschmolzen hat. Wir sehen heute nicht mehr diese granitische Unterlage in der Koralpe. Wir sehen bloß, daß die Koridengesteine der Teigitschserie auf die Almhausserie, also auf die Brettsteinserie, die zum Dach der Gleinalpenserie gehört, aufgeschoben sind. So ist die Nordgrenze eine (alpine) Aufschiebungslinie, während West-, Süd- und Ostseite mehr normale Dachgesteine tragen sollen. So legt sich im Westen, im Süden, im Osten, soweit es nicht im Tertiär versunken ist, Paläozoikum auf die Koriden. Diese Koriden muß man aber gegen Süden hin abgrenzen, gegen die Drauiden. Die Südgrenze, die Drauiden-Linie (Grenze), mag durch eine Zone gegeben sein, die vom Osten des Tauernfensters auf die Südseite der Koralpe verläuft. Die Oberflächengrenze zwischen Koriden und Drauiden mag in der (nach Kieslinger) alpin bewegten Glimmerschieferregion im Süden der Koralpe zu sehen sein. Ist unsere Auffassung von der Grenze zwischen Muriden und Koriden richtig, dann ist im Westen der an 40 km lange Bundschuhgneiszug die kristalline Basis der Koriden. Dieser Granitgneiskörper läßt sich mehr oder weniger zusammenhängend vom Süden nach Norden verfolgen, aus der Region des Millstätter Sees bis in das Murtal bei Tamsweg. Allenthalben liegt der Bundschuhgneis überschoben auf Granatglimmerschiefer. In der Stangalpe liegt über dem „Bundschuhgneis" spurenhaft Altpaläozoikum (Bänderkalke), darüber die Stangalpentrias, darüber das Stangalpenpaläozoikum mit Oberkarbon (Gurktaler Paläozoikum). Dieses Paläozoikum wird zum Gurktaler Paläozoikum gerechnet und trägt das Krappfelder Mesozoikum. Dieses Mesozoikum hat kalkalpine Fazies, während das Stangalpenmesozoikum (mehr) zentralalpine Fazies hat. Eozän und Jungtertiär sind vorhanden.

Ist unsere Auffassung von der Westgrenze richtig, so ist die Bundschuhgneiszone der Gegenflügel zum Koralpensystem im Osten. Im Westen wäre vollständige Granitisation des Grundgebirges eingetreten. Im Westen wäre also die Ultrafazies vorhanden, die in den Koralpengesteinen fehlt. Übrigens ist das Kristallin um den Millstätter See nach Schwinner von gleicher Art wie das Koralpenkristallin.

Die Verbindung zwischen dem Westflügel und dem Ostflügel der großen Koridenmulde, die Paläo- und Mesozoikum und Känozoikum trägt, die in sich noch geschuppt ist, muß im Murauer Bogen in der Zone Tamsweg—Oberwölz—Unzmarkt gesucht werden. Sie kann in Granitgneisschollen gesehen werden, die sich an der Basis des Murauer Paläozoikums hie und da einstellen. Es ist klar, daß das Murauer Paläozoikum als große Deckscholle aufscheinen muß, sobald ihre primäre, altkristalline Unterlage fehlt. Das müßte in gleichem Grade für das Grazer Paläozoikum gelten, das auf den Koriden liegt, wie die Verhältnisse im Westen, im Raume der Kainach beweisen. Es liegt aber bei Mixnitz auf den muriden Rennfeldgneisen. Es liegt also auf verschiedener Unterlage.

Die koride Kulmination trennt zwei große Depressionen, die Murauer (Stangalpen-), die Grazer Depression. In diese sind die großen, in der Fazies verschiedenen paläozoischen Ablagerungen (Deckensysteme) „eingelagert". Die Murauer Mulde ist an 60 km lang, an 50 km breit. Die Grazer Mulde ist 50 km lang und 25—30 km breit.

Über dem alten Grundgebirge stellt sich Paläo- und Mesozoikum ein. Im Stangalpengebiet ist Mesozoikum in den Deckenbau einbezogen. Im Grazer Paläozoikum ist gleichfalls Deckenbau; doch kennt man hier bisher kein Mesozoikum im Rahmen dieses paläozoischen Deckenbaues.

Deckenbau für das Paläozoikum von Graz ist von Mohr und Kober 1911 ausgesprochen worden. K. Holdhaus hat das Verdienst, die Trias der Stangalpe nachgewiesen zu haben. Tornquist hat den Deckenbau der Murauer Alpen zuerst dargelegt. Der ganze Deckenbau im Paläozoikum ist echt ostalpin und niemals dinarisch, wie R. Staub angenommen hat.

Mesozoikum und Tertiär sind auf der Südseite der Koriden im Krappfeld vorhanden und bei St. Paul. Dieses Mesozoikum ist typisch nordalpin entwickelt, beginnt mit Werfener Schiefer und reicht bis in den Hauptdolomit. Gosau transgrediert, wie das Eozän, das in Kalkfazies vorkommt. Miozän ist in Beckenform vorhanden.

Das Grazer Paläozoikum. Allgemeines. Dieses liegt als flache Schüssel auf koriden und muriden Gesteinen. Man war allgemein der Auffassung, daß an der Basis eine Transgression anzunehmen ist, derart, daß obersilurischen Schichten auf ein altes Relief transgredieren. Der Beweis für diese Auffassung fehlt. Es war aber für die alte Geologie selbstverständlich, daß das Grazer Paläozoikum transgressiv liegt. Genau so selbstverständlich war es für die Grazer Geologen, daß im Grazer Paläozoikum kein Deckenbau vorhanden sei, wie Mohr und Kober 1911 schon erkannten. Hier hat erst 1917 Schwinner den Grazer Geologen den rechten Weg gezeigt. Das Grazer Paläozoikum wird für die geologische Bundesanstalt von Waagen aufgenommen. Heutige Erkenntnis ist: Das Grazer Paläozoikum läßt zwei Decken erkennen. Unten liegt die metamorphe Schöckl-, oben die nicht metamorphe Hochlantsch Decke. Der Schichtbestand reicht vom Untersilur (Caradoc bei Stiwoll, V. G. B. A. 1930) bis in das Karbon.

Das Alter des Deckenbaues ist nicht sicher zu erfassen. Er gilt für variszisch; doch kann er auch alpin sein. Mesozoikum fehlt im Deckenbau. So ist diese Frage nicht direkt zu klären.

Wir gehen nun zur Detailbeschreibung über und wollen das Grazer Paläozoikum als Beispiel einer Art des Paläozoikums und seines Baues im Raume der Koriden näher behandeln.

Von der Grenze des Grazer Paläozoikums gegen das unterliegende Altkristallin sagt F. Czermak (in V. G. B. A. 1930, S. 48): „Unter den stark gestörten Kalken und Kalkschiefern des Paläozoikums folgt zunächst mit einer ausgeprägten tektonischen Diskordanz eine Zone von Quarziten und Quarzitmyloniten, phyllitischen Glimmerschiefern sowie dunklen, kohlenstoffreichen, phyllitischen Paraschiefern. Hochgradige Durchbewegung, Phyllonitisierung, und typische Erscheinungen rückschreitender Metamorphose, örtlich auch Mylonitisierung, kennzeichnen diese Begleitzone des tektonischen Kontaktes der paläozoischen Auflagerung." Unter der Glimmerschiefermarmorzone folgt das Altkristallin des Gleinalpenzuges. Südostfallen herrscht vor.

Das Grazer Paläozoikum liegt im Westen auf dem Koralpensystem, im Osten z. T. auch auf den Muralpen. Es fällt gegen SO unter das Tertiär des steirischen Beckens. Es gliedert sich in verschiedene Abschnitte. Besser bekannt ist das Gebiet ost der Mur. Es gibt aber bisher keine zusammenfassende Darstellung und genaue Aufnahme des Grazer Paläozoikums, das in der ostalpinen Literatur eine große Rolle spielt, seit den Tagen, in denen die älteren Geologen, Vacek, Penecke und andere hier die Grundlagen der Geologie zu legen suchten.

Clar, Cloß, Heritsch, Hohl, Kuntschnigg, Petrascheck, Schwinner und Thurner haben im Jahre 1929 in den Mitt. nat. Ver. eine geologische Karte der Hochlantschgruppe herausgegeben. Fünf Stockwerke der Tektonik werden unterschieden. Im großen und ganzen trennen sich zwei Serien. Die obere ist die fossilführende Hochlantschgruppe, die von einem tieferen Stockwerke unterlagert ist. Dieses ist z. T. metamorph und weniger fossilführend.

Die Hochlantsch Decke, wie wir auch sagen können, baut sich aus einer Schichtfolge auf, die vom Unterdevon bis in das Mitteldevon, bis in das Niveau der Stringocephalenschichten reicht. Dolomite und Sandsteine bilden das tiefste Unterdevon (Gedinne = Siegener Stufe). Dann folgen die Schichten mit *Heliolites Barrandei*. Es sind Kalke, Kalkschiefer, auch Krinoidenkalke. Allgemein herrschen dunkle Kalke vor. Doch finden sich auch Kalkschiefer von blauer und roter Farbe (Koblenzstufe).

Unteres Mitteldevon (Eifelstufe) vertreten die Kalkschiefer der Hubenhalt. Die Fauna weist auf die Kultrijugatusstufe (*Favosites styriacus*). Den Calceolaschichten gehören die Dolomite des unteren Mitteldevon an, die auch gelbliche Sandsteine und Lagen von Kalkschiefern und Tonschiefern führen. Treten die Dolomite zurück, so bilden Korallenkalke von blaßblauer Farbe, gelegentlich auch Flaserkalke, diese Stufe.

Oberes Mitteldevon sind Kalke mit *Cyathophyllum quadrigeminum*. Diese grauen, flaserigen Kalke sind mit dem Hochlantschkalk enge verknüpft. Dieser ist ein Riffkalk von heller, auch rötlicher Farbe. Brekzien kommen vor. Basal liegen graue Hornsteine im Kalk. Der Hochlantschkalk vertritt z. T. auch die Calceolaschichten. Cyathophyllum quadrigeminum weist auf die Stringocephalenschichten des Givétien (oberes Mitteldevon).

Das tiefere tektonische Stockwerk (Schöckl Decke) zeigt in komplizierter Schuppenstruktur folgende Schichten. Tonschiefer, Serizitschiefer, auch Sandsteine (ähnlich denen des Karbon). Einlagerungen von Kalkschiefern und Bänderkalken kommen vor, auch Diabase. Die Schiefer sind z. T. Silur, z. T. aber auch Karbon. „Einlagerungen" gestatten Altersbestimmungen. So deuten Züge von Lyditen und Kieselschiefern auf Silur. Das sind die Schichten, die in anderen Gebieten Graptolithen geliefert haben. Auf Obersilur deuten Einlagerungen von roten Flaserkalken. Sandsteine und Tonschiefer sprechen für Karbon (Oberkarbon?). Kieselschieferbrekzien deuten auf (Hochwipfel-) Karbon der Karnischen Alpen, der Grauwackenzone. Der Magnesit von St. Erhard war schon für V a c e k ein Beweis für das karbone Alter der Schiefer und Sandsteine der Breitenau.

Weiters kommen vor: Sandsteine mit Dolomitbänken, Dolomite und Kalke, die Barrandeikalke des Mooskogels, die Flaserkalke des Osser, die gleichfalls den Barrandeischichten gleichgestellt werden. Bänderkalke und Kalkschiefer werden dem Schöckelkalk gleichgestellt und sind somit Devon.

Eruptiva finden sich in Form von Diabasen im Mitteldevon. Sie kommen auch in den „karbonen" Sandsteinen der Breitenau vor.

Eine auffallende Bildung sind die roten Konglomerate der unteren Bärenschütz bei Mixnitz, die als G o s a u gedeutet werden, als Alttertiär (Eozän), aber auch als Miozän (K o b e r, F o l g n e r).

Die Unterlage des Paläozoikums sind im Norden und Osten altkristalline Gesteine. Im Mixnitztale finden sich muride Amphibolite. Hier bildet das Rennfeldkristallin die Basis. Im Osten unterlagern Granatglimmerschiefer das Paläozoikum. Im Süden bilden die Semriacher-Passailer Schiefer die Unterlage mit Phylliten und Grünschiefern, unter denen das Grundgebirge liegt (Radegunder Kristallin = Glimmerschiefer-diaphthorite mit Pegmatitgängen und Marmorlinsen). Murider und korider Untergrund wird hier sichtbar.

Die Großtektonik deutet auf zwei Deckenmassen, die sich hinter dem Altkristallin des Rennfeldes förmlich aufstauen. Die obere, die Hochlantsch Decke, geht förmlich tektonisch-„transgressiv" über das untere Deckensystem hinweg. Gegen Mixnitz zu stößt der Hochlantschkalk unmittelbar an die Amphibolite des Rennfeldzuges. Gegen die Breitenau zu, also gegen Osten, tritt die untere Serie immer mehr hervor und bildet eine bogenförmige Unterlage, unter der bei Passail die „basale Schiefermulde" zutage kommt. Hier stellt sich an der Grenze gegen diese Schiefer ein „Bewegungshorizont" ein.

Das Paläozoikum der Hochlantschgruppe bildet, im ganzen gesehen, eine W—O gestreckte Mulde. Zwei Decken (mindestens) liegen hier also aufeinander. Die untere ist stark geschuppt und könnte der „Schöckl Decke" des Schöcklgebietes gleichgestellt werden.

Vom Schöcklgebiet liegen zwei neuere Arbeiten der Grazer Geologen vor. Die ältere ist von S c h w i n n e r aus dem Jahre 1917, die jüngere von C l a r (1933). Dazu kommen die Aufnahmen von L. W a a g e n im

Auftrage der geologischen Bundesanstalt. Die Auffassungen über Alter des Schöcklkalkes, des Baues der Schöcklgruppe gehen weit auseinander. Waagen hält den Schöcklkalk für Silur und sieht hier Falten- und Bruchtektonik. Die Grazer Geologen sehen auf Grund der Fossilbelege den Schöcklkalk für Devon an und erkennen auch hier Deckenbau. Hier ist Schwinner vorangegangen und hat eine eigene Schöckldecke unterschieden.

Clar gibt 1933 im Jahrb. Geol. B. A. die neueste Darstellung des Schöcklgebietes. Basal liegt das Radegunder Kristallin mit seinen Glimmerschiefern, Diaphthoriten, Pegmatit- und Marmorlinsen. Darauf folgt der „Grenzhorizont", darauf der Schöcklkalk, der selbst wieder von den „Übergangsschichten" überlagert wird. Zuoberst liegen Schiefer, die Karbon sein dürften.

Schwinner hat den Schöcklkalk als eigene Decke gesehen, die oben von der Schieferdecke überschoben wird. Clar deutet das Schöcklgebiet als eine nach Norden umgeschlagene Mulde. Den Kern bildet der Schöcklkalk. Die untere Grenzzone erscheint oben wieder. Im Süden vereinigen sich die unteren und die oberen Schiefer. Die liegenden Semriacher (Passailer) Schiefer verbinden sich also im Süden um den Schöcklkalk herum mit den oberen, den Taschenschiefern. Die unteren Schiefer sind das normale Liegende. Oben überwiegen die Schiefer, unten die oft ausgewalzten Bänderkalke, Dolomite, Sandsteine. Junge Bruchtektonik zerlegt den alten Deckenbau. Dabei geht die Morphologie mit ihren Ebenheiten über die leichte Bruchfaltentektonik hinweg.

Von Clar liegt auch eine Arbeit über das Gebiet der Hohen Ranach vor (1933). Deckenbau ist vorhanden (er könnte alpin sein). Die Schichtfolge reicht von Obersilur (?) bis ins Oberkarbon. Die tiefere Decke zeigt die normale Schichtfolge mit Unterdevon-, Dolomit- und Dolomitsandsteinstufe, Barrandeischichten, Mittel-, wahrscheinlich auch Oberdevon und transgressive Oberkarbonschiefer. Der höheren Decke fehlen die Unterdevondolomite wahrscheinlich gänzlich. Dafür treten obersilurische (?) Kalkschiefer und helle Flaserkalke auf. Es mag sein, daß die Unterdevondolomite tektonisch fehlen. Man erkennt auch, daß die obere Decke „diskordant" über die untere hinweggeht. Junge, alpine Brüche zerstückeln den Deckenbau in der „steirischen Phase" (Stille). Es gibt aber auch noch jungpliozäne und noch jüngere Störungen.

Betrachten wir noch das Südostende des Grazer Paläozoikums, das von A. Kuntschnigg in den Mitt. Nat. Ver. 1927 beschrieben worden ist. Es handelt sich da um das Bergland von Weiz, das zwischen den Flüssen der Raab im Westen und der Feistritz im Osten liegt. Dieses Bergland kulminiert mit 1275 m Höhe, sinkt von Weiz an unter das Tertiär und wird im Norden von den Passailer Phylliten unterlagert, im Osten vom Angerkristallin, im Süden vom Kristallin der Raab. Auf diesen drei verschiedenen tektonischen Einheiten liegt das Paläozoikum von Weiz, das selbst wieder aus zwei Serien besteht. Das untere Stockwerk bildet der z. T. mächtige Schöcklkalk (oberes Mittel-

devon) mit seiner Unterlage, der „Grenzzone“, die unteres Unterdevon
ist. In die Mulde des Schöcklkalkes ist von oben her die „obere Schieferserie“ eingeschuppt worden. Sie hat unterdevonisches Alter und ist
ident mit der Grenzzone. Wäre ihr Hangendes noch erhalten, so müßte
es aus Schöckelkalk bestehen.

Das Raabkristallin ist nach Kuntschnigg ident mit dem Koralpenkristallin und ist offenbar dem Angerkristallin des Ostens aufgeschoben. Dieses ist ident mit dem Almhauskristallin der Stubalpe.
Das Passailer Schiefersystem mit seinen Granatphylliten, Chloritoid-
schiefern wird gleichfalls als eine Schubmasse gedeutet.

Wesentlich ist, daß ost von Anger das Angerkristallin auf die
Grobgneisserie des Wechselgebietes aufgeschoben ist. Die
Überschiebung ist in der Verschiedenheit der kristallinen Serie nach
Kuntschnigg deutlich zu erkennen. Von Bedeutung ist ferner die Tatsache, daß im Grundgebirge der gleiche Bauplan herrscht wie im Westen.
Wie das drittstufige Raabkristallin über dem zweitstufigen Angerkristallin liegt, so liegt im Westen das Koralpenkristallin (Teigitschserie) über dem Almhaus-Gleinalpenkristallin. Über beiden Serien liegt
überschoben die Schuppenzone der Passailer Schiefer und die beiden
Teildecken der Schöckldeckengruppe. Die höhere Hochlantsch Decke
fehlt hier wie in der Hohen Ranach und im Schöcklgebiet. Es mag
sein, daß Splitter vorhanden sind.

Der Kulmberg östlich von Weiz bildet den Südostpfeiler des
„Muralpenkristallins“, des Grazer Paläozoikums. Die Feistritz durch-
fließt diese Zone, die am Buchkogel gegen Pöllau zu zweifellos vom
Semmering-Wechsel-Kristallin unterlagert wird. Wir befinden uns also
hier im Grenzgebiet zweier tektonischer Serien, die übereinanderliegen.
Muralpenkristallin liegt über Semmeringkristallin, wie die
Karte von Schwinner zeigt. Semmeringquarzite Süd von Rabenwald
geben eine notdürftige Grenzlinie, die zeigt, daß hier jedenfalls Semmeringmesozoikum als trennende Fuge vorhanden war.

Vom Kulm bei Weiz liegt eine neuere geologische Karte von R. Pur-
kert in den Mitt. Nat. Ver. Graz, 1927, S. 45, vor. Die Gesteine streichen
im allgemeinen NO, sind also alpin orientiert, alpin deformiert. Zwei
Serien liegen vor: Ortho- und Paragesteine: Granodiorit, Mikroklin-
granit, Quarzdiorit, Augengneis, Saussuritgabbro, Amphibolite, Schiefergneis, Hornblendeschiefergneis, Diaphthorite, Hellglimmerschiefer, Quarzite und Marmore. Gleitbrettertektonik ist zu erkennen. Zwei
Gesteinsserien liegen in Schuppentektonik. Die Glimmerschiefer-Marmorzone deutet auf die Brettsteinserie. Die Ortho- und Paragneise auf
Gleinalmkristallin, bzw. Seckauer Kristallin. Damit liegt auch An-
näherung an die Grobgneise der Wechselserie der Mürztaler Alpen vor.
Dagegen ist Stub- bzw. Koralpenkristallin hier nicht zu erkennen. Die
Unterlage des Grazer Paläozoikums ist hier also von Gesteinen gebildet,
die der Gleinalm-Ammeringzone des NW zugehören. Recht interessant,
daß in dieser Zone von Kulm sich auch ein Gabbrostock findet (Mohr),
der wenig deformiert ist. Dagegen haben die Marmore z. B. starke post-

kristalline Durchbewegung und sind vergleichbar in dieser Hinsicht den Marmoren der Westumrahmung des Grazer Paläozoikums gegen die Stubalpe zu. Die Marmorzone von Kulm ist der letzte schwache Ausläufer der Marmorbänder von Anger, die dort unmittelbar von den Schiefern der „Passailer Mulde" überlagert werden.

Östlich von der Grazer Paläozoikumdepression folgt die Wechselkulmination, der im Südosten die Depression des Paläozoikums von Bernstein—Rechnitz folgt. Diese „Rechnitzer Schieferinsel" bildet das Günser Paläozoikum, das gegen Südwesten in Aufbrüchen fortsetzt. Der eine liegt östlich von Groß-Petersdorf, der zweite bei Güssing, weit draußen in der Ebene, eine Brücke bildend zum Paläozoikum von Sankt Anna, östlich von Gleichenberg. Dieses Paläozoikum mag hier schon auf autochthonem Boden liegen, der die Verbindung ist von den Drauiden zum ungarischen Zwischengebirge.

Damit soll nur gezeigt werden, daß das Grazer Paläozoikum nur den Nordteil einer großen paläozoischen Mulde darstellt, die vom Bacher bis zum Rennfeld bei Bruck reicht, die irgendwie in Beziehung steht mit der nördlichen Grauwackenzone. Ist diese die unmittelbare Fortsetzung in irgendeiner Art?

Im Raume der westlichen Grazer Mulde liegt die Gosau der Kainach, die von W. Schmidt studiert worden ist. Oberkreide in Form von flyschartigen Sandsteinen bildet wellige Falten, die auf paläozoischem Untergrund liegen.

Im Raume des Grazer Paläozoikums gibt es auch jungtertiäre Becken, wie das Passailer Becken. Tertiäre Becken begrenzen auf der Südseite das Grazer Paläozoikum von Westen gegen Osten, von Köflach-Voitsberg bis gegen Weiz und Anger.

Die Koralpenkulmination. Die Grenze der Koriden gegen die Muriden ist im Norden, in der Almhausserie, zweifellos eine tektonische Linie vorgosauischen Alters. Im Norden zeigen die Koriden im Almhausbogen das Umschwenken aus der NW- in die NO-Richtung, die Scharung also von ostalpiner und karpathischer Streichrichtung. Im Süden streichen die Gesteine mehr NW—SO. Zwischen Wolfsberg im Westen und Deutsch-Landsberg im Osten schaltet sich eine NW—SO ziehende Glimmerschieferzone ein. Im Osten tauchen die Koralpengesteine unter die jungtertiären Ablagerungen der steirischen Bucht. Im Süden ist die alpin deformierte Glimmerschieferzone die Grenze gegen die Drauiden. Im Westen soll sich nach den Aufnahmen von Beck das Glimmerschieferdach normal auflegen, das seinerseits wieder Paläozoikum trägt.

Junge kratogene Tektonik spaltet den Koralpenblock. Die Lavantaler Linie begrenzt das Lavantaler Tertiärbecken. Ein West-, ein Ostblock entsteht und zeigt steigende Tendenz. An die Lavantaler Linie binden sich Erdbeben.

Das Kammgebiet der Koralpe hat A. Cloß in den Mitt. Nat. Ver. Graz, 1927, S. 119, dargestellt. Die Karte zeigt nördlich des Schwarzen Sulmbaches den typischen feldspatreichen Plattengneis der Koralpe.

Derselbe Gneis findet sich auch im Süden des Sulmbaches und trägt eine Einfaltung von Glimmerquarzit, Amphibolit und Pègmatit. Zwischen diesen Massen erscheint eine NW—SO streichende Zone, in der der glimmerreiche Gößnitzgneis vorherrscht, in Gesellschaft von Glimmerquarziten, Apliten, Amphiboliten und Eklogiten. Das Profil zeigt die „Gößnitzserie" unter der „Plattengneisserie" und läßt unter sich noch eine tiefere Zone erkennen. Im Gebiet der Brandhöhe erscheint Eklogit antiklinalartig mit Teigitschschiefergneis, ummantelt von Glimmerschiefern. Diese „Teigitschserie" bildet so das tiefste tektonische Element, wie es auch petrographisch als unterste Tiefenstufe gilt. Hier wäre der Fall, wo man dritte Tiefenstufe von zweiter Tiefenstufe überschoben findet. Gegen Westen zu trägt der Gößnitzgneis eine Schuppenzone von Marmoren, Amphiboliten. Hier finden sich auch dünne Lamellen von Granodiorit. Südwest liegt der (nicht so feldspatreiche) Hirscheggergneis.

Cloß' Karte und Profile lassen erkennen, daß im Kammgebiet der Koralpe ein Deckenbau vorliegt.

Für das Koralpengebiet gibt es Arbeiten von Kieslinger, die die Koralpengesteine, ihre Entstehung, ihre Tektonik behandeln. Kieslinger nimmt einen Faltenbau gegen Süden an.

Von Interesse ist, daß auf den Koralpengesteinen ein Rest von Gleinalpenkristallin liegen soll, dessen Herkunft unklar ist. Im Falle einer Bewegung gegen Süden wäre natürlich nur an eine Herkunft von Norden zu denken; doch widerspricht eine derartige Tektonik aller Erfahrung. So ist auch die Südbewegung in den Gesteinen der Koralpe nicht sehr wahrscheinlich. Das zeigt auch die ganze Tektonik der Drauiden im Süden. Nordbewegung geht in der gleichen Weise durch die Koriden wie durch die Drauiden. Vor allem ist es die alpine Nordbewegung, die im Deckenbau zu erkennen ist.

Die Murauer- und die Gurktalermulde. Die Unterlage bildet im Westen die Bundschuhgneiszone. Bänderkalke folgen. Darauf liegt die Stangalpentrias, darauf überschoben das Stangalpen Paläozoikum. Faßt man Bundschuhgneis und Stangalpentrias als eine Decke, als Bundschuhgneis- oder als Stangalpen Decke, so liegt darüber die ganze Masse des Gurktaler Paläozoikums, überschoben als höhere Decke. Wir müssen hier also die Turracher oder die Gurktaler Decke als höhere Decke abheben. Ihre Verbreitung ist derzeit nicht bekannt. Im Wöllaner Nock soll noch Stangalpentrias vorhanden sein und darüber das Paläozoikum. Die Fortsetzung nach Süden ist unbekannt. Unbekannt ist die Deckengliederung Ost von Turrach in der Richtung gegen Mettnitz.

Über das Gebiet vom Millstädter See bis zum Karbon der Stangalpe liegen Arbeiten von Schwinner, Thurner, Holdhaus und Petrascheck vor. Weiter im Norden gibt es Arbeiten von Tornquist und Thurner. Tornquist konnte zeigen, daß die Deckengliederung der Stangalpe auch im Paaler Paläozoikum, das Süd der Mur liegt, vorkommt.

Die Frage ist: Gibt es im Osten, gegen die Koralpe zu, auch eine derartige Gliederung in zwei Einheiten, von denen die tiefere das Stangalpenmesozoikum trägt, die höhere das Krappfeldmesozoikum. Das erstere hat zentralalpine Merkmale, das letztere ist echt nordalpin. Ist das Paläozoikum unter der Trias anderer Art als das überschobene Paläozoikum? Kann man das Gurktaler Paläozoikum dem Murauer Paläozoikum gleichstellen?

Murauer und Gurktaler Paläozoikum sind durch die West—Ost laufende Metnitz-Friesacher Glimmerschiefer-Marmorzone getrennt. Dieser **Friesacher Brettsteinzug** hat auch gegen den Ossiacher See zu eine Fortsetzung, die sich über das Gurktal nach Feldkirchen bis zum Ossiacher See verfolgen läßt. Dieser **Ossiacher Brettsteinzug** kann **als die Grenze gegen die Drauiden** gelten. Seine Fortsetzung ist im Brettsteinzug zu sehen, der die Südseite der Koralpe bildet. Wieder entsteht ein gegen Norden vordringender Bogen.

In der Zusammenfassung seiner Erfahrungen sagt A. Tornquist von der Gliederung des Paläozoikums der östlichen Alpen (Mitt. Nat. Ver. 1929, S. 165), also des Grazer Paläozoikums, des Paläozoikums der Karawanken und des Gurkfelder—Neumarkter (Murauer) Paläozoikums: zwei Decken lassen sich erkennen. Die untere besteht aus den höher metamorphen devonischen Bänderkalken vom Typus des Schöcklkalkes, aus unteren und oberen Phylliten, aus Tonschiefern mit Diabasen, aus Kalkphylliten (z. B. bei Frohnleiten). Die Gesteine sind in sich bewegt. Devonalter ist nach **Heritsch** für die Schöcklkalke, auch für die Kalkschieferstufe festgelegt. Variszische Tektonik hat den Schuppenbau innerhalb der unteren Einheit geschaffen.

Die obere Decke ist der unteren in der Mittelkreide aufgeschoben worden. Die Schichtfolge reicht vom Unterdevondolomit (Kalk) bis ins Oberdevon. Auch Karbonschiefer sind vorhanden. Die untere Decke ist nach **Tornquist** (1928) auch im **Remschnigzuge** (Nordpoßruckgebirge) auf das Altkristallin aufgeschoben.

Das Murauer Paläozoikum liegt der Hauptsache nach auf Granatglimmerschiefern, die im Osten der Koralpe aufliegen, im Westen möglicherweise der Bundschuhgneismasse. Ist dies der Fall, dann ist das ganze Murauer Paläozoikum ein integrierender Bestandteil der Koralpen Decke. Im Norden fehlt z. T. der koride Untergrund. Im Süden ist die Friesacher Glimmerschiefer-Marmorzone eine Grenze.

Das Murauer Paläozoikum ist in der älteren Geologie von **Geyer** aufgenommen worden. In neuerer Zeit setzen hier Grazer Geologen die Arbeit fort. **Thurner** gibt von verschiedenen Gebieten des Murauer Paläozoikums neuere Arbeiten, die alle auf Deckenbau des Paläozoikums deuten.

Von den nördlichen Randteilen, der Stolz- und der Frauenalpe liegen von **Thurner** neue Untersuchungen vor, die als Beispiel für Stratigraphie und Tektonik hier gegeben werden.

Nach **Thurner** (1929) liegen in der **Stolzalpe** (1816 m hoch, Nord von Murau) **drei Serien** übereinander, die im Großen eine W—O streichende Mulde zwischen der Mur und dem Katschbach bilden. Die Serien sind petrographisch verschieden und auch tektonisch getrennt. Die Aufschiebung erfolgte aus SO her. Eine höhere Schubmasse muß diesen Bau erzeugt haben, denn gerade die oberste Serie zeigt deutlich noch die Spuren eines „traîneau écraseur", also einer Deckenwalze, die darüber hinweggegangen ist.

Zutiefst liegt das Altkristallin. Glimmerschiefer, Marmore, Almandinschiefer, Granatphyllite, Hellglimmerschiefer, Glimmerquarzite, Glimmermarmore, Glimmerkalke, Dolomite, Epidot-, Albit-Chloritschiefer, Chloritquarzschiefer, diaphthoritisierte Amphibolite stellen sich ein. In diesem Altkristallin ist die hier allgemein verbreitete „Brettsteinserie" vorhanden. In ihr finden sich noch schwarze Phyllite, Bänderkalke, die an Paläozoikum erinnern. So z. B. gleichen manche Bänderkalke den Schöcklkalken.

Die zweite Serie ist die Kalk- und Kalkphyllitserie. Helle und dunkle, mehr oder weniger kalkreiche Gesteine gehören hierher. Kohlenstoffanreicherung ist in den Kalken und Kalkphylliten zu erkennen. In dieser Serie finden sich auch schwarze Tonschiefer mit Lyditen, die offenbar silurisch sind. In diese Serie gehören vor allem die Murauer Kalke.

Die dritte Serie bildet die sogenannte Frauenalp Decke von Tornquist, die Thurner die Serie der Metadiabase und der Phyllite nennt. Basal liegt ein Reibungsteppich von kalkigen und dolomitischen Brekzien und Rauhwacken (Trias?). Mit ihnen sind die Quarzkeratophyre verbunden. Die Hauptmasse bilden die Phyllite mit den Metadiabasen. Es handelt sich hier um basische Ergüsse (Norizite). Auffallend ist, daß alle diese Eruptivgesteine der atlantischen Provinz zugehören, also der geosynklinalen und nicht der orogenen Phase der Gebirgsbildung. Ihr Alter ist unbekannt. Allgemein gelten sie für paläozoisch.

Von besonderem Interesse sind die Dolomite, die in Verbindung mit dolomitischen Sandsteinen auftreten. Auch quarzführende Dolomite kommen vor. Die Verbindung mit Sandsteinen läßt Vergleiche mit den Dolomitsandsteinen des Devon zu. In Analogie mit Dolomiten der Frauenalpe oder gar der Stangalpe wäre Trias zu vermuten. Doch ist auffallend, daß einwandfreie Triasgesteine nicht erfaßt werden können — wenigstens bisher. So knüpft sich an die Stratigraphie, an den Bau dieses Teiles des Murauer Paläozoikums noch manches Problem.

Nennen wir das ganze Muldengebiet zwischen Bundschuhgneis und der Koralpe in Ermangelung eines anderen Namens Murauer Mulde im weiteren Sinne. Wir scheiden in dieser großen Mulde die Murauer Mulde im engeren Sinne und nennen das große Südfeld des Gurktaler Paläozoikums: die Gurktaler Mulde.

Diese Gurktaler Mulde ist zwischen Turrach und dem Ossiacher See 30 km breit, sie ist 60 km lang. Sie gliedert sich im Westen in die Stangalpen-Bundschuh und in die Gurktaler Decke. Im Osten ist diese Deckengliederung nicht bekannt. Das würde auf lokale Überschiebungstektonik im Dache der Koriden deuten. Dieses Bild wäre ohneweiters verständlich. Arbeiten liegen über den Westflügel von Holdhaus und Thurner vor.

Vom Westen der Stangalpe gibt eine neuere Darstellung A. Thurner in den Mitt. des Nat. Ver. Graz, 1927, S. 26. Aus der Karte von

Thurner ergibt sich: ein Streifen von Glimmerschiefern zieht von Kremsbrücken gegen Osten, flankiert im Norden von Paragneisen und Orthogneisen (Bundschuhgneise). Paragneise liegen auch im Süden. Das Ganze taucht gegen Osten unter. Es folgt zuerst die Kalkphyllit-, Bänderkalk-Erzserie mit Dolomiten. Die Serie ist gleich dem Paläozoikum von Murau und dem von Graz. Und zwar kommt vor allem die Schöcklserie, also die untere Grazer Decke in Betracht. Auf dieser (offenbar) Silur-Devonserie folgt der Peitlerdolomit, der dem Hauptdolomit sehr ähnelt. Ein schmales Band von Myloniten folgt. Das gleiche Band hält Holdhaus für Raiblerphyllite, weil sie von Hauptdolomit, Rhätmergelkalken und Dolomiten überlagert werden. Das ist auch wahrscheinlich. Das folgende überschobene Oberkarbon mit Pflanzen zeigt Konglomerate. Jünger sind rote Sandsteine und Konglomerate, die auf Verrukano und Buntsandstein deuten.

Nach der Karte Thurners liegt die mesozoische Serie Peitlerdolomit-Rhät z. T. auf Hellglimmerschiefern, ansonsten auf der Granitgneisserie. Auf letzterer zeigen sich die Bänderkalke reicher entwickelt und stärker verschuppt. Diese ganze Serie fehlt z. B. auf der Westseite des Peitlerdolomites. Hier liegt bei der oberen Peitleralm Peitlerdolomit unmittelbar auf Glimmerschiefer. Das Oberkarbon liegt auf Rhät, auf Peitlerdolomit, auf Bänderkalk.

Tektonik. Nach Thurner liegt die Para- und Orthogneisserie unter dem Glimmerschiefer und trägt die Kalkphyllit-, Bänderkalkserie. Beide Systeme streichen mehr West—Ost im Gegensatz zur mesozoischen Serie, die Nord—Süd streicht. Diese Serie soll demnach auch mehr in eigener Ost—West-Überschiebung aufgeschoben sein. Süd—Ost-Überschiebung könnte angenommen werden. Sicher ist, daß das Nord—Süd-Streichen vorgetäuscht wird, weil die mesozoische Mulde wie die Bänderkalkmulde West—Ost streicht und gegen Westen aushebt. Das ergibt sich aus dem regionalen Bau, der allgemein axiales Gefälle gegen Osten zeigt. Daraus ergibt sich auch, daß die Glimmerschieferzone unter der Granitgneiszone liegt. Diese ist der Träger der Bänderkalkserie. Es könnte hier paläozoischer, also variszischer Deckenbau vorliegen, der die Granitgneiszone über die Glimmerschiefer gebracht hat. Auf dieser „alten" Bundschuhdecke liegt das Mesozoikum. Darüber folgt als alpine Decke das Karbon der Stangalpe.

Drei Serien liegen unserer Erkenntnis nach übereinander: zutiefst liegt die Glimmerschieferdecke, die Brettsteinserie. Darüber folgt in regionaler Überschiebung die große Bundschuhdecke mit dem Bundschuhgneis und dem Mesozoikum. Die höchste Decke ist die Decke mit dem Oberkarbon, dem Paläozoikum der Gurktaler Alpen, die Gurktaler Decke.

Thurner hat in dem Gebiet folgende Gesteine erkannt: 1. Granitgneis, Mikroklin-Augengneis, feldspatführende Quarzitmylonite und Granitgneismylonit, Meroxengneis, injizierte Schiefergneise, Paragneise, Glimmerquarzite, Gneisquarzite, diaphthoritische Paragneise und die Schiefergneiszone der Bundschuhzone. 2. Hellglimmerschiefer, staurolithführend und chloritführend, Amphibolit. 3. Erzführender Dolomit, Bänderdolomit, Bänderkalk und Kalkphyllit, weißer Kalk. 4. Peitler-dolomit, Mylonit, Rhätkalk und Rhätmergel. 5. Karbonsandstein und Karbonkonglomerat.

Im Osten der Gurktaler Paläozoikumdepression liegt das Meso-zoikum des Krappfeldes im Raum von Guttaring und Eberstein. Auf Paläozoikum transgrediert Trias, Oberkreide, Eozän.

Die Krappfelder Mulde streicht mehr N—S und ist durch R. Red-lich und H. Beck dargestellt worden. Bittner hat 1889 erkannt, daß hier nordalpine Trias mit Werfener Schiefer, Gutensteiner-, Reiflingerkalk und Halobienschiefer vorkommt. Hauptdolomit ist das oberste Glied der Schichtfolge. Gosau liegt transgressiv, auf Mesozoikum, auf dem Grund-gebirge. Die Gosaufazies zeigt Anklänge an die Kreideentwicklung des Karstes. Das Eozän ist kalkig entwickelt und gleichfalls noch gefaltet. Die Nummuliten des Krappfelder Eozäns weisen auf Beziehungen zum vizentinischen Alttertiär (von Ronca).

Die Drauiden.

Wir lassen die Drauiden im Süden des Tauernfensters im Profil von Mauls beginnen und fassen als Drauiden die Gesamtheit des ostalpinen Gebirges zusammen, das Süd vom Tauernfenster liegt und Nord der alpin-dinarischen Grenze. Im Norden ist in der Tiefe die Pennin-linie die Grenze.

Allgemein gilt: die Drauiden sind der Stammteil der ostalpinen Decke. Sie sind als deren Wurzelteil relativ autochthon; dennoch sind sie den Penniden aufgeschoben. Die Aufschiebung mag an 20 km betragen. Sicher ist auch, daß die Dinariden den Alpen aufgeschoben sind, im Westen mehr als im Osten. Im Profil von Mauls ist die ostalpine Drauidenzone bloß einige Kilometer breit (6—7 km), während sie im Profil Heiligenblut, Lienz bis in das Gailtal 40 km breit ist. Weiter östlich ergibt sich eine Oberflächenbreite von 30—40 km.

Altkristallin, Paläozoikum, Mesozoikum und Jungtertiär bilden die Bausteine der Drauiden, die West—Ost streichen, alpine Tek-tonik zeigen. Charakteristisch für die Drauiden sind die posttekto-nischen periadriatischen granitischen Intrusionen mit ihren Ergüssen. Der Westen ist mehr von altkristallinen Gesteinen aufgebaut, der Osten mehr von Paläo-, Meso- und Känozoikum. Das Mesozoikum findet sich in den sogenannten Kalksteiner Wurzeln, im Villgratener Tal, (West von Sillian) in zentralalpiner Fazies. Normal ist die nordalpine (kalkalpine) Fazies der Lienzer Dolomiten, der Karawanken.

Die ganze Zone ist von Mauls bis gegen Marburg 330 km lang und gliedert sich naturgemäß in eine Ost- und Westhälfte.

Die Osthälfte.

Allgemeines. Sie beginnt mit dem Ostende des Tauernfensters bei Spittal a. d. Drau und reicht bis Marburg. Diese Einheit hat man im Westen auch schon als Drauzug (C. Diener) zusammengefaßt, freilich mit einem anderen Umfang.

Die Nordgrenze ist undeutlich und geht vom Ostrande des Tauernfensters im Bogen über den Ossiacher See gegen das Krappfeld und weiter in die Glimmerschieferzone der Südseite der Koralpe, wenn wir eine Leitlinie der Oberflächentektonik suchen. Die Tiefengrenze ist gegeben durch die penninische Tiefenlinie Spittal—Friesach—Graz. Die Südgrenze ist und bleibt unverrückbar die alpin-dinarische „Narbe".

Grundgebirge tritt im ganzen Gebiete zurück. Dafür ist Paläozoikum weit verbreitet. Auch das Mesozoikum tritt mit scharfer Leitlinie hervor. Weite Gebiete nehmen jungtertiäre Becken ein. Das große kärntnerische Tertiärbecken senkt sich in die Drauiden ein und scheidet so im Osten das nördliche und südliche Gebiet. Erst im Poßruck- und Bachergebirge stellt sich eine Verbindung von Nord- und Südgebiet wieder ein. Junge Bruch- und Schollentektonik gestaltet hier die Landschaft, die aus mehreren tektonischen Zonen besteht: aus der kristallinen Zone des Nordens, dem Draukristallin, aus der Zone weiter Verbreitung paläozoischer Gesteine. Man kann hier auch von einem Draupaläozoikum sprechen. Dazu kommt gestaltend das weite kärntnerische Tertiärbecken. Der Draukalkalpenzug baut die Karawanken — ein Begriff, der übrigens mehr geographisch ist als geologisch. Dazu kommt noch das Gailtaler Kristallin und seine Fortsetzung im Osten, das Eisenkappeler Altkristallin.

Die ältere Deckenlehre hat hier die Wurzelzone der Kalkalpen gesehen. Noch Staub glaubte das Grazer Paläozoikum von Süden, von hier, von den Drauiden, ableiten zu können. Diese Vorstellung ist von Kober schon 1928 verlassen worden, zugunsten der Tatsache: die Kalkalpendecken haben ihre Wurzeln im Norden. Die Drauiden sind autochthon und werden zum Zwischengebirge. Damit ist diese ältere Phase der Deckenlehre überwunden.

Neu ist ferner, daß man in der letzten Zeit zentralalpine Trias südlich vom Wörther See nachzuweisen glaubte; doch ist dieser Versuch als gescheitert zu betrachten. Es gibt keine zentralalpine Trias südlich des Wörther Sees.

Südlich vom Wörther See liegt ein Stück Zentralzone vor, das den Fuß der Karawanken bildet. Es ist durch eine Reihe von geologischen Erscheinungen auffällig. F. Kahler hat in den Mitt. Nat. Ver. Graz 1931, S. 63 eine Zusammenfassung gegeben. Es liegt ein Altkristallin vor, das aus Gneisen, Glimmerschiefern, aus Amphiboliten und Marmoren besteht. Diaphthoritisierung tritt sehr hervor. Fossilführendes Paläozoikum fehlt. Dagegen ist Trias in Form von Quarzit und diploporenführenden Triasdolomiten vorhanden — eine Fazies, die hier besonders auffällig ist. Die Trias ist wie das Altkristallin verschuppt, streicht im großen und ganzen West—Ost, in mehreren Zügen. Über der zentralalpinen Trias, die Mohr zuerst erkannt hat, folgt das kohleführende, an der Basis marine Miozänkonglomerat, das selbst noch stark gestört ist. Auch ein jüngeres Konglomerat ist noch von Brüchen getroffen. Solche streichen z. T. N—S, z. T. in alpiner W—O-Richtung. Auffallend junge

Dislokationen sind hier zu erkennen (Paschinger, Petrascheck, Stiny). Verhältnismäßig reich ist das Gelände an Porphyritdurchbrüchen, die jung sind, die auch eine Vererzung mit Eisen, Blei, Arsen und Kupfer — aber nicht abbauwürdig — bringen.

Untersuchungen dieser zentralalpinen Trias durch Kober haben ergeben, daß in diesen metamorphen Kalken zweifellos Paläozoikum vorliegt. So sind die metamorphen Kalke von Rosegg paläozoische Kalke, wie sie sich immer und immer wieder im Paläozoikum finden.

Neu ist die Erkenntnis, daß die Karawanken dem vorliegenden Tertiär aufgeschoben sind (Kieslinger). Das ist besonders im Osten um Prävali der Fall. Die Überschiebungen sind posthelvet (zumindestens) und vortorton und beweisen die allgemeine Nordbewegung der Karawanken.

Stratigraphie. Das Altkristallin ist von muridem und koridem Charakter und trägt im Norden der Karawanken reichlich Paläozoikum in Form von Phylliten und Kalken. Im Poßruck ist eine Fazies zu erkennen, die an das Grazer Paläozoikum anklingt. Das Paläozoikum, im Osten reich entwickelt, verschwindet gegen Westen, bei Villach, fast ganz.

Süd vom Draukalkalpenzug findet sich Paläozoikum in anderer Fazies. Auf der Westseite des Dobratsch treten die unterkarbonen Nötscher Schichten auf. Im Eisenkappeler Paläozoikum finden sich fast nur Phyllite und Grünschiefer. So ist die Grauwackenzone Nord und Süd des Karawankenzuges verschieden, während das Altkristallin (relativ) gleich bleibt. Das Eisenkappeler Kristallin besteht aus alten Graniten und Glimmerschiefern. Es ist das gleiche Kristallin wie das Gailtaler. Es ist von der gleichen Fazies wie das Altkristallin Nord des Draukalkalpenzuges. Gewiß ist dieses reicher entwickelt und zeigt die Brettsteinserie, die Granitgneisfazies und koride Gesteinstypen.

Das Mesozoikum der Draukalkalpen ist typisch nordalpin entwickelt und zeigt eine Schichtfolge vom Werfener Schiefer bis zum Jura. Oberkreide in Gosaufazies kommt im Osten vor (Krappfeld, Bachergebirge). Die Tektonik zeigt Schuppenstruktur, die Geyer schon dargestellt hat. Die Bewegung geht gegen Norden.

Der Draukalkalpenzug wird Ost vom Dobratsch unterbrochen. Es finden sich Schollen von Triasdolomit Ost vom Faaker See und Süd vom Wörther See. Aber erst der Hochobir ist die typische Fortsetzung des Bleiberger Erzbergzuges und des Dobratsch. Süd von Villach bricht der Draukalkalpenzug in die Tiefe. Die Dinariden kommen bei Mallestig mit Paläozoikum und Mesozoikum (Mittagskogel) unmittelbar an das Villacher Becken heran. Die Stirn der Dinariden erhebt sich hier unmittelbar mit steiler Mauer über die Ebene, in deren Tiefe die Alpen eingebrochen liegen.

Die regionale Tektonik zeigt, daß der Westen einen anderen Bau hat als die Mitte, als der Osten. Nirgends aber sehen wir weitgehende Deckentektonik. Das ganze ist relativ ruhig gelagert und um Klagenfurt tief eingesenkt. So sind die tertiären Schichten hier weitgehend erhalten. Sie liegen im Lobniggraben bei Eisenkappel 1100 m hoch. Sie finden sich noch auf den Höhen im Gmündener Tal, hier über den Katschberg die Verbindung herstellend mit dem Jungtertiär des oberen Murtales.

Im Osten legt sich an das Koralpengebiet das Poßruck- und das Bachergebirge. Paläozoische Synklinalen, die z. T. auch Mesozoikum und Jungtertiär enthalten, trennen die einzelnen Gebirge. Im Norden ist es die Mahrenberg-Leutschacher paläozoische Synklinale, die Koralpe und Poßruck scheidet. Die St. Lorenzener Synklinale trennt Poßruck und Bacher. Die Windischgraz—Weitensteiner Synklinale scheidet den Bacher von den südlich vorliegenden Kalkalpenwellen der Dinariden.

Hier sind wir auch im Bereich der alpinen orogenen Intrusionen der Bacher Granite und Tonalite, ihrer Effusionen (Dazite). Hier sind wir im Raum der alpin-dinarischen Grenze im Bereiche des jungtertiären Savevulkanismus, der jungtertiären Faltung im Osten, die als Savefalten noch miozäne Schichten falten.

Wir lassen noch einige Worte über die Detailgeologie des Poßruck-gebirges folgen als Beispiel des Baues dieser Zone der Drauiden.

Das Poßruckgebirge ist zwischen Mahrenberg und Marburg an 30 km lang und 12 km breit. Es wird im Jarzkogel 966 m hoch, ist all-seits von Jungtertiär (Eibiswalder Schichten) umgeben. Die Drau durch-fließt den Poßruck fast der ganzen Länge nach in einem engen Durch-bruchstal, das jung ist. Die Drau konnte sich in das aufwölbende Gebirgs-stück einschneiden. Dieses besteht aus Altkristallin mit auflagerndem Paläozoikum. Auch Trias und Gosau ist vorhanden. Die Nordseite des Poßruck fällt nach den neuen Darstellungen von A. Winkler-Her-maden (J. G. B. A. 1933) gegen Norden. Altkristallin vom Typus der Koralpe ist nach F. Angel vorhanden. Es finden sich aber auch z. B. Amphibolite vom Gleinalmtypus. Dazu kommen Glimmerschiefer und Marmore vom Brettsteintypus. Das Paläozoikum zeigt nach F. Her-itsch aller Wahrscheinlichkeit nach zwei Faziesreihen der Entwicklung, die auf nahe Beziehungen zum karnischen und zum Grazer Paläozoikum hinweisen. Die Schieferfazies zeigt Kieselschiefer, Lydite, die offenbar Silur sind. Obersilur sind rote Netzkalke, Devon ist in Kalkfazies vor-handen. Tonschiefer mit Kalkbändern gemahnen an das Grazer Ober-karbon (der Dult). Die Schichtfolge ist noch wenig bekannt, zeigt im allgemeinen höhere Metamorphose als etwa das Paläozoikum der oberen Grazer Decke. Auffallend ist die geringere Mächtigkeit des Paläozoikums des Poßruck—Remschnigrückens, das offenbar Nord von Arnfels und Leutschach durch die paläozoische Scholle des Sausal (670 m, West von Leibnitz) mit dem Grazer Paläozoikum unmittelbar in Verbindung gestanden ist.

Die Westhälfte.

Allgemeines. Die Westhälfte liegt zwischen Mauls und Spittal a. d. Drau, besteht aus muriden und koriden Gesteinen, aus wenig Paläozoikum. Mesozoikum ist nordalpin entwickelt. Doch gibt es auch zentralalpine Fazies. Jungtertiär kommt in diese Zone der Alpen nicht mehr herein.

Stark tritt der postalpine Vulkanismus hervor. Die Tektonik zeigt W—O-Streichen, meist mit deutlicher Bewegung gegen Norden.

Bekannt ist, daß diese Zone als Wurzelzone gilt, daß man sie dreigeteilt hat. So hat hier Staub unter-, mittel- und oberostalpine Wurzelgebiete unterschieden. Diese Vorstellung ist 1928—1930 von Kober verlassen worden. Auch Dal Piaz hat diese (ältere) Auffassung aufgegeben. Neu ist auch, daß Schmidegg hier, gerade im Gebiete der „Kalksteiner Wurzel", steilachsige Schlingentektonik aufgedeckt hat.

Die Regionaltektonik zeigt folgendes Bild: im Westen bei Mauls ist die Zone ganz schmal. Die Schieferhülle der Tauern scheidet sich scharf vom ostalpinen Kristallin, in dem die Trias von Mauls steckt. Dann folgt der Brixener Granit mit etwa 10 km Breite. Südlich von Franzensfeste stehen wir schon auf dinarischem Quarzphyllit.

50 km weiter im Osten, im Profil des Hochgall, des Rieserfernerstockes ist die ostalpine Zone 25 km breit. Sie ist fast ganz und gar aus alten Gneisen im Norden und aus den Antholzer Granitgneisen des Südens aufgebaut. Bloß gegen das Tauernfenster findet sich eine schmale Glimmerschieferzone. Im Süden kommen wir im Drautal in der Linie Toblach—Brunneck an die dinarische Grenzlinie, weiter in das dinarische Silur der karnischen Alpen, weiter in den dinarischen Quarzphyllit. Die ganze Zone steht mehr oder weniger steil. Der Rieserferner Tonalit dringt in die nördliche Gneiszone ein und trägt noch einen Teil des Daches auf sich. Neuere Profile über dieses Gebiet liegen von G. Dal Piaz vor.

Wieder 50 km weiter im Osten befinden wir uns im Profil Heiligenblut—Lienz und Liesing im Gailtal. Die Drauiden werden hier an die 40 km breit und zeigen eine deutliche Dreigliederung. Den Norden der Schobergruppe bilden auf 10 km Breite von Heiligenblut bis zum Hochschober meist Glimmerschiefer, die als murid gedeutet werden können. Die Mitte bauen bis Lienz die altkristallinen Gneise, den Süden Quarzphyllite (Pustertaler Phyllit), das Mesozoikum der Lienzer Dolomiten und endlich das Gailtaler Kristallin. Eine scharfe Linie trennt im Süden das karnische Paläozoikum der Dinariden. Alles ist mehr oder weniger steil gestellt. Das nordalpine Lienzer Mesozoikum zeigt allgemein Nordbewegung.

50 km weiter im Osten verqueren wir das Profil von Spittal a. d. Drau gegen Hermagor. Fast nur Brettsteinzüge mit Marmoren und nur wenig Paläozoikum bilden die Unterlage des Reißkofel—Spitzegelzuges, der nordbewegte Trias zeigt. Im Süden treffen wir wieder auf das Gailtaler Kristallin, auf das Paläozoikum der Karnischen Alpen.

Auffallend ist in den Drauiden des Westens die zentralalpine Trias, wie sie in Mauls und in Kalkstein auftritt. Teller, Termier, Staub, Kober, Cornelius-Furlani, G. Dal Piaz und andere haben sich mit der Deutung dieser Trias beschäftigt, die in jüngster Zeit Schmidegg in Beziehung mit steilachsiger Schlingentektonik setzt. Nach Schmidegg bilden die alten Gesteine Faltenschlingen, die mit steiler Bewegungsachse in die Tiefe setzen. Die Falten werden von der jungen Tektonik der Kalksteiner Trias geschnitten. Es liegt so eine Diskordanz der Tektonik vor, die sagt, daß hier eine starke Zusammenpressung nicht stattgefunden hat. Demnach kann die Kalksteiner Trias keine Wurzel sein.

Die eigenartige Diskordanz der Schlingentektonik mit der alpinen Tektonik ist noch nicht geklärt. Es kann sein, daß hier alte Diskordanzen aufscheinen. Die Zukunft wird hier weitere Aufklärungen bringen, die auch mit dem Erfahrungsbilde der neuen Deckenlehre in Einklang gebracht werden müssen. Wir sehen heute in den Drauiden keine Wurzelzone im alten Sinne. Es kann sein, daß die Digitation der Muriden und der Koriden bis in die Drauiden zurückgeht. Das gilt für das Grundgebirge, nicht aber für das Mesozoikum.

Auffallend ist im westlichen Drauidenzug, daß alle tektonischen Zonen gegen Westen sich verschmälern, daß damit die Tauern den Dinariden immer näher kommen, daß die ganze Zone auch von den tonalitischen Intrusionen durchsetzt wird. In diesen Charakteren tritt schon ein gewisser Wurzelstil dieser Zone zutage. Wurzelzone, Wurzeltektonik liegt vor, in dem Sinne, daß hier eben die (primäre) Heimat der ostalpinen Decke ist.

Das Näherkommen der Dinariden kann erklärt werden, daß die Drauiden ursprünglich schon so schmal waren oder aber durch das allgemeine Vordringen der Dinariden nach Norden.

Wieder folgen hier einige Detailbeobachtungen. Zuerst geben wir neuere Beobachtungen von Beck über den Osten wieder.

Das Altkristallin der Polinik-Kreuzeckgruppe kann nach H. Beck (V. G. B. 1936, S. 43) in drei Gruppen gegliedert werden. Die Nordzone grenzt an die Schieferhülle der Tauern und besteht aus Schiefergneisen, Glimmerschiefern, Quarziten mit Lagern von Orthogneisen. Mylonitisierung und Diaphthorese ist häufig. Ultramylonite finden sich. Die Mittelzone zeigt zu unterst Mikroklingneise, die von Granatglimmerschiefern, Hornblendeschiefern und Marmoren (mit viel Pegmatitgängen) überlagert werden. Am Polinik findet sich eine auffallende Mylonitzone. Die Südzone zeigt gegen die Kalkalpen zu Glimmerschiefer, Granatphyllite, Phyllite, grauwackenartige quarzitische Schiefer. Bei Winklern im Mölltal stehen Biotit-Augengneise an. Gegen die Kalkalpen zu stellen sich wieder Mylonitzonen ein.

Zwischen Heiligenblut und Lienz zeigt die Schobergruppe typisches Ostalpenkristallin der zweiten Tiefenstufe. Ortho- und Paragesteine, denen z. B. auch Koralpengesteine als drittstufiges Kristallin aufliegen kann. Das ist z. B. nach den Aufnahmen von E. Clar im Hochschobergebiet der Fall. Eklogitamphibolite liegen hier als hohe flache Deckschollen mit Schuppenzonen auf Gleinalmkristallin, das aus Schiefergneis, Größinggneis, Hirscheggergneis, staurolithführenden Granatglimmerschiefern, Quarziten, Gneisquarziten, Diaphthoriten, Amphiboliten, Mikroklingneis besteht.

Geologische Beobachtungen im Defereggengebirge, im Osten bei St. Johann im Iseltal, zeigen nach J. Schadler (Mitt. Nat. Ver. 1929, S. 64), daß hier die Brettsteinserie mit Glimmerschiefern, Amphiboliten, Marmoren reiche Verbreitung hat. Hier finden sich marmorartige Kalksteine, die in ihrer ganzen Art an paläozoische Kalke erinnern. Porphyritgänge finden sich hier als Ausläufer der Rieserferner Tonalitintrusion. Wieder stellen sich auch Mylonitzonen ein. Manche sind einige Millimeter bis mehrere Dezimeter stark, „schwarzgefärbte harte Lagen". Offenbar handelt es sich auch hier um Ultramylonite, die jetzt allenthalben aus dem Altkristallin bekannt werden (Hammer, Angel).

Von Angel liegen gleichfalls neuere Arbeiten über das Altkristallin der Drauiden vor. Wir geben hier die Auffassung von Angel über den Rieserferner Tonalit und den Zentralgneis wieder, um auch diese Richtung der Petrographie sprechen zu lassen.

Angel schreibt in den Mitt. Nat. Ver. 1930, S. 35: „Die Rieserferner Tonalite sind jung, ihr Ganggefolge ebenfalls. Dieses Ganggefolge erleidet die Anfänge einer erststufigen Kristallisation, welche faziesmäßig der Tauernkristallisation vollständig gleichwertig ist. Mit ihm erleidet eine gleichsinnige Diaphthorese der Schieferkomplex, der das Ganggefolge birgt. Folglich ist die Tauernkristallisation hier in ihren Ausläufern noch am Werk und sie ist jünger wie die Tonalitintrusion. Das zur Tauernkristallisation gehörige Intrusiv besteht aus den Zentralgraniten und Zentraltonaliten. Diese sind demnach Intrusionen jüngsten Alters. Der Schwerpunkt liegt gegenwärtig noch in dem Satz: Zentralgranite usw. sind jüngste Intrusionen ... Ich bin zu dem Schlusse gekommen, daß die Zentralgranite usw. direkte Massengesteine sind. Ich habe keinen Anlaß davon abzugehen."

d) Das Altkristallin im Norden des Tauernfensters.

Die „kristalline Zone" im Norden des Tauernfensters — ist bisher fast gar nicht beachtet worden, obwohl sie vollstes Interesse verdient, da sie ganz besonderer Art ist.

Grenzen und Zusammenhänge. Die Zentralzone endet bei Innsbruck. Auf dem Patscherkofl liegen Glimmerschiefer auf Quarzphyllit. Der Glimmerschiefer ist offenbar der letzte Rest des Ötztaler Kristallins. Er ist eine Deckscholle auf dem unterostalpinen Innsbrucker Quarzphyllit, der selbst wieder auf den Lungauriden der Tarntaler Köpfe liegt.

Bei Innsbruck endet die westliche Zentralzone. Sie setzt erst 150 km weiter im Osten als geschlossene Zone in der Schladminger Masse ein. Kristalline Stirnzapfen stirnen Südost von Radstadt im Radstädter Quarzphyllit, unter dem die typischen Lungauriden liegen. Süd von Radstadt öffnen sich die Fenster der oberen Radstädter Tauern Decke.

Weiter im Osten von Schladming erscheinen die Glimmerschiefer, Granite und Granitgneise der Muriden. Die Brettsteinserie setzt ein und bildet weiter gegen Osten die niederen Tauern, denen die Granite und Granitgneise der Seckauer Alpen vorgelagert sind.

Im Westen von Innsbruck ziehen die Ötztaler Glimmerschiefer bis Axam—Perfuß. Sie tragen das Brenner Mesozoikum. Vor diesen Ötztaliden liegen im Profil von Telfs gegen Hocheder: Quarzphyllite, Glimmerschiefer, Granitgneise, Injektionsglimmerschiefer und Glimmerschiefer.

Alles fällt gegen Süden und kommt so unter die Ötztaler Masse zu liegen. Diese Hocheder Zone ist der Beginn der Landecker Phyllit-Gneis-Glimmerschieferzone, die wir bis zum Arlberg verfolgen können, die ident ist mit der Silvrettastirn.

Im Osten bilden Brettsteinzüge mit Quarzphylliten die Stirn der Muriden von Schladming bis gegen Liezen. Die Granitgneise des Seckauer Massivs tauchen stirnend in die Tiefe und tragen Quarzphyllite und darüber das pflanzenführende Oberkarbon. Auch im Westen findet sich als Karbon gedeuteter flyschartiger Quarzphyllit.

Zwischen Westen und Osten, zwischen Innsbruck und Schladming findet sich folgende Ordnung der Gesteine. Über dem Ring des Radstädter Mesozoikums folgt vom Inntal bis zum Thurnpaß Quarzphyllit. Darüber liegt bis zum Rettenstein, auf eine Entfernung von 50 km der Kellerjoch-Granitgneismylonit. Über ihm folgt erst die eigentliche Grauwackenzone, die mit SO-Streichen gegen die Salzach zieht. Die geologische Karte von Österreich verzeichnet hier bereits schon Paläozoikum der Grauwackenzone. Aber es ist sehr schwer, Quarzphyllit und echte Grauwackengesteine von der Art der Wildschönauer Schiefer zu unterscheiden. Eigene neue Beobachtungen führen dazu, die Kalke von Ultendorf für Radstädter Mesozoikum zu halten, das von Quarzphyllit-Wildschönauer Schiefern überschoben wird.

Bei Taxenbach liegt zweifellos Paläozoikum der Grauwackenzone über der Radstädter Trias. Aber bei St. Johann im Pongau setzen bereits wieder die Radstädter Quarzphyllite über dem Radstädter Mesozoikum ein. Ost von Radstadt sehen wir die Stirn der Schladminger Masse, die Paläozoikum trägt und im Mandlingzug sogar auch Mesozoikum. So wird der Mandlingzug im gewissen Sinne zum Gegenstück der Triasscholle, die sich inmitten der Grauwackenzone, Südwest von Kirchberg, befindet.

Quarzphyllite, Glimmerschiefer, Granitgneismylonite finden wir als Stirn vom Arlberg über den Hocheder, von Telfs über den Kellerjochgranitgneis bis zum Schladminger, bis zum Seckauer Massiv. Es ist die silvrettide-muride Stirn, die West und Ost vom Tauernfenster mächtig entwickelt ist. Sie fehlt aber zum großen Teil über der Tauernkulmination im Norden, weil die Tauernkulmination auch das ganze ostalpine Vorfeld der Stirnregion hebt. So wird die Grauwackenzone auf der Linie Hopfgarten—Kitzbühel sehr breit und rückt weit gegen Norden vor.

Man erkennt: die altkristallinen Gesteine stirnen in den Resten des Kellerjochgneises, der vielfach bloß auf den Höhen liegt. Nur bei Schwaz im Inntal und im Zillertal bei Kaltenbach taucht er tiefer ins Tal hinab. Bei Hopfgarten schiebt sich die Kellerjoch-Quarzphyllitstirn weit gegen Norden vor. Ohnesorge hat diese Verhältnisse in klarer Weise dargestellt und auf dem geologischen Spezialkartenblatt von Rattenberg ist die besondere Art des Auftretens des Kellerjoch-Granitgneises festgehalten.

Der Kellerjoch-Granitgneis hat unter sich die Lungauriden, die Quarzphyllite und die Radstädter Serie, über sich die Grauwackenzone und die Kalkalpen. Er liegt auf einer Schubfläche. Er ist offenbar die Stirn der oberen ostalpinen Zentralzone. Er hat anscheinend die gleiche tektonische Position, wie der Granitgneiszug des Hocheder bei Telfs im Inntal, wie die Granitgneiszone bei Schladming.

Es wird eine interessante und bedeutungsvolle Untersuchung sein, alle diese Granitgneiszonen der zentralalpinen Stirn auf dem Wege vom Arlberg bis in die Seckauer Alpen zu studieren. Damit wird der Anfang gemacht zu der Arbeit der Zukunft, die auf genauesten und kritischen regional-tektonischen Vergleich sich wird einstellen müssen. Gewisse Profile fordern direkt zum Vergleich heraus. Wenn man z. B. auf dem Blatte Landeck von W. Hammer auf den Höhen der Berge der Phyllitzone Schollen von Muskovitgranitgneis sieht, so denkt man unwillkürlich daran, daß diese Granite des Kreuzjoches z. B. die gleiche tektonische Position haben wie die Kellerjochgneise des Ostens.

e) Die oberen Zentraliden des Burgenlandes.

Sie liegen im Südosten des Wechselfensters, bestehen aus typischen oberostalpinen kristallinen Gesteinen, die um Landsee herum nach Kümel Gesteine von Gleinalpen- und Koralpentypus sind. Die muride und koride Unterlage trägt die Rechnitzer Schieferinsel. Ostalpines Paläozoikum in Schieferfazies mit grünen Gesteinen baut hier eine Grauwackenzone im Süden des Wechselfensters, die zwischen Bad Tatzmannsdorf und Güns liegt. Die Zone setzt unter dem Tertiär über den Eisenberg bis Güssing im Süden fort. Die paläozoischen Schollen von St. Anna a. d. Aigen bei Bad Gleichenberg und vom Sausalgebirge bei Leibnitz stellen die Verbindung mit dem Paläozoikum von Graz, mit dem Paläozoikum vom Poßruck und Bachergebirge her. Gewiß werden hier auch in der Tiefe kristalline Aufragungen die paläozoischen Felder trennen.

Das oberostalpine Kristallin trennt sich vom unterostalpinem Wechselkristallin auf einer Linie, die von Friedberg über Kirchschlag gegen Schwarzenbach zu ziehen ist. Ihr Verlauf ist noch nicht genau studiert worden. Hier ist noch alles in den Anfängen. So ist auch die Stellung des Brennbergkristallins noch nicht festgestellt. Aber es ist wahrscheinlich, daß hier oberostalpines Kristallin vorhanden ist.

Zwischen Unter- und Oberostalpin ist kein Mesozoikum vorhanden. Vielleicht gehört als Grenze der Quarzitstreifen von Landsee hierher. Meist liegt Kristallin auf Kristallin. Die Überschiebungsfläche muß tiefer gehen. Paläozoikum ist in zwei Zonen vorhanden. Die Rechnitzer Schieferinsel scheint mehr dem Murauer Paläozoikum ähnlich zu sein als dem viel näher liegenden Paläozoikum von Graz. In großer Abscherungstektonik liegen hier die oberen Zentraliden auf den unteren, den Semmeringiden.

f) Die Zentralzone im Westen des Tauernfensters.
Allgemeines.

Umgrenzung. Die ostalpine Zentralzone im Westen des Tauernfensters umfaßt das ganze Gebiet altkristalliner, paläozoischer und mesozoischer Gesteine, das Nord der Tonale-, der alpin-dinarischen Grenze und Süd der Kalkalpenzone liegt.

Das Engadiner Fenster scheidet die Ötztaler- von der Silvrettamasse, die Ötztaliden von den Silvrettiden, die unter sich noch die Grisoniden haben, die unterostalpinen Decken Graubündens. Alle diese Decken liegen überschlagen auf Pennin — im Norden sogar noch auf Helvet, zum Unterschiede von den Tonaliden, die relativ autochthon das ganze Wurzelgebiet Süd des Pennins und Nord der dinarischen Linie umfassen. Diese westliche Zentralzone liegt zum größten Teile außerhalb Österreichs und kommt hier nur so weit zur Darstellung, als dies im Rahmen der Arbeit notwendig ist.

Gliederung. Für dieses Gebiet liegen naturgemäß mehr die Arbeiten Schweizer Geologen zugrunde. R. Staub hat eine Gliederung im Bau der Alpen 1923 gegeben. Demnach sind die unter- und mittelostalpinen Decken als Grisoniden den oberen ostalpinen Decken, den Tiroliden, gegenüberzustellen. Zu diesen gehören die tiefere Silvretta und die höhere Ötztaler Decke. Diese ist die Wurzelzone für die oberste Kalkalpen Decke. Die auf dem Tribulauner Mesozoikum der Ötztaler Decke liegende Steinacherjoch Decke ist sogar dinarischer Abkunft. Sie ist eine dinarische Klippe auf ostalpinem Boden.

Gegen diese Gliederungen sind Einwände erhoben worden, so von Hammer, Sander, Schmidegg. Man sagt, daß die Ötztaler Masse keine eigene Decke sei. Sie bilde vielmehr im Norden genau so den Untergrund der Engadiner Dolomiten, wie das bei dem Campokristallin im Süden der Fall ist. Man kann auch sagen, daß die Fazies des Tribulaunmesozoikums ganz anderer Art ist als die des Dachsteins. So kann man Tribulaun und Dachstein Decke nicht miteinander verbinden.

Wesentlich ist, daß bei objektiver Betrachtung der Tatsachen die Ötztaler Masse nicht die tektonische Position hat, die ihr R. Staub zuschreibt. Die Ötztaler Masse kann nicht höher liegen als die Silvrettamasse. Sie kann ihr gleich sein, sie kann tiefer liegen. Nur diese zwei Möglichkeiten sind gegeben. Kober sieht 1923 in der Ötztaler Masse eine Decke, die unter der Silvretta liegt. Als Beweis gilt heute, wie damals:

1. Die Ötztaler Masse bildet den Untergrund der Engadiner Dolomiten. Das zeigen die Aufnahmen von Hammer.

2. Die Ötztaler Masse ist infolgedessen ident mit dem Campokristallin.

3. Die Ötztaler Masse kann im besten Falle bloß mittelostalpin sein.

4. In den Engadiner Dolomiten liegt die Silvretta Decke über den Engadiner Dolomiten. Das bezeugen alle Arbeiten der Schweizer Geologen.

5. Die Silvretta Decke liegt demnach über der Ötztaler Decke. Wo das Verhältnis umgekehrt ist, liegt sekundäre Verstellung des Deckenkontaktes vor.

6. Das ist der Fall auf der ganzen Westseite der Engadiner Dolomiten, auf der ganzen Nordseite der Ötztaler Masse. Die Überschiebung der Ötztaler Masse hängt mit dem jungen Vorstoß der Ötztaler Masse zusammen.

7. Die Fazies des Tribulaunmesozoikums steht zweifellos dem unterostalpinen Mesozoikum der Radstädter Tauern viel näher als dem der nördlichen Kalkalpenzone.

8. Eine Verbindung von Tribulaun- und Dachsteinmesozoikum ist aus faziellen Gründen unmöglich.

9. Die Steinacher Decke des Karbon ist gleich der Silvretta Decke. Sie ist ein Stück Grauwackenzone in der Zentralzone und die Trägerdecke der Kalkalpenzone.

10. Die Steinacher Decke ist eine typische ostalpine Decke und keine dinarische Deckscholle.

Arbeiten. Über dieses weite Gebiet liegen viele Arbeiten westalpiner und ostalpiner Geologen vor. Von hier ist die Deckengliederung von G. Steinmann und seiner Mitarbeiter (W. Paulcke, W. v. Seidlitz u. a.) ausgegangen. Vom Engadiner Fenster stammt die Gliederung der ostalpinen Decken von E. Sueß 1905, nachdem P. Termier den ersten Anstoß gegeben hat. Aber das Neue hat hier zuerst Rothpletz gebracht, als er daranging, das Verhältnis von West- und Ostalpen durch die Annahme der Überschiebung der Ostalpen auf die Westalpen zu erklären. Die rhätische Überschiebung führte weiter zur Aufstellung der sogenannten rhätischen Bögen, die besonders von A. Spitz betont worden sind. Auch Ampferer und Hammer sahen hier Bewegung gegen Westen. Auch Kober sieht wie Arbenz an der Grenze von Westalpen und Ostalpen zwei Bögen. Der ostalpine drängt von Osten auf den westalpinen und führt so zur Entstehung der „Sigmoide am Rhein", wie die alte Geologie sagte.

Streichen. Die Gesteine streichen im Norden mehr alpin West—Ost, im Süden mehr typisch westalpin, von Südwest gegen Nordost. Gegenüber diesem regionalen Streichen gibt es auch lokales Streichen, das durch den jungen Deckenbau gegeben ist. Es stellen sich sekundäre Streichrichtungen ein, die durch das Streichen der Wurzelzonen gegeben sind. Es gibt aber auch Streichrichtungen, die den Grenzen der Decken, den Stirnlinien folgen. Eine solche Grenze auffallender Art ist die Engadiner Linie, wie wir sie hier nennen wollen. Sie ist die Grenze von Ötztaler und Silvretta Decke. Sie zieht von der Südseite der Silvretta Decke im Bogen um den Piz Kesch. Sie setzt dann dem Inn entlang von Scanfs in der Schweiz bis Wenns im Pitztale fort, fast bis in das Inntal bei Imst. Auf dieser 90 km langen Engadiner Linie herrscht SW—NO-Streichen, das in auffälliger Weise mit der alpin-dinarischen Grenzlinie parallel läuft. Die beiden bedeutungsvollen Linien ziehen in einer Entfernung von etwa 60 km durch den Alpenkörper und deuten so auf einen Bauplan.

Diese Engadiner Linie setzt von Wenns gegen Osten fort und bildet auf einer Strecke von 50 km bis Natters bei Innsbruck die Grenze der Silvretta-, der Ötztaler Decke. Hier tritt der junge Vorstoß der Ötztaler Decke über die Silvretta Decke deutlich hervor.

Ist unser Bild von der Deckengliederung der westlichen Zentralzone richtig, dann bilden die Grisoniden mit den Ötztaliden ein großes Fenster unter den Silvrettiden. Die Wurzel der Silvrettiden liegt Süd der Ötztaliden, im Raume der Grenze gegen die Tonaliden. Im großen und ganzen wird man sagen können, daß das Mesozoikum der Telferer Weisse, des Ortler die trennende Deckensynklinale zwischen der Silvretta- und der Ötztaler Decke bildet.

Man muß auch festhalten, daß im Grenzgebiet von West- und Ostalpen die Scharung des west- und ostalpinen Bogens liegt. Hier durchdringen sich die primäre Deckenbewegung von Süden gegen Norden und die jüngere Zusammenschiebung von Osten gegen Westen. Sie existiert und formt hier entlang der Engadiner Linie die Engadiner Bögen. Sie sind aber sekundäre Erscheinungen.

Die Grisoniden des Westens (Graubünden).

Das Baubild der Grisoniden des Südens, der Sella-, der Err-, der Bernina-, der Languard Decke ist durch die Arbeiten der westalpinen Geologen geklärt. Es kommt für den Bau der Ostalpen Österreichs hier weiter nicht in Betracht.

Die Grisoniden des Nordens, die Falknis-, die Sulzfluh-, die Aroser Decke finden sich nach den Arbeiten der Schweizer Geologen im Engadiner Fenster, ferner in der Aufbruchszone am Rande der Ostalpen. Grisoniden erscheinen weiters noch in dem kleinen Fenster von Gargellen, das auf österreichischem Boden liegt.

Wir betrachten die Grisoniden nur so weit, als sie für die Geologie von Österreich von Bedeutung sind. Hierher gehören die .Grisonidenschollen im österreichischen Anteile des Engadiner Fensters, die Grisoniden des Fensters von Gargellen, die Grisoniden des Grenzgebietes um die Sulzfluh.

Die Grisoniden des Engadiner Fensters. Sie finden sich im österreichischen Fensteranteile als Schollen im Raume von Nauders über Prutz bis zum Fluchthorn. Sie treten nirgends bedeutsam hervor. Sie bilden keine durch ihre Größe auffallende Zone. Sie sind im Westen durch Paulcke, im Norden und Osten durch Hammer studiert worden.

Schollen von grünen Gesteinen finden sich, so die Serpentine von Nauders. Schollen von Verrukano, Quarzit, von Triasdolomit, von Brekzien stellen sich ein. Das ist im Norden bei Prutz der Fall. Im Westen treten unter der Silvretta Decke die Brekzien vom Typus der Roz-, der Minschunbrekzie auf, die mit anderen Sandsteinen und flyschartigen Gesteinen der Kreide angehören. Es sind Schichten, die dem transgredierenden Prättigauflysch zugehören.

Im allgemeinen ist aber die Zone der Grisoniden im Norden des Engadiner Fensters wenig entwickelt. Sie fehlt nach den Aufnahmen von Hammer auf Blatt Nauders und Landeck weithin zwischen dem Bündner Schiefer und dem Altkristallin der Ötztaler-, der Silvrettamasse. Dann liegt Altkristallin unmittelbar auf Bündner Kreide. Das sind Verhältnisse, wie sie ähnlich auch auf der Südseite des Tauernfensters vorkommen. In allen diesen Fällen ist die Grenze von Pennin und Ostalpin scharf gegeben.

Das Gargellenfenster. Das Gargellenfenster liegt in einem Seitentale, das von Gallenkirchen gegen Südwesten zieht. Es ist 7 km lang und zeigt in der Tiefe Flysch und Globigerinen Schiefer (Seidlitz), darüber Granit und Granitmylonitschollen, darüber die Sulzfluhkalke der Klippen Decke. Darüber folgt die Aroser Schuppenzone mit Verrukano, Streifenschiefer, Ophikalzit und Casannaschiefer. In ebener Überschiebung liegt darüber das Altkristallin der Silvretta Decke, das aus Diorit, Amphibolit, Glimmerschiefer und Gneis besteht (A. Heim).

Die Grisoniden des Prättigau. Eine Darstellung dieser Verhältnisse hat A. Heim in der Geologie der Schweiz gegeben, der wir hier folgen. Neuere Darstellungen gibt es von österreichischer Seite von Ampferer und Reithofer.

Profile erscheinen hier, die in klarer Weise in der Tiefe des Prättigau den Prättigauflysch zeigen, darüber die Falknis-, die Sulzfluh-, die

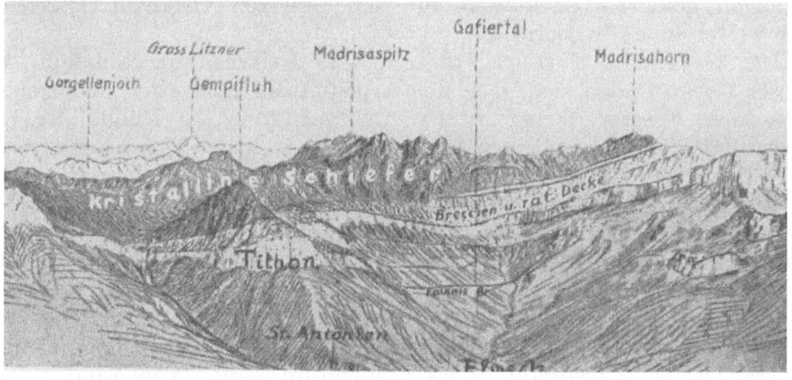

Abb. 9. Profilansicht des Westrandes der Ostalpen nach W. v. Seidlitz. In der Tiefe liegt der Prättigauflysch. Darüber Schollen der Falknis Decke. Das Tithon der Klippen Decke tritt deutlich hervor. Darüber liegt die Brekzien und die rhätische Decke (grüne Gesteine und Radiolarite). Darüber liegt das oberostalpine Silvrettakristallin. Die unterostalpine Schuppenzone tritt klar in Erscheinung. Penninisches und ostalpines Gebirge scheiden sich scharf. In der Tiefe Oberkreide-Eozänflysch, auf der Höhe des Gebirges Altkristallin. Charakterbild der Grenze von West- und Ostalpen.

Aroser Decke. Seidlitz sprach hier von Klippen, Brekzien und rhätischer Decke. Trümpy hat die komplizierten Verhältnisse aufgezeigt, die im Rhätikon herrschen. Die unterostalpinen Decken verfalten sich von unten her mit den oberostalpinen. So erscheinen in den Schuppen der Kalkalpen Decken des Rhätikon Schollen der rhätischen Decke eingeschuppt, von unten in die Höhe gebracht, inmitten der Kalkalpendecken des Rhätikon.

Die Falknis Decke soll mit der Err Decke zusammenhängen, die Sulzfluh Decke mit der Bernina Decke, die Aroser Schuppenzone mit der Languard (Bernina) Decke. Die Falknis Decke ist durch Brekzien des Lias, des höheren Jura und der Kreide besonders gekennzeichnet. Die Gerölle: grüne Granite, Diorite und kristalline Schiefer stammen von mittel- oder unterostalpinen Deckenteilen. Diese Brekzien haben auch eine gewisse Ähnlichkeit mit der Schwarzeckbrekzie der Radstädter Tauern.

Die Falknis Decke des Rhätikon hat nach Trümpy-Heim kristalline Schollen der Err Decke, ein Mesozoikum, das in der Trias keuperartig ist. Der Lias zeigt Schiefer, Dogger und Malm die Falknisbrekzie. Die Kreide hat helvetische Anklänge und besteht im Neokom aus Kalken und Fleckenmergeln mit Brekzienlagen. Urgon-Apt sind die Tristel-schichten mit Kalken und feinen Brekzien. Der Ölquarzit und Glaukonit-sandstein ist Gault. Senon sind Foraminiferenkalke und Schiefer (von roter Farbe). Tertiärflysch transgrediert bis auf Neokom.

Die **Sulzfluh** Decke führt basal Schollen von Err- oder Bernina-granit. Dolomit wird der Trias zugezählt. Lias und Dogger bilden Kalke, Kalkschiefer und Brekzien. Malm ist der helle Sulzfluhkalk, dem die Couches rouges aufliegen.

Die **Aroser Schuppenzone** ist ein Haufwerk von grünen Ge-steinen, Radiolariten, Triasdolomiten, von Jura- (und Kreide-) Gesteinen.

Die Ötztaliden.

Wir betrachten nunmehr die Ötztaliden, soweit sie für unsere Dar-stellung in Betracht kommen. Neuere Aufnahmen von Ohnesorge, Hammer, Sander, Schmidegg im Kristallin, von Kerner über das Mesozoikum liegen vor. Die ältere Darstellung von Frech ist in der neueren Zeit durch Arbeiten von Meier und Dünner auf neue Basis gestellt worden. Für den Westen liegen am Grenzrande gegen das Engadiner Fenster die Arbeiten schweizer- und österreichischer Geologen vor, so die Arbeiten von Hammer und Spitz von österreichischer Seite. Die neueste Darstellung der Engadiner Dolomiten des Ostens stammt von Boesch.

Abgrenzung. Die Ötztaliden werden im Norden auf der Strecke von Innsbruck bis Landeck von der Kalkalpenzone begrenzt, der sie aufgeschoben sind. Es ist fraglich, ob der Nordrand der Zentralzone hier wirklich der Ötztaler Schubmasse angehört. Auch R. Staub kam zur Auffassung, daß der Nordrand der Ötztaler Decke nicht mit dem Nord-rand der Zentralzone übereinstimmt. Vielmehr gehört die Phyllitzone von Telfs, die Zone der Glimmerschiefer, der Schiefergneise, der Granit-gneise des Hocheder der Silvretta Decke zu. Die Ötztaler Masse fängt erst weiter südlich an. Die tektonische Linie läßt sich nach Hammer, Sander, nach den Aufnahmen von Ohnesorge, von Wenns im Pitztal in Ostrichtung verfolgen, gegen Axam—Natters, Süd von Innsbruck gelegen.

Im Osten ist die Grenze gegen das Tauernfenster scharf gegeben. Unter der Ötztaler Masse erscheinen hier die Quarzphyllite von Innsbruck und darunter liegen die lungauriden Gesteine der Tarntaler Köpfe.

Im Süden ist die Grenze der Ötztaliden gegen die Silvrettiden nicht sicher zu ziehen, ist aber offenbar in der Richtung zu suchen, die von der Telferer Weiße gegen das Ortler Mesozoikum zieht. Wir glauben, daß Tribulaun- und Ortler-Mesozoikum eine Einheit sind. Daß sie im wesent-lichen die Muldenregion der Silvretta und der Ötztaler Decke bilden. In diese Wurzelregion gehören die mesozoischen Schollen der Moarer Weiße des Schneebergzuges. Hierher gehören die Glimmerschiefermulden des Hochwildezuges, ferner alle Glimmerschieferzonen des Hauptkammes der Ötztaler Alpen. Auch die Laaser Mulde stellt die Verbindung der Mulde von Osten gegen Westen her.

Die Grenze auf der Nordwestseite ist durch die Engadiner Linie gegeben. Es ist eine alte Baulinie, die, unserer Auffassung nach, schon in der Oberkreide entstanden ist; denn die Engadiner Linie bezeichnet nicht nur die heutige Stirnzone der Ötztaliden im Nordwesten. Sie war auch in der Oberkreide schon Stirnzone. Wenn heute nicht mehr überall an der Engadiner Stirnlinie Mesozoikum vorhanden ist, so kommt das auch schon von der vorgosauischen Erosion, die hier gewirkt hat.

Die Ötztaliden zeigen nirgends Oberkreide. Das deutet darauf, daß die Ötztaliden entweder über dem Meere lagen, Erosionsgebiet waren. Oder sie lagen in der Tiefe, z. T. überschoben von den Silvrettiden.

Die Ötztaliden erscheinen als eine riesige, 130 km lange und 40 km breite Deckenmasse, die eine Art „Großfalte oder Überfalte“ darstellt, derart, daß an der Basis Mesozoikum liegt wie auch auf dem Dache. Die Verbindung ist über die Stirn an der Nordseite zu denken. Zwischen dem liegenden Mesozoikum und dem Ötztaler Kristallin schiebt sich der Innsbrucker Quarzphyllit ein und bildet so eine Art verkehrter Grauwackenzone. Es ist der gleiche Bauplan wie in den Radstädter Tauern. So kann man auch hier im Westen von Lungauriden sprechen, besonders wenn man die verkehrt liegende Tarntaler Serie in Betracht zieht. Im Osten aber ist auf dem lungauriden Altkristallin der Schladminger Masse das aufliegende Mesozoikum nicht vorhanden. Im Westen ist dieses mesozoische Dach im Tribulaun gut entwickelt. So scheidet sich hier Westen und Osten, wenngleich auch die Trennung im Prinzip doch nicht so scharf ist. Das Bild wird nämlich sofort anders, wenn man die hochaufdringenden lungauriden Fenster der Kalkspitzen, der Ennskraxen sich vor Augen hält.

Vergleich. Der Lungauer Kalkspitz liegt im Radstädter System ganz oben und weit im Norden. Er ist gleich dem Sonnwendstein des Semmeringgebietes oder dem Tribulaunmesozoikum. Diese Lungauer Kalkspitzensynklinale könnte als Trennung von Lungauriden und Muriden in Betracht kommen, hat demnach ganz und gar die Position wie das Tribulaunmesozoikum. Der Keil von Mesozoikum, von Triasdolomit und Quarzit an der Telferer Weiße ist in gleicher tektonischer Position wie der Triaskeil, der vom Lungauer Kalkspitz gegen Süden zieht und endlich im Schladminger Massiv gegen die Granatglimmerschieferzone endet. Der Triaskeil der Telferer Weiße hat zweifellos Wurzelposition, die der Wurzel recht nahe kommt. Die unten lagernden Glimmerschiefer der Telferer Weiße sind Ötztaliden, die überschobenen Silvrettiden.

Die gleiche Stellung wie die Telferer Weiße kommt der Trias der Moarer Weiße zu und dem Ostende der Ortler Trias. In der Ortler—Telferer Weißesynklinale liegt die Umbiegung der Ötztaler in die Silvretta Decke.

Die Ötztaliden könnten am ehesten noch als mittelostalpin angesprochen werden. Sie sind ja das völlige Äquivalent der Campo Decke des Südwestens. Sie liegen auf den Lungauriden des Tauernfensters. Sie liegen auf den Grisoniden des Engadiner Fensters. Zweifellos sind Grisoniden und Lungauriden hier ident. Das sieht man auch an den Gesteinen, die bei Prutz, im Norden des Engadiner Fensters über der Bündner Kreide und unter dem ostalpinen Altkristallin in Schollen erscheinen. Es sind lungauride Schollen von Verrukano, Radstädter Triasquarzit, Triasdolomit.

Man kann sagen: die Lungauriden bilden die Unterseite der Decke, die Ötztaliden mit dem Tribulaunmesozoikum die Oberseite. Eine riesige Schubfaltenmasse liegt vor. Das lungauride Mesozoikum der Tarntaler Köpfe liegt verkehrt, das Tribulaunmesozoikum normal. Das ist **die allgemeine Bauformel.** Das kann nicht genug betont werden, soll hier Klarheit werden.

Verquert man die Ötztaler Masse von Norden gegen Süden, so verquert man vom Inntal von Telfs aus: zuerst die Phyllit-, die Glimmerschiefer-Granitgneiszone des Hocheder. Diese Zone ist die Fortsetzung der Phyllit-Gneiszone von Landeck. Diese Zone ist demnach die Fortsetzung der Silvretta Decke. Sie gehört nicht zu den Ötztaliden. Diese beginnen erst südlich des Hochederstockes, in der Glimmerschieferzone, die von Wenns gegen Axam zieht.

Wir kommen in die basalen Schiefergneiszonen, die Glimmerschiefer tragen. Die tragen wieder das Mesozoikum der Kalkkögel. Bisher fallen alle Zonen des Altkristallin gegen Süden ein. Sie sind überstürzt, wie der ganze Außensaum der Zentralalpen überstürzt ist, so daß die Kalkalpen im Inntal unter das Altkristallin einfallen. Es ist der **junge Vorstoß der Ötztaler Masse,** der hier die **Silvrettastirn** vor sich her schiebt, sie überschiebt und sogar noch auf die Kalkalpen vordringt und diese überwältigt. Die Ötztaler Stirn ist hier offenbar mehr erodiert als die Silvrettastirn. Das ergibt sich auch aus dem Fehlen des Mesozoikums an der Stirn der Ötztaliden, an der zweifellos durch interkretazische Erosion älteres Relief zutage kommt. Man darf aber dabei nicht vergessen, daß hier auch **tektonischer Abstau, tektonische Erosion** — wenn dieses Wort gestattet ist, „Reliefüberschiebungen" im Sinne von O. Ampferer gestalten. Hier sei auch darauf verwiesen, daß O. Ampferer mit Staunen vermerkt, daß die Muttekopf-Gosau keine Gerölle der Ötztaler Masse führt, obwohl ihr diese gegenüberliegt. Das ist schon verständlich, wenn die Ötztaler Decke nicht die höchste, sondern im Gegenteil die tiefste Decke ist.

Verständlich wird auch, daß diese tiefste Decke Mesozoikum trägt, das große Verwandtschaft mit dem lungauriden Mesozoikum zeigt. Das hat auch Meier betont, der das Tribulaungebiet bearbeitet hat. Neuere Arbeiten liegen darüber auch von Dünner vor. Von Sander liegen neue geologische Blätter der geologischen Karte Italiens vor.

Die Trias der Kalkkögel hat z. T. eine andere Fazies als die Tribulauntrias. Sicher ist, daß das Mesozoikum auf in sich gefaltetem Altkristallin von Glimmerschiefern, Schiefergneisen, Granitgneisen mit Verrukano transgressiv liegt. Triasquarzit, Muschelkalk, Raibler Schichten, Hauptdolomit, Rhätglimmerkalke, Pyritschiefer, Jurakalke — alle diese Gesteine haben typisch zentralalpine Fazies, die der Ortler Fazies nahe steht, die im großen und ganzen als ober- oder hochlungaurid bezeichnet werden muß. Sie ist aber niemals kalkhochalpin.

Darauf liegt verfaltet, überschoben als Decke, das Steinacher Karbon. Pflanzenführende Schichten des mittleren Oberkarbon, Quarzphyllite, aber auch altkristalline Schollen, wie Amphibolite, Glimmerschiefer bilden eine höhere Decke, die offenbar zur Grauwackenzone gehört, die also oberostalpin ist und das Analogon zur Silvretta Decke darstellt.

Gehen wir weiter nach Süden, kommen wir zur Einfaltung von Triasdolomit in der Gipfelregion der Telferer Weiße und südlich davon in das Granatglimmerschiefer-Marmorgebiet des Ridnaun. Sander sieht hier Gesteine vom Typus der unteren Schieferhülle. Wir sehen in der Ridnauner Zone nach eigenen neuen Beobachtungen nichts anderes als — typische Brettsteinserie. Unter dieser liegt lungaurides Mesozoikum.

Süd dieser Zone kommen wir in ostalpine Gneise mit Schollen von Trias (Penserjochtrias). Diese Zone ist aber bereits tonalid. Die Grenze von Tonaliden und Ötztaliden liegt in der Ridnauner Zone, die zugleich die Wurzelzone der Silvrettiden ist.

Die Verhältnisse der Wurzelzone finden wir im ganzen Südgebiet der Ötztaler Alpen. Das bezeugen die Verhältnisse der Triasschollen der Moarer Weiße, die Deckschollenlandschaften im Madatsch Knott, die Hammer auf der Nordseite des Vintschgau beschreibt. In diese Wurzelzonentektonik gehört auch (irgendwie) die Schliningüberschiebung, längs der Ötztaler Kristallin über Engadiner Mesozoikum von Osten gegen Westen überquillt. Diese Überschiebungen gegen Westen lassen sich nach Hammer schon an der Ostseite der Trias des Endkopf bei Graun erkennen.

Im oberen Vintschgau gibt es in der Tiefe des Tales Verrukano im Altkristallin. Er bildet Mulden gegen Süden, sowie das Ortler Mesozoikum eine offene Liasmulde gegen Süden bildet. Hier erkennt man überall schon dinarische Südbewegung oder zumindestens den Übergang in die Überquellung der Faltung an der alpin-dinarischen Grenzlinie gegen Süden.

Hoch streben im Südgehänge des Etschtales von Laas die Laaser Marmorzüge in die Höhe. Die typische Wurzelstellung, die irgendwie für die Gliederung von Ötztaliden, Silvrettiden und Tonaliden bezeichnend ist.

Die Engadiner Dolomiten aber haben die gleiche tektonische Position wie das Tribulaunmesozoikum. Wir können hier den Schweizer Geologen folgen, wenn sie sagen, daß z. B. die Scarl Decke der Silvretta Decke zugehört (Boesch). Der ganze eigenartige Bau der Engadiner Dolomiten spricht für die regionale Überschiebung durch die Silvretta Decke, deren östlicher Ausläufer die Steinacher Joch Decke wäre.

Vom Ortler-Ostende liegt in 80 km Luftlinie die Trias der Telferer Weiße. Vom Ortler-Ostende kann man Glimmerschiefer, Quarzphyllite, die Laaser Züge auf 30 km Länge bis zur Etsch bei Naturns verfolgen. Dann kommen Granitgneise in der Tiefe des Tales, aber, in nicht 10 km Entfernung vom Etschtale setzen auf den Höhen der Hochwilde die

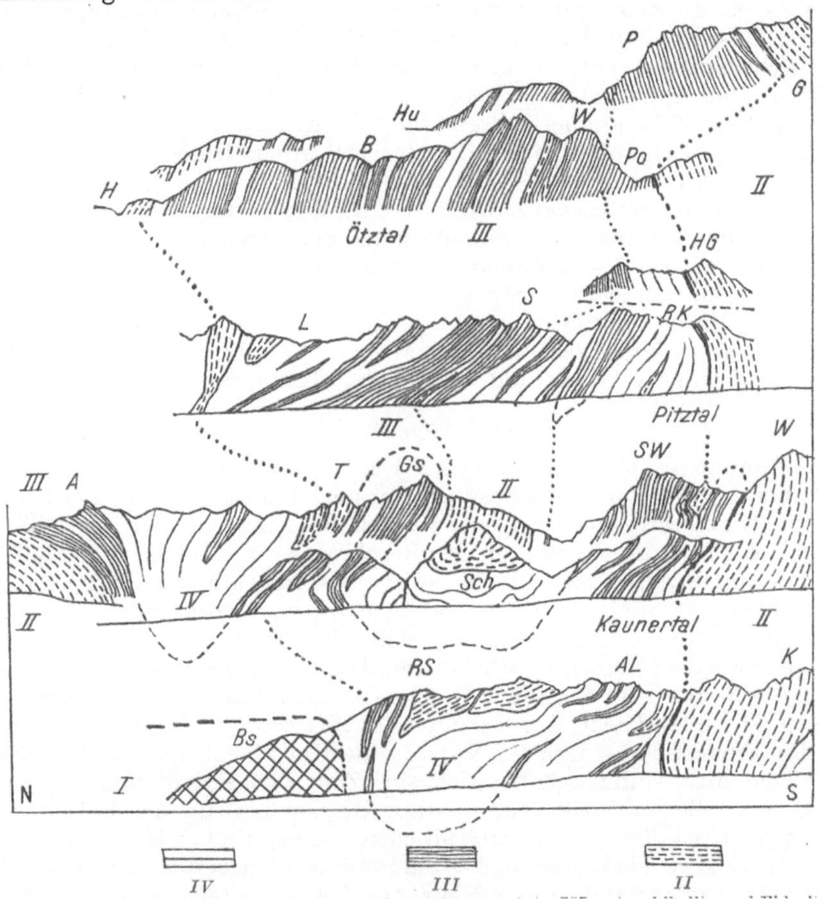

I = Bündner Schiefer = *BS*; *II* = Granitgneise verschiedener Art; *III* = Amphibolite und Eklogite; *IV* = Schiefergneis und Verwandtes.

Abb. 10. Faltung im Ötztaler Altkristallin nach W. Hammer (J. G. B. A. 1926). *G* = Söldener Grieskogel (ganz im Osten). *P* = Perlenkogel. *Hu* = Huben. *Po* = Pollestal. *W* = Wartkogel. *B* = Breitlehn. *H* = Hauerlehn. *HG* = Hohe Geige. *RK* = Rotes Karle. *S* = Sturpen. *L* = Loibisalm. *W* = Watzespitz. *SW* = Schwabenkopf. *Gs* = Gsahlkogel *T* = Tristkogel. *A* = Pitztaler Acherkogel. *Sch* = Schweikert. *K* = Kuppkartespitze. *AL* = Alter Mann. *RS* = Roter Schrofen. Die Profile haben eine Länge von 10 km. Der Nordrand geht von Längenfeld im Ötztal ins Kaunertal, nord von Feuchten und trifft westlich davon auf die überschobenen Bündener Schiefer des Engadin. Das Profil geht durch die auffallende west-oststreichende Eklogit-Amphibolitzone der Ötztaler Alpen. Ein Beispiel altkristalliner Faltentektonik.

Brettsteinzüge mit Granatglimmerschiefer und Marmor von neuem ein und bilden von da an bis an das Tauernfenster einen Zug von 5 km Breite und fast 50 km Länge.

Betrachtet man den internen Bau des Altkristallins, so sieht man, daß weite Gebiete von jungem alpinen Bau überwältigt werden. Das ist besonders im Norden, im Süden der Fall. Alpine Tektonik zeigt sich im Altkristallin, zweifellos in der Schliningüberschiebung, in der Überstürzung der Ötztaler Stirn über die Silvretta Stirn, in der Überschiebung des Altkristallins über die Kalkalpen. Alpine Deformation zeigt sich im Altkristallin, in dem die Trias der Moarer Weiße steckt. So gibt es viele Fälle alpiner Deformation des Altkristallins.

Alte, präalpine Tektonik zeigt sich in der Unterlage des Kalkkögel-, des Tribulaunmesozoikum. Man sieht auch aus den Aufnahmen von Hammer, wie das ganze Ötztaler Kristallin in drei Zonen gegliedert werden kann, wie im alten Grundgebirge Faltungen und Schlingen zu erkennen sind. In dieser Hinsicht sind diese Aufnahmen überaus lehrreich. Es fragt sich, was diese Schlingentektonik, die Schmidegg genauer studiert hat, im Einzelnen bedeutet. Es kann sein, daß darin sowohl junge als auch alte Tektonik enthalten ist. Es gibt zweifellos im Altkristallin alpine Tektonik und alten Relikt-Tektonismus.

Die Silvrettiden.

Allgemeine Charakteristik. Die Silvrettiden bilden die ganze Schubmasse westlich vom Engadiner Fenster. Sie ist an die 60 km lang, an die 30 km breit und zeigt eine Längserstreckung von NO gegen SW. Dabei streichen die Gesteine in der Regel W—O und liegen vom Süden an bis zum Norden, vom Albula bis zur Sulzfluh, auf eine Erstreckung von 50 km freischwimmend auf Bündner Schiefer und auf Prättigauer Flysch. Unterostalpine Klippenfelder liegen darunter und bestehen aus der Falknis, aus der Sulzfluh Decke, aus der Aroser Schuppenzone. Im Nordteil des Engadiner Fensters können diese Zonen weitgehend fehlen. Die Silvrettiden liegen dann mehr oder weniger direkt auf Pennin.

Die Silvrettiden tragen im Norden die Kalkalpen. Zwischen diesen und dem Altkristallin schaltet sich eine Zone von Phyllit und Phyllitgneis ein. Die Tektonik zeigt weithin Überstürzung der Kalkalpen durch das Kristallin. Von österreichischen Geologen haben hier Hammer und Reithofer den Westen und Osten besonders bearbeitet. Richter hat schon eine untere und obere Silvretta Decke unterschieden. Erstere ist durch die unten liegende Phyllit- und Glimmerschieferzone gegeben.

Von der Silvrettagruppe gehört nur der Nordteil, die Ferwallgruppe zu Österreich, die durch die langen Täler des Paznaun, des Montafon aufgeschlossen ist. Der Westteil gehört zu Vorarlberg, der Ostteil zu Tirol.

Die Gesteine der Silvretta zeigen wieder die Granit-Gneisfazies. Glimmerschiefer treten zurück. Eine gewisse Verwandtschaft mit dem Ötztaler Kristallin zeigt sich. Das ergibt sich aus der geologischen Karte, Blatt Landeck, auf der, Nord vom Engadiner Fenster, die Silvrettiden und Ötztaliden zusammenkommen. Nach Hammer setzen die Silvrettagneise über den Inn nach Osten fort, werden aber von Südosten her vom Ötztaler Kristallin überschoben. Es ist die Überschiebung die vom Nordrand des Fensters gegen Wenns im Pitztal verläuft.

Hammer und Sander sagen, daß hier eine Decken- und Gesteinsgrenze zwischen Silvretta- und Ötztaler Masse gegeben sein könnte, die auch Staub schon angenommen hat (1923).

Paläozoikum kommt innerhalb der Silvretta überhaupt nicht vor. Das Silur des Montafon mit Graptolithenschiefern gehört der Grauwackenzone an, die in Resten sich findet, unter dem Kristallin liegend.

Die Gesteine der Silvretta zeigen also mehr die Granit-Gneisfazies, Kata- bis Ultrafazies. Sie sind in eingepreßte Falten geworfen. Schuppung tritt besonders am Nordrande hervor. Reithofer und Ampferer geben neue Profile von der Grenzzone des Kristallins gegen die Kalkalpen, gegen die Aroser Schuppenzone des Sulzfluhgebietes. Ungemein komplizierte Tektonik erscheint.

In allem erkennt man die Stirntektonik der Silvretta-Nordzone. Phyllite schuppen sich mit Trias und Verrukano, doch auch mit Glimmerschiefer und älteren Gesteinen. Im Altkristallin finden sich Schuppen von Phyllit und Verrukano. Die Mittagsspitze ist eine größere Triasschuppe im Silvrettakristallin, nahe der Sulzfluh.

Die Silvretta Decke ist zweifellos die Wurzelzone der Decken der nördlichen Kalkalpen, der Allgäuer, der Lechtal Decke. Die Inntal und Krabachjoch Decke mag mehr aus dem Süden stammen.

Die Tonaliden.

Tonaliden nennen wir hier die Zone, die maximal 20 km breit werden kann, die von Mauls SW in das Addatal zieht und bei Morbegno, 150 km West von Mauls, schon in den Westalpen liegt.

Die Tonaliden umfassen die Zone, die Nord der dinarischen Grenze und Süd der Ötztaler—Silvretta-Muldenzone liegt (Telferer Weiße—Ortler). Gneise, Granitgneise, Glimmerschiefer, Quarzphyllite, Schollen von Trias bilden diese Wurzelzone, die von posttektonischen Intrusionen durchsetzt wird. Sie steht meist steil und schließt alle Wurzelzonen dieser Bereiche in sich, ähnlich wie das auch bei den Drauiden des Ostens der Fall ist.

Besonders interessant sind die Ost- und Westenden der Zone, in denen die Tonaliden selbst sehr schmal werden. Das ist bei Mauls wie bei Morbegno der Fall. Hier treten die Dinariden sehr nahe an das Pennin heran — hier wird eine Erklärung der Verhältnisse nur möglich sein, wenn man annimmt: die Dinariden überschieben weitgehend die Alpiden.

2. Die Grauwackenzone.

Allgemeine Charakteristik. Die Grauwackenzone kennt man heute in mehr oder minder vollständiger Entwicklung von Vorarlberg bis zum Semmering in Niederösterreich. Sie besteht aus vereinzelten Schollen von Altkristallin, aus Paläozoikum und vereinzelten Zügen (Schollen) von Mesozoikum. Sie ist an 500 km lang, dabei im Mittel 10 km breit. Sie bildet die Stirnregion der höheren ostalpinen Decken, also der Silvrettiden, der Muriden, vielleicht auch der Koriden. Die Grauwackenzone liegt an der

Unterseite, z. T. normal auf Oberostalpin, z. T. liegt sie überschoben auf Pennin und Unterostalpin. Der Unterrand der Grauwackenzone ist also vielfach ein tektonischer. Das gilt auch für den Oberrand, die Grenze gegen die Kalkalpen; doch ist hier relativ normaler Verband vorhanden, insoferne die Kalkalpen doch das Grauwackenpaläozoikum zum Untergrund gehabt haben.

Die Grauwackenzone zeigt im Osten die Gliederung in eine untere und obere Grauwacken Decke. Es kann sein, daß die obere Grauwacken Decke in sich noch Teildecken zeigt. Man nimmt an, daß variszischer Deckenbau vorhanden sei; doch gibt es in der Grauwackenzone zweifellos auch alpine Tektonik. Das zeigt schon die Existenz des Mandlingzuges in der Grauwackenzone. Es kann sein, daß die untere Grauwacken Decke die Trägerdecke der voralpinen Kalkalpen Decken ist, die obere die der Kalkhochalpen Decken; doch liegt darüber keine Sicherheit vor.

Auch hat es den Anschein, daß verschiedene tektonische Einheiten der Kalkalpen über der oberen Grauwacken Decke liegen. Hier wird erst die Zukunft Ordnung bringen, steht doch die Erkenntnis der geologischen Verhältnisse der Grauwackenzone trotz aller bisherigen Untersuchungen in den Anfängen. Die Fossillosigkeit der Grauwackengesteine ist eine der Hauptursache der Schwierigkeiten, Stratigraphie und Tektonik der Grauwackenzone zu klären.

Der Unterrand der Grauwackenzone im Osten zeigt auf der Strecke von Gloggnitz bis gegen Aflenz in Steiermark, auf einer Strecke von 60 km, die Form einer Überschiebung. Auf der ganzen Strecke liegt die Grauwackenzone überschoben auf Unterostalpin, auf Mesozoikum — nimmt man den Thörler Kalk- und Dolomitzug als Trias, wie das hier geschieht.

Erst von Bruck a. d. Mur an verfolgen wir die Grauwackenzone bis Schladming auf 160 km Erstreckung als Hangendes des Muralpenkristallins, also der Muriden. Zumindestens liegt die untere Grauwackenzone (anscheinend) normal auf dem oberostalpinen Altkristallin der Grobgneisserie und der Brettsteinzüge. Auf dieser Strecke läge also die Grauwackenzone normal auf ihrer altkristallinen Unterlage.

Das ist aber bestimmt nicht der Fall, wenn wir die Grauwackenzone weiter gegen Westen verfolgen.

Von Schladming an bis gegen das Stubachtal zu liegt die Grauwackenzone auf eine Erstreckung von etwa 70 km auf Unterostalpin. So ist im Salzachtal die Grauwackenzone auf die Lungauriden überschoben. Es fehlen hier die altkristallinen Stirnteile der höheren ostalpinen Decken. Es mag sein, daß die Grauwackenzone auf der Strecke vom Stubachtal bis nach Krimml (direkt) auf Pennin liegt. Es erscheint aber nicht recht wahrscheinlich. Vielmehr ist auch hier der lungauride Rahmen anzunehmen. Sollte dieser hier aber nicht vorhanden sein, dann läge im obersten Salzachtale die Grauwackenzone direkt auf Pennin. Alles unterostalpine, alles oberostalpine Altkristallin wäre abgeschert. In großer tektonischer Diskordanz ginge die Grauwackenzone über das Pennin hinweg. Alle tieferen Glieder, sogar die Schieferhülle fehlen. Daß hier große Störungen der normalen Verhältnisse vorliegen, beweisen die Profile dieses Gebietes, in denen Zentralgneise und paläozoische Gesteine übereinander zu liegen kommen.

Von Mittersill im Salzachtal bis Schwaz im Inntal liegt auf einer Strecke von 50 km die Grauwackenzone überschoben auf dem unterostalpinen Innsbrucker Quarzphyllit. Schollen von Kellerjochgneis bilden eine Grenze. Sie mögen oberostalpine Stirnschollen sein, die mehr oder weniger die normale Unterlage der Grauwackenzone darstellen. In diesem Gebiete tritt die Grauwackenzone weit nach Norden vor. Es liegt eine Art Kulmination vor.

Bei Schwaz im Inntal endet die typische östliche Grauwackenzone. Sie setzt aber gegen Westen fort und erscheint in der Fazies der Quarzphyllite. Quarzphyllite finden sich schon bei Telfs im Inntal. Sie bilden die Landecker Phyllitzone. Sie finden sich im Westen des Arlberg. Auch Sandsteine stellen sich ein, die für Karbon gehalten werden. In der letzten Zeit sind im Montafon von Peltzmann in den Quarzphylliten Graptolithen (Silur) gefunden worden.

Es liegt der Gedanke nahe, daß die Landecker Quarzphyllite das Analogon der Innsbrucker Quarzphyllite sind. Aber die Tatsachen sprechen doch gegen diese Verbindung; denn die Landecker Quarzphyllite liegen unter der Silvretta. Auch führen sie Graptolithen. So kann man die Landecker Quarzphyllite doch auch als die Fortsetzung der Grauwackenzone des Ostens ansehen, auch wenn ihre Fazies anders ist.

Tektonisch bezeichnend für diese westliche Grauwackenzone dieser Art ist, daß sie fast immer unter dem Altkristallin der Silvretta liegt. Die Grauwackenzone liegt überstürzt verkehrt, fällt gegen Süden ein, liegt unter der Silvretta und ist hier als eigene, untere Silvretta Decke aufgefaßt worden (Richter). Wir sehen in dieser Lagerung die natürliche Stirnposition der Grauwackenzone, die das Altkristallin an der Stirn ummantelt. Die Grauwackenzone muß also auch unter dem Kristallin liegen, wie auf dem Kristallin. Hier ist sie aber abgetragen worden.

Betrachten wir nun den Oberrand der Grauwackenzone, so ergibt sich, daß bisher nirgends ein unmittelbarer normaler Kontakt mit der Kalkalpenzone beobachtet werden konnte. Gewiß ist die Grauwackenzone die unmittelbare Trägerdecke der Kalkalpen. Aber der Kontakt der Grauwackenzone mit den Kalkalpen ist ein tektonischer. Das erkennt man an der Tatsache, daß verschiedene tektonische Glieder der Kalkalpen auf der Grauwackenzone liegen. Auch weisen die großen Mächtigkeitsschwankungen der Werfener Schiefer auf starke tektonische Beanspruchung der Basis der Kalkalpen.

Gesteine. In der Grauwackenzone finden sich Schollen altkristalliner Gesteine, so die Gneise von Vöstenhof (Mohr), die Kellerjochgneise (Ohnesorge). Dazu kommen noch andere. Es sind Grobgneise, Glimmerschiefer der Brettsteinserie, in erster Linie also muride Stirnteile, die besonders im Osten sich an der Grenze von unterer und oberer Grauwacken Decke, an der norischen Linie einstellen.

Paläozoikum. Alle paläozoischen Formationen, mit Ausnahme des Kambrium sind bekannt. Kalke, Dolomite, Schiefer, Grauwacken finden sich. Dazu kommen saure und basische Eruptivgesteine, Quarzporphyre und Grünschiefer. Man glaubt neuerdings in der Grauwackenzone verschiedene Faziesreihen paläozoischer Ablagerungen zu erkennen.

Mesozoikum findet sich im Mandlingzug, in der Trias von Brixlegg in Tirol.

Betrachten wir nun die Tektonik der Grauwackenzone. Uhlig, Kober, Mohr haben sich für die Teilung in untere und obere Grauwacken Decke ausgesprochen. Kober hat die Grenzlinie von unterer und oberer Grauwacken Decke (1912) die norische Linie genannt.

Betrachten wir nun einige der wichtigsten Profile der Grauwackenzone, um den Aufbau an Ort und Stelle kennen zu lernen.

Das östlichste Profil der Grauwackenzone geht von Gloggnitz gegen den Schneeberg. Hier liegt zutiefst, nach den Studien von Mohr (1912), die Zone der Silbersberggrauwacke. Das pflanzenführende Oberkarbon des Semmering ist hier nicht mehr aufgeschlossen. Die nächste Zone bilden die altkristallinen Gesteine von Vöstenhof. Es sind verschiedene Gneise, einförmigere Amphibolite, beide mit reichlicher aplitischer Durchaderung, ferner Serpentin, Talk, Spuren eines unreinen Marmors. Diaphthoritische und mylonitische Strukturen treten auf. Mohr glaubt in diesen Gesteinen autochthonen moravischen Untergrund zu erkennen. Kieslinger leugnet dies und hält diese Vöstenhofer Gneisinsel für alpin. Wir halten diese Gesteine für Stirnteile der oberostalpinen Decke und leiten sie von muriden Gesteinen ab (Gleinalmserie).

Die nächste folgende Serie besteht aus Grünschiefern und Porphyroiden über denen Altpaläozoikum liegt, nämlich rote Kieselschiefer mit Radiolarien (Radiolarite des Obersilur) und die erzführenden Silur-Devonkalke (in Schollen). Über Schiefern folgt zuletzt Verrukano des Perm. Darüber liegt der Werfener Schiefer der Hallstätter Decke. Im Profil des Werninggraben liegen unter der Hallstätter Decke der Gahns noch in der „Rauhwackenzone" Schollen von Hauptdolomitmylonit und Dachsteinkalk. Wir sehen in dieser tiefsten Schollenregion die Vertretung der Ötscher Decke. Somit liegt hier auf der Grauwackenzone, auf der oberen Grauwacken Decke nachweisbar die Ötscher Decke in Schollen.

Im Profil vom Semmering gegen die Rax zu liegt über der Semmeringtrias zuerst das pflanzenführende Oberkarbon (mittleres Oberkarbon, Schatzlarer Stufe?). Dann folgt nach den Aufnahmen von Cornelius (1936) in der Richtung auf die Preinerwand zu: Silbersberggrauwacke mit Schiefern und Grünschiefern. Darauf die Porphyroidserie. Hier fehlt also das Vöstenhofer Kristallin, das nach Analogie in dieser Gesteinsgruppe vorhanden sein sollte. Auf den Porphyroiden folgt der Werfener Schiefer. Auf ihm liegen kleine Deckschollen von Porphyroiden, von obersilurischen Schiefern und Lyditen. Dann kommt wieder Werfener Schiefer, der nach Kober die Hallstätter Decke der Rax trägt.

Interessant ist in diesem Profil die Trennung der oberen Serie von der unteren durch Werfener Schiefer. Hier ist also Trias in die Grauwackenzone „eingefaltet". Hier liegt also alpine Tektonik vor.

Bei Neuberg liegt wieder über der Semmeringtrias zuerst die tiefere Grauwacken Decke mit Karbon, darüber die erzführenden Kalke des Silur-Devon. So trennt sich hier eine untere und obere Grauwacken Decke.

Murides Altkristallin läge demnach in diesen Profilen in der oberen Decke, falls man die Silbersberggrauwacken in das Hangende des Karbon stellen würde. Das Alter dieser Gesteinsfolge ist unbekannt. Cornelius vermutet in dieser Gesteinsserie mit ihren Grünschiefern und dem „Gloggnitzer Forellenstein" (Riebekitgneis) — Kambrium. Die darüber liegenden Quarzporphyre bis Keratophyre wären demnach oberkambrisch bis tief silurisch (Ordovik). Silur wären Schiefer, Lydite und — der Thörler Kalk (Dolomit). Diese Schichtfolge und Altersdatierung erregt äußerste Bedenken, da der Thörler Kalk (Dolomit) bei Thörl, Süd von Aflenz unzweifelhaft nach seiner Stellung und Tektonik — dem Semmeringmesozoikum zugehört, also Trias ist.

Im Profil von Thörl und der weiteren Umgebung liegt nach eigenen Beobachtungen auf dem Altkristallin: Quarzit, Quarzitschiefer, dunkler, heller (Bänder-) Kalk, dann auch Dolomit. Dieses Profil haben Mohr und Kober schon 1909 als Trias angesprochen. Auch die geologische Karte von Österreich zeichnet diesen Kalk als Trias. Auch hier folgt das Oberkarbon und darüber die bekannte obere Grauwacken Decke, die die Hallstätter Decke von Aflenz trägt. Diese zeigt hier die Fazies der Aflenzer Entwicklung (Bittner).

Im geologischen Spezialkartenblatte Bruck—Leoben liegt nach den Aufnahmen von Stiny über dem (semmeringiden) Altkristallin des Kletschachkogels zuerst Oberkarbon. Dann folgt eine Phyllitzone, auf der eine Scholle von Altkristallin liegt. Dann erst kommt die höhere Serie, die gegen Vordernberg zu die Schichtfolge zeigt: Grauwackenschiefer (feinschichtig), silurische Tonschiefer und erzführenden Kalk (Silur-Devon). Damit ist der Schichtbestand der Grauwackenzone, deren Tektonik auf der Zone Bruck a. d. Mur—Gloggnitz gegeben. Dazu kommt noch das Unterkarbon (Viséstufe) der Veitsch.

Viel komplizierter wird nun aber die Struktur der Grauwackenzone, westlich von Bruck, auf der Strecke des Liesing—Paltentales bis gegen Admont. Hier liegen die Arbeiten von Redlich, Heritsch, Stiny, Hammer, Kittl, Schmidt, Hauser, Hiesleitner, Metz, Schwinner und Haberfellner vor.

Letzterer gibt 1935 folgende Darstellung der Stratigraphie, der Tektonik der Grauwackenzone im Gebiete des Eisenerzer Reichensteins und des Polster. Das tiefste Schichtglied ist Ordovik (Untersilur), das in zwei verschiedenen Entwicklungen vorkommt. In der Graptolithenschiefer- und in der Quarzitfazies mit Brachiopoden und Korallen. Obersilur (Gotland) zeigt: Graptolithenschieferfazies und die Kalkfazies mit Orthozeren. Unterdevon sind graue

plattige Kalke mit Orthozeren, Brachiopoden und Krinoiden. Höheres
Unterdevon sind die (bunten) Saubergkalke, dann die Riffkalke. Das
Mitteldevon bilden helle, massige (*Heliolites-*) Kalke. Diese Riffazies
enthält offenbar auch das Oberdevon. Die zweite Fazies des Devon ist
die Netz- und Flaserkalkfazies (Unter- bis Oberdevon). Unterkarbon
dürften die sandigen Tonschiefer mit graphitischen Lagen sein, die oben
Grauwacken führen, auch Kalke. Bezeichnend sind aber die Kieselschieferbrekzien. Diese ganze Serie hat große Ähnlichkeit mit Fazies-
entwicklungen des karnischen Silur und Devon. Besonders auffallend
ist, daß im „unteren Karbon" der „Kulm" der Karnischen Alpen wieder
erscheint, in der Fazies des Hochwipfelkarbon. Der Schichtfolge gehören
noch Quarzkeratophyre und Metaquarzkeratophyre zu. Als Oberkarbon-
Perm liegt diskordant weißer Quarzsandstein und Quarzit.

Die Tektonik zeigt nach Haberfellner zutiefst das pflanzenführende Oberkarbon. Darauf folgt zuerst die Unterkarbon Decke, dann
die Graptolithenschiefer Decke. Auf dieser liegt die Flaserkalk Decke,
auf der die Riffkalk Decke. Der ganze Deckenbau ist in folgender Weise
entstanden. Die oberen Decken sind variszischer, präwestfälischer
Deckenbau. Er mag in der sudetischen oder erzgebirgischen Phase entstanden sein, also zu Anfang oder zu Ende des unteren Oberkarbon. Die
Überschiebung dieser oberen Grauwacken Decken auf die untere ist
natürlich jünger und kann nur spätoberkarbonisch sein oder früh-
permisch, also asturisch oder saalisch im Sinne von H. Stille. Die Vererzung ist posttriadisch, da sich Eisenkarbonatgänge in der Trias finden.

In dieser Deckenfolge liegt also unten: Die untere Grauwacken Decke
mit dem Oberkarbon der Schatzlarer Schichten (mittleres Oberkarbon =
Westfal). Darüber folgt an der norischen Linie die obere Grauwacken
Decke, die in Teildecken aufgelöst wird. In dieser oberen Decke ist
Karbon in der karnischen Hochwipfelfazies vorhanden. Das pflanzenführende Oberkarbon der westfälischen Stufe fehlt dagegen. Das hier
vorhandene Oberkarbon-Perm zeigt eine ganz andere Fazies, nämlich:
weiße Quarzsandsteine, Porphyroide.

Nach den Studien von Metz läßt sich die Grauwackenzone des
Liesing—Paltentales bis zur Kalkalpenzone in folgender Weise
gliedern. Zutiefst liegt: Das Rannachkonglomerat und der Plattelquarzit
mit Phyllit. Darüber folgt das pflanzenführende Oberkarbon, graphitische
Schiefer und Kalke mit Krinoiden und Korallen. Die Pflanzenfunde auf
der Wurmalpe weisen auf oberes Westfal bis Stephan (Gshel Stufe Ruß-
lands). Sie sind altersgleich mit den oberen Auernigschichten und vielleicht auch mit den unteren Rattendorfer Schichten der Karnischen Alpen.
Die Kalke dagegen sind älter und entsprechen den unteren Auernigschichten.

Dann folgt die dritte Serie, die besonders auffällig ist, da sie Altkristallin enthält, das ganz und gar in der Stellung dem Vöstenhöfer
Kristallin entspricht. Die größte Scholle ist die des Traidersberges
zwischen dem Liesingtal und dem Vorderbergertal. Nach den Aufnahmen von Stiny wird diese Scholle an 4 km lang, fast 2 km breit.

Granatglimmerschiefer treten auf, die Quarzphyllite einsäumen, wie man bei Traboch sehen kann. Derartige kristalline Schollen gibt es auch weiter im Westen. Sie sind zu trennen von den Granitgneis-Schollen, die unter dem Karbon, in nächster Nähe der Seckauer Granitgneise liegen. Diese begleiten den Nordrand der Seckauer Masse und stammen auch von dieser ab. Dagegen weist das Altkristallin, wie das Metz betont, auf das Altkristallin der „Brettsteinserie". Dafür sprechen die Marmorzüge, die Amphibolite dieser „Schollenregion", in der auch Phyllit, Serpentin, Strahlsteinschiefer und Talk vorkommt. Auch Aplite fehlen nicht.

Wir fassen diese Trabocher Grundgebirgstrümmer als verschleiftes oberostalpines Kristallin auf, das der Träger der oberen Grauwacken Deckenlandschaft ist. Die kristallinen Schollen liegen immer wieder in Verbindung mit der norischen Linie, die also immer mehr an Bedeutung gewinnt, je besser die Grauwackenzone studiert wird.

Hier wird auch fast der direkte Beweis erbracht, daß die obere Grauwacken Decke aus der Brettsteinserie stammt. Daß also die Wurzel der oberen Grauwacken Decke südlich der Seckauer Granitgneismasse liegt. Sie ist die Wurzel für die untere Grauwacken Decke. Damit verstehen wir jetzt auch den Bau dieser Zonen: Die Verschiedenheit des Nord- und des Südrandes der Seckauer Masse in stratigraphischer, in tektonischer Hinsicht.

Wenn diese unsere Vorstellungen richtig sind, so wird hiermit bestätigt, daß in der Tat die „Wurzeln" der Grauwacken-, der Kalkalpenzone in der „Stirnregion" des oberostalpinen Kristallins, also im Nordrande der Muriden zu suchen sind. Damit verstehen wir aber auch den Bau der Grauwackenzone im Semmeringgebiet. Hier fehlt eben weithin das basale muride Altkristallin. Das Vöstenhofer Altkristallin und der Werfener Schiefer in der Grauwackenzone der Südseite der Rax sind der Beweis für alpine Stirntektonik.

Von der Grauwackenzone vom Radmer bei Hieflau gibt Hiesleitner 1931 eine Darstellung. Wieder ist unten das Oberkarbon, oben die Silur-Devonserie. Wieder wird der vortriadische Bau betont, zu dem sich auch alpine Bewegungen gesellen. Besonders interessant erscheinen aber die Ergebnisse der tektonischen Untersuchungen: sie führen zur Annahme der vortektonischen Vererzung,[1] weil die Kalke über und in den Phylliten vererzt sind, die Phyllite aber nicht.

---

[1] Der Sunkkalk (Triebensteinkalk), in dem die Magnesite der Sunk liegen, hat nach Heritsch (Mitt. Nat. Ver. S. 76, 1933) unterkarbones und devones Alter. Auf Devon deutet *Heliolites*, während Korallen (*Carcinophyllum lonsdaleiforme* u. a.) auf höheres Visé hinweisen. Der Sunkkalk ist somit in dem höheren Anteile von gleichem Alter wie die Nötscher Schichten, die besonders reich an Produktiden der Viséstufe sind. Demnach ist die Vererzung postunterkarbon, zugleich mit dem Bau vortriadisch. Somit käme in dem Falle eine Vererzung in Betracht, die mit dem variszischen Gebirgszyklus im Zusammenhang steht. Nach Haberfellner dagegen ist die Vererzung posttriadisch (siehe S. 92, Mitte).

Die Grauwackenzone des Paltentales bis zur Enns hat 1932 Hammer beschrieben. Zutiefst liegt das graphitführende Oberkarbon. Dann folgen: Die Phyllite (des Toneck), die Grauwackenschiefer und Kieselschiefer. Konglomerate. Brekzien und Grünschiefer kommen in dieser Serie vor, von der man glauben könnte, daß sie ein Äquivalent der Silbersberggrauwacke sein könnte (Kober). Flaserige Kalkbrekzien sowie auch die erzführenden Kalke finden sich. Die Gesamttektonik deutet auf drei Stockwerke. Wieder liegt zutiefst die untere Grauwackendecke, auf der an der norischen. Linie die oberen Teildecken folgen.

An der Enns kann man sehen, wie in den Dachsteinkalken des Himbersteins und der Haindlmauer wieder einmal Reste der Ötscher Decke auf der Südseite der Kalkalpen vorkommen. Auf ihr liegt mit Hallstätter Schollen die Dachstein Decke der Gesäuseberge, die zuoberst die Ultra Decke (Ampferers) tragen. Somit liegt auch hier die Grauwackenzone nach eigenen Beobachtungen unter der Ötscher Decke — wie das auch im Schneeberggebiet der Fall ist, im Profile des Werninggrabens.

Die Grauwackenzone des Paltentales streicht mit den gleichen Charakteren des Baues in das Ennstal hinaus bis gegen Liezen. Nun ändert sich der Bauplan. Auch das Streichen wird anders. Die Grauwackenzone von Gloggnitz bis nach Liezen zeigt deutlich den „nordsteirischen Bogen". Sie streicht von Liezen bis gegen Leoben NW—SO, von da bis Gloggnitz SW—NO. Das gleiche Streichen finden wir auch im Kristallin. Wieder sehen wir die Achse des Bogens bei Leoben, in der Linie der Achse der Koralpenkulmination. Stiny und andere bringen diese Bogenform auch mit den „Weyerer Kalkbögen" in Zusammenhang. Wir sehen in diesem Bogen die Kettung ostalpinen und karpathischen Streichens.

Die Grauwackenzone des Ennstales von Liezen bis in das Salzachtal bei Bischofshofen zeigt nur mehr das ostalpine West-Ost-Streichen. Sie hat auch anderen Bau. So treten die Kalkmassen zurück, desgleichen auch die Quarzporphyr Decken. Die ganze Entwicklung wird mehr schiefrig. Peltzmann hat in den Schiefern des Hochgründeck Graptolithen (Rastrites) gefunden, in den Schiefern des Roßbrandes gegen Filzmoos zu ein Trilobitenpygidium, das auf Kambrium deuten soll. Das wäre der erste Nachweis von Kambrium in der Grauwackenzone.

Diese Ennstaler Grauwackenzone ist durch folgende tektonische Elemente charakterisiert. Sie liegt auf der Strecke von Liezen bis Schladming der Granatglimmerschieferserie der Brettsteinzüge auf. Von Schladming bis gegen St. Johann im Salzachtale liegt sie über den Quarzphylliten der Radstädter Tauern. Sie liegt West von Schladming über den Lungauriden, Ost davon über den Muriden. Sie geht also über zwei tektonische Einheiten hinweg. Weiters spaltet diese Ennstaler Grauwackenzone der Mandlingzug. Werfener Schiefer und Triaskalke in der Fazies des Tennengebirges trennen die Ennstaler Grauwackenzone in einen Nord- und einen Südteil. Hier liegt also der erste Fall großer alpiner Tektonik in der Grauwackenzone vor. Im Hangenden der Grauwackenzone finden wir im Westen das Tennengebirge, also die tirolische Decke, im Osten die Dachstein Decke und unter ihr die Hallstätter Decke. Es ist die Möglichkeit gegeben, daß unter dem tirolischen Tennengebirge noch eine tiefere Schuppenzone von bajuvarischem Charakter läge (die Lechtal Decke). So könnte auch das Martiner Schuppenband von Trauth anders gedeutet werden.

Trauth hat diese ganze westliche Hälfte der Ennstaler Grauwackenzone aufgenommen. Seine Untersuchungen setzen noch nach Westen fort und behandeln die Dientener Grauwackenzone.

Damit kommen wir in die Region der westlichen Grauwackenzone, die von Bischofshofen bis Krimml nördlich der Salzach liegt. Diese Grauwackenzone der Salzach hat zwei Typen der Entwicklung: die Dientener Grauwackenzone des Ostens, die Kitzbühler Grauwackenzone des Westens. Letztere ist besonders von Ohnesorge studiert worden.

In der Dientener Grauwackenzone wurden 1845 die ersten obersilurischen Fossilien gefunden (Orthozeren und *Cardiola interrupta*). Die Schiefer überwiegen in diesem Grauwackenabschnitt über die Kalke, wenngleich diese nach den Aufnahmen von Trauth im Streichen auffallend hervortreten. Ein SO-Streichen ist zu erkennen, ein gewisses Abschneiden der Grauwackenzone gegen die Radstädter Zone, die SW—NO streicht. Unter den Südwänden des Hochkönigs kennt man die roten Kieselschiefer genau so, wie auf der Südseite des Schneeberges bei Gloggnitz in Niederösterreich.

Die Grauwackenzone zwischen Zell am See und Kitzbühel ist von Ohnesorge auf Blatt Kitzbühel und Zell am See 1935 dargestellt worden. Ohnesorge hat auch eine Tafel mit Profilen der Kitzbühler Grauwackenzone gegeben. Diese Grauwackenzone wird begrenzt im Norden, z. B. bei Fieberbrunn durch Schiefer, in denen G. Aigner 1930 Graptolithen gefunden hat. Das südlichste Vorkommen eines fossilführenden paläozoischen Kalkes liegt im Südgehänge des Salzachtales, Ost von Krimml. Es ist dies der Kalk von Hollersbach, in dem Ohnesorge Korallen gefunden, die Heritsch 1919 als Favosites beschrieben hat. Dieser Kalkzug wurde auch als Hochstegenkalk bezeichnet und als solcher der Tauernschieferhülle zugerechnet.

Zwischen Fieberbrunn und Krimml liegt die „Grauwackenzone", die hier 22 km breit wird, die sich unmittelbar an die Tauern anlegt, die im Norden die Kalkalpen weit zurückdrängt. So ist die Kalkzone Nord von Kitzbühel bloß 25 km breit. Zugleich zeigt die Grauwackenzone hier leicht SO—NW-Streichen, das gegen den Inn zu in SW—NO übergeht. Hier liegt das Gegenstück zum nordsteirischen Bogen vor.

Die Salzach-Inn-Grauwackenzone, die „Kitzbühler Grauwackenzone" formt einen nach Norden vordringenden Bogen. Dieser Kitzbühler Bogen streicht von der Achse bei Kitzbühel gegen SW und gegen SO. Er ist ein „verspäteter Tauernbogen". Er macht den großen Tauernbogen nach; doch fallen die Bogenachsen nicht zusammen. Der Kitzbühler Bogen bildet auch den großen Donaubogen nach, dessen Achse bei Regensburg liegt. Im Kitzbühler Bogen wird eine

„Kulmination in der Grauwackenzone" sichtbar, eine Aufwölbung des Untergrundes und der Grauwackenzone, die auch in der Großtektonik zum Ausdruck kommt. Bei St. Johann in Tirol bäumt sich die Grauwackenzone hoch auf. Die Silur-Devonkalke (Dolomite) des Kitzbühler Horns stehen mit hochaufragendem Schichtkopfe den Kalkalpen gegenüber. Sie tauchen nicht unter die Kalkalpen hinab. Sie streichen in die Luft hinaus. Die Grauwackenzone stellt sich steil gegen die Kalkzone. Es ist ein anderer Bau als im Osten. Es beginnt hier die Überstürzung der Grauwackenzone, die im Westen herrschend wird. Es ist aber doch gleich, insofern, als auch hier wieder die Silur-Devonserie oben liegt und eine Quarzphyllitserie unten. Diese ist z. T. auch wieder mit Schollen von Altkristallin verbunden. Es ist der Kellerjochgneis, der hier eine markante Grenze markiert. Er liegt häufig auf den Gipfeln. Das Blatt Rattenberg (von Ohnesorge aufgenommen) gibt in diese „Deckschollenlandschaft" des Kellerjochgneises prächtige Einsicht. Ein grober Porphyrgranit trennt auch hier deutlich die obere und untere Serie. Im Süden zieht von Krimml über die Gerlosplatte die Radstädter Zone gegen Mairhofen im Zillertal. Darauf. kommt der Innsbrucker Quarzphyllit zu liegen. Er wird auf dem Patscherkofel vom Glimmerschiefer der Stubaier Alpen überlagert. Im Gebiete des Blattes Rattenberg finden wir statt des Glimmerschiefers den Kellerjochgneis in ähnlicher tektonischer Position. Im Ostgehänge des Zillertales trennt er von Fügen an gegen Süden auf eine Strecke von ungefähr 3,5 km den südlichen Quarzphyllit vom nördlichen Wildschönauer Schiefer. Auf diesen Grauwacken- und Tonschiefern folgt der Schwazer Dolomit am Ausgange des Zillertales. Er trägt die Werfener Schiefer der Kalkalpen, der Lechtal Decke.

Im Profile des Rettensteins verquert man vom Salzachtale her zuerst den Quarzphyllit mit Kalkzügen. Höher oben folgt der „Granatphyllit" (Ohnesorge) mit Marmorzügen. Unter dem hochragenden Gipfelbau des Rettensteinkalkes, der Silur-Devon ist, geht die Grenze gegen den Quarzphyllit durch. Schollen von Kellerjochgneis kennzeichnen die große Bedeutung dieser „Rettensteinlinie". Nördlich vom Rettenstein liegen wieder Wildschönauer Schiefer mit Quarzporphyren und „grünen Gesteinen" (Diabasporphyrit und Augitporphyritschiefer). Es sind auch dieser Zone Serpentin, Gabbro, Gabbroamphibolit und Diabas eigen. Kommen in dieser Serie auch Radiolarite vor, dann liegt offenbar eine Tiefenfazies des Paläozoikums vor, auf der die Kalk-Dolomitfazies liegt. Jedenfalls steht diese obere, nördliche Grauwackenzone der unteren, südlicheren stratigraphisch und tektonisch gut abgegrenzt gegenüber. Es ist das gleiche große Bild wie im Osten.

Gewiß ist es nicht leicht, Quarzphyllite und ihre Marmore von den Wildschönauer Schiefern zu unterscheiden. Es ist schwer zu sagen, worin der Unterschied besteht, wenn man z. B. die Kalke südlich von Mühlbach mit denen nördlich davon vergleicht. Dabei liegen die nördlichen im Quarzphyllit, die südlichen am Fensterrand der Tauern. Erst regionale Kenntnis lernt hier unterscheiden und die „Einheiten trennen", die in der Natur durch den Deckenbau gegeben sind.

Das Ende der ostalpinen Grauwackenzone der Art, wie wir sie bisher kennengelernt haben, liegt im Inntale bei Schwaz. Auf kleinem Raume drängen sich hier alle Schichten vom Quarzphyllit im Süden bis zum Triasdolomit im Norden zusammen. Auf 6 km Entfernung kommen die beiden so verschiedenen tektonischen Glieder zusammen. Der Quarzphyllit gilt als unterostalpin. Die Kalkalpen sind oberostalpin. Allem Anscheine nach ist es die Lechtal Decke, die hier auf der Südseite des Inntales der Grauwackenzone, dem Schwazer Dolomit und auch den Wildschönauer Schiefern aufliegt.

Der Kellerjochgneis, hier Schwazer Augengneis genannt, ist der zerquetschte Block, der stirnartig unter- und oberostalpin scheidet. In diesem Profile fehlt der Granatglimmerschiefer, der im Patscherkofel Süd von Innsbruck dem Quarzphyllit überschoben ist. Hier fehlt der Stubaier Glimmerschiefer, der die Tribulauntrias trägt, der mit den Stubaier und Ötztaler Granitgneisen verbunden ist. Vergleiche stellen sich ein mit dem stirnenden Westende des Schladminger Massivs, mit den Gneisschollen, die auf den Phylliten der Landecker Zone schwimmen. Bilder stellen sich ein, die über weite Flächen gleichen oder ähnlichen Bau zeigen (Vöstenhofer Insel bei Gloggnitz).

Im Profile von Innsbruck ist die Grauwackenzone nicht mehr aufgeschlossen. Es stellt sich der Bau ein, der für die westlichen Ostalpen leitend wird: die Grenze von Kalkalpen und der Zentralzone ist durch eine Talfurche gegeben. Im Norden die Kalkzone, im Süden das Altkristallin oder eine schmale Zone von Phyllit. Die typische Grauwackenzone aber fehlt.

Diesen „westlichen Bauplan" der Grenze von Kalkalpen gegen die Zentralzone finden wir westlich von Innsbruck bei Telfs. Hier setzt der neue Bauplan ein, der dann bei Landeck zur typischen Entwicklung kommt und bis zur Westgrenze des Altkristallins zu erkennen ist. Im Profile von Hocheder folgen nach den Aufnahmen von Ohnesorge: Quarzphyllit mit Einlagerungen von Chloritschiefern und einem Kalklager; dann eine Folge von Phyllitglimmerschiefern und Granatglimmerschiefern mit Einlagerungen von Muskowitglimmergneis und Biotitgranitgneis. Die ganze Schichtfolge fällt steil gegen Süden. So liegt unten der Phyllit, oben der Gneis. Die ganze Schichtfolge ist überstürzt. Die Kalkalpen tauchen unter die Phyllitzone ein.

Hammer betont (1919), daß der gleiche Bauplan die Phyllitzone von Landeck beherrscht. Bei Telfs finden sich die gleichen Gesteine wie bei Landeck. Die beiden Phyllitzonen hängen zwar nicht oberflächlich zusammen. Vielmehr sind sie auf der kurzen Strecke von Roppen bis Rietz unterbrochen.

Die Phyllitzone von Landeck läßt sich nach Hammer von Roppen bis zum Arlberg als geschlossene Zone, 45 km lang, verfolgen. Ihre größte Breite ist 5 km. Sie grenzt im Norden an die Kalkalpen unter Vermittlung von Verrukano, der linsenartig auftritt. Auch ist er mit dem Phyllit verschuppt. Dieser legt sich als eine einheitliche Zone vor die Ötztaler-, vor die Silvrettagesteine. Er fällt immer gegen Süden und wird von der nächstfolgenden Zone der Glimmerschiefer und Phyllitgneise überschoben. Dann folgen die Feldspatknotengneise. Die Gneise und Amphibolite der Ötztaler Alpen und der Silvretta bilden den Hauptbaustein. Orthogneise sind dieser Zone eingeschaltet, die in der Silvretta ein Dach von Glimmerschiefern trägt (im Paznaun). 10 km südlich vom Kalkalpenrand öffnet sich unter den Ötztaler- und Silvrettagneisen das Engadiner Fenster. Dabei liegt Trias zwischen dem aufgeschobenen Gneis und dem unterliegenden mesozoischen Bündner Schiefer. Hier fehlen am Südrand die Phyllite. Die unterostalpine Trias liegt als Scholle auf dem Bündner Schiefer und unter dem Gneis. Aus diesem Profile ergibt sich, daß die ganze Zone des Kristallins samt dem Phyllit zusammengestaut ist. Nirgends lassen sich Phyllite, Glimmerschiefer, Phyllitgneise scharf trennen. Es gibt Profile, wo auch der Granitgneis über Phyllit liegt. Im ganzen Bau liegt eine verkehrte, in sich zusammengeschobene Serie vor, die in sich durch die Linie Wenns—Puschlin geteilt wird. Mesozoische Schuppen stellen sich ein. An dieser Linie wird die Ötztaler Masse den vorliegenden Silvrettagesteinen aufgeschoben. Aber es liegt nach Hammer nur eine lokale Dislokation vor. Das beweist das ungestörte Streichen der Phyllitzone, der Glimmerschiefer und Phyllitgneise. Auffallend ist, daß diese Zonen von diabasischen Gängen durchsetzt werden, wie solche sich auch am Rand des Engadiner Fensters finden. In den Phyllit- und Glimmerschieferzonen finden sich eingeschuppte Nester von Verrukano. Auch Trias ist eingekeilt. An den großen Dislokationszonen stellt sich Diaphthoritisierung und Mylonitbildung ein. Westlich vom Arlberg setzt die Phyllitzone wieder ein. Sandsteine finden sich, die als Karbon gelten. Auf dem Bartholomäberg im Montafon sind von I. Peltzmann im Schiefer Graptolithen nachgewiesen worden. Weiter im Westen fehlt die Zone der Phyllite im Profile gegen die unterostalpine Zone der Sulzfluh Decke.

Überschau. Die Grauwackenzone ist eine variszische Restzone, die offenbar alpin umgeformt ist. Ihre primäre Lagerung ist in der Stirnzone der oberen ostalpinen Decken zu suchen. Offenbar bestehen unmittelbare Zusammenhänge mit dem Grazer-, mit dem Murauer Paläozoikum. Auch zu dem karnischen Paläozoikum gibt es Verbindungen. Die Grauwackenzone ist die Trägerin wertvoller Lagerstätten. Hierher gehören die Magnesitlagerstätten, die Eisenerzlagerstätten. Es handelt sich um metasomatische Lagerstätten, deren Alter wahrscheinlich recht verschieden ist.

3. Die Kalkalpenzone.

a) Allgemeines.

Die alte Geologie sah die Kalkalpen als eine bodenständige Zone an, die in der nordalpinen Kalkalpen-Geosynklinale entstanden sein sollte. Die tertiäre Gebirgsbildung hat dann die Kalkalpen gehoben, sie zwischen der Flysch- und der Grauwackenzone zusammengepreßt. So entstand der Fächerbau der Kalkalpen, der Schuppen-, auch der Deckenbau, der gegen den Flysch hin nordbewegt, gegen die Grauwackenzone südbewegt ist. Dieses Bild findet sich noch in der neuen Synthese, wie sie von E. Kraus über die Kalkalpen in letzter Zeit gegeben wird.

Ganz anders das Bild der Deckenlehre. Die Kalkalpen sind nicht nördlich der Tauern entstanden. Ihre Heimat liegt im Süden des Tauernfensters. Von Süden sind die Kalkalpen als die Stirn des großen ostalpinen Deckengletschers nach Norden gewandert. Sie liegen daher überschoben, als schwimmende Massen, als riesige Klippen, als absolut fremde, exotische Deckschollen auf penninisch-helvetischem Untergrunde. Von der Stirn der Kalkalpen bis zu den Wurzelgebieten im Süden reicht der Weg der Überschiebung, der im Mittel auf 100 km derzeit aufgeschlossen ist. Die wirkliche Überschiebung ist aber wesentlich größer.

Die ältere Deckenlehre sah die Wurzel naturgemäß auch im Süden der Tauern, in den Karawanken oder in der Stirn der Dinariden (Haug, Kober, Staub). Die neuere Deckenlehre verläßt diesen Weg der Ableitung der Kalkalpen und Kober hat hier zuerst 1928—1932 die Forderung aufgestellt: die Kalkalpen wurzeln unmittelbar in der Stirn der kristallinen Zone, bzw. der Grauwackenzone. Dieser Auffassung ist auch jüngst G. Dal Piaz gefolgt. Gewiß stammen die Kalkalpen aus dem Süden der Tauern. Aber die sind nicht aus den heutigen Draukalkalpen abzuleiten, sondern unmittelbar aus der Grauwacken- und aus der mit ihr unmittelbar verbundenen Zentralzone, also nicht aus dem Süden, sondern aus dem Norden der Zentralzone. Damit ist wieder volle Klarheit und Wahrheit geschaffen worden.

Die Kalkalpenzone hängt als Stirn der oberostalpinen Decken in der Tiefe irgendwie mit den unterostalpinen Decken zusammen. Das zeigt sich auch darin, daß es in Fällen schwer wird, unter- und oberostalpine Kalkalpenteile zu trennen. So gibt es auch Übergänge von zentralalpinem Mesozoikum zum kalkalpinem.

Anderseits gibt es trotz aller Überschiebung auch Übergänge und Verbindungen der Kalkalpen mit der Flyschzone in der Weise, daß Klippenzonen sich an der Grenze von Flysch und Kalkalpen einstellen. Die Kalkalpen sind im Osten vorgosauisch über das Tauernfenster gewandert. Ihre Stirn lag in der Oberkreide auf der Südseite der Flyschzone. In dieses ultrahelvetische Gebiet wurden die vordersten Kalkalpenteile in Schollen eingeschüttet. So wurden die Stirnteile der wandernden Kalkalpen auf ihrem Weg nach Norden in das Ultrahelvet eingeschoben, eingeschüttet, einsedimentiert. So entstand der ultrahelvetische Klippenflysch, die „ultrahelvetische" Klippenzone. So wurde die Wildflyschzone, die Mischzone von Helvet und Ostalpin. Hier können helvetische, vielleicht auch penninische und ostalpine Elemente sich zu einer Einheit gestalten, die weithin zwischen Kalkalpen und Flyschzone sich einschiebt, die Kalkalpen und Flysch trennt oder verbindet — wie man es sehen will.

Die Deckenlehre aber sieht hier ganz klar den wahren Sachverhalt. Die Kalkalpen bilden vom Rhein bis an die Donau eine 500 km lange, im Mittel 40 km breite oberostalpine Deckschollenmasse, die im großen und ganzen eine schüsselförmige Lagerung hat. Darum fallen die Schichten auf dem Südrande der Kalkalpen in der Regel nach Norden, auf dem Nordrande gegen Süden. Ausnahmen kommen vor und sind auf jüngere Deformation zurückzuführen. So ist auf der Südseite der Kalkalpenrand im Inntal gegen Norden überstürzt und umgekehrt findet sich am Nordrand Überstürzung gegen Süden.

Im großen und ganzen aber ist der Bauplan der Kalkalpen: Muldentektonik. Die einzelnen Decken legen sich übereinander, häufen sich auf, haben ihre Stirn im Norden. Im Süden sind die tieferen Decken verquetscht, reduziert, oft nur in Schollen vorhanden.

Die Kalkalpen entstammen der „nordalpinen" Kalkalpen-Geosynklinale. Diese war ein Teil der oberostalpinen Decke, lag Süd des Tauernfensters, Süd der unterostalpinen Radstädter Tauern und Nord der Kalkalpen-Geosynklinale, die heute die Draukalkalpen bildet.

Diese Kalkalpen-Geosynklinale beginnt mit dem Werfener Schiefer in der unteren Trias. Sie senkt sich immer mehr, wird breiter, differenziert sich und erreicht die größte Tiefe und Breite an der Wende von Jura und Kreide. Die erste große Gebirgsbildung der mittleren Kreide, die vorgosauische Gebirgsbildung macht der kalkalpinen Geosynklinale ein Ende. Die Kalkalpenzeit ist vorbei. Die Alpen treten in die orogene Phase, die Flyschzeit wird. Flysch und Gosau kommen in den Kalkalpen zur Ablagerung.

Die Kalkalpen kann man nach morphologisch-tektonischen Merkmalen in die Kalkvoralpen, in die Kalkhochalpen gliedern. Kudernatsch hat 1854 diese Hauptformen unterschieden, die auch H. v. Barth als Bergsteiger schon erkannt hat. Diese Gliederung ist von Osten ausgegangen. Voralpen waren die Lunzer Berge. Der Ötscher sollte schon zu den Kalkhochalpen gehören oder wenigstens ein Übergangstypus sein. In der Natur ist die Grenze nicht so scharf. Man denke dabei an das Kalkalpenprofil vom Traunstein über das Tote Gebirge zum Dachstein. Das ganze Gebiet hat hier hochalpinen Landschaftstypus, nimmt man das Höllengebirge noch dazu. Aber im allgemeinen trennen sich doch „die voralpinen Wellen der Randketten" von den „Steinernen Meeren" der südlichen Kalkhochalpenzone, wie sie vom Schneeberg bis in die Leoganger Steinberge vorhanden sind.

Es ist in diesen beiden Typen Schichtfolge, Morphologie, Tektonik verschieden. So hat man die „voralpine" und die „hochalpine Kalkalpenfazies" unterschieden. So hat man auch voralpine und hochalpine Kalkalpen-Teildecken getrennt (Kober 1912). Diese Gliederung ist in der Natur gegeben. Aber sie gibt nicht ganz den wahren Sachverhalt wieder, weil Morphologie und Tektonik sich nicht vollständig decken.

Schubmassen hat in den Kalkalpen zuerst Rothpletz erkannt. E. Haug hat 1903 in Weiterverfolgung der Erkenntnisse westalpiner Geologie die erste Deckengliederung gegeben, die später von Hahn und anderen verworfen worden ist, die aber, den Erscheinungen besser angepaßt, tatsächlich den Bauplan der Kalkalpen gut wiedergibt. Auch sie geht vom Gegensatz von Kalkvoralpen und Kalkhochalpen, ferner noch von der Existenz der so eigenartigen Hallstätter Schichten, der „Hallstätter Fazies" der Kalkalpen aus. Die Hallstätter Trias ist wieder ganz besonderer Art, die auch schon in der älteren Geologie Anlaß war, „Hallstätter Kanäle" inmitten der normalen Triaskalkalpen anzunehmen.

Allgemeine Deckengliederung. Wir können heute die Kalkalpen in eine Reihe von Decken gliedern, die durch eine bestimmte Fazies in Stratigraphie und Tektonik, damit auch in ihrer Morphologie charakterisiert sind. Jede Decke hat ihren „Baustil", der sich weithin verfolgen läßt. Natürlich gibt es Änderungen im Streichen. Keine Decke geht vollständig gleichbleibend durch die ganzen Kalkalpen. Aber dennoch bleiben die allgemeinen „Baupläne". So kann man den Bauplan der „Randketten", der „voralpinen Ketten" durch die ganzen Kalkalpen vom Rhein bis an die Donau verfolgen. Anderseits kennt man die „hochalpine Fazies" der Kalkalpen von den Leoganger „Steinbergen" bis zum Schneeberg bei Wien. Ein eigener Typus der Kalkalpen ist auch die Klippenzone, die vom Rhein bis zur Donau zu erkennen ist.

Man kann also die Kalkalpen in eine Reihe natürlicher Einheiten gliedern. Wie bereits 1912 unterscheiden wir auch hier voralpine und hochalpine Decken der Kalkalpen.

Dazu kommt noch die „Klippendecke", die helvetische und ostalpine Elemente verbindet. Man kann die Kalkalpen naturgemäß auch regional gliedern, in die Kalkalpen des Westens, der Mitte, des Ostens. So haben die westlichen Kalkalpen vom Rhein bis zum Inn einen bestimmten Aufbau. Das gleiche gilt für die mittleren Kalkalpen vom Inn bis zur Enns. Am reichsten sind die östlichen Kalkalpen gegliedert, die von der Enns bis zur Donau reichen.

Wir gliedern hier die Kalkalpen in die unteren und die oberen Kalkalpen Decken und verwenden dabei auch Bezeichnungen allgemeiner Natur, wie sie z. T. zuerst von Hahn gegeben worden sind. Wir verzichten dabei auf die Gliederung in unter-, mittel- und oberostalpin und sehen in den Kalkalpen Decken oberostalpiner Elemente.

Die tiefste Decke der Kalkalpen ist die Klippenzone, für die hier die Bezeichnung „Pieninen" vorgeschlagen wird. Uhlig hat auf Grund seiner umfassenden Kenntnis der pieninischen Klippenzone der Karpathen auf die Zusammenhänge der Klippenzone der Ostalpen mit den Karpathen hingewiesen. Er hat die Erforschung der Klippenzone der östlichen Kalkalpen angebahnt. Er hat den Begriff der pieninischen Klippenzone in die Literatur eingeführt, der auch jetzt noch in Verwendung steht. So scheint es nur gerechtfertigt, im Gedenken an Uhligs Verdienste für die Erschließung des Deckenbaues der Ostalpen, der Klippenzone, wenn wir diesen Begriff in seiner allgemeinen Bedeutung festhalten.

So sprechen wir von den Pieninen, kürzer den Pieniden der Ostalpen und meinen damit die Klippenzone der Kalkalpen vom Rhein bis zur Donau. Sie umfaßt im Westen die Klippenzone von Hindelang—Oberstdorf, also die rhätische Decke, im Sinne von G. Steinmann. Im Osten gehört hierher die „Grestener Klippenzone", die man zuerst für „lepontinisch", für helvetisch, für ultrahelvetisch, für unterostalpin gehalten hat.

Auf der Klippenzone liegt die nächst höhere Deckengruppe, die wir unter der allgemeinen Bezeichnung: Bajuvarische Deckengruppe (Haug, Hahn) oder kürzer als „Bavariden" zusammenfassen. Hierher gehören: die Frankenfelser, die Lunzer Decke des Ostens, die Allgäu und die Lechtal Decke des Westens (voralpine Decken).

Auf diesen tieferen, unteren, voralpinen Decken folgen die höheren, die oberen, die hochalpinen Decken. Sie gliedern wir in die Tiroliden und in die Juvaviden. Zu den ersteren gehören die Ötscher Decke des Ostens, die Totengebirgs Decke der Mitte, die Inntal Decke des Westens. Hahn sprach von einer tirolischen Decke im Gegensatz zur höher liegenden juvavischen Decke. Als „Juvaviden" fassen wir die Hallstätter Decke, die darauf liegende Dachstein Decke auf. Es ist wahrscheinlich, daß es noch eine höhere Decke gibt, die Ampferer als Ultra Decke bezeichnet hat. Wir meinen damit die Deckschollenreste in den Gesäusebergen. Auch die Krabach Decke wäre juvavisch.

Mit diesen Bezeichnungen schaffen wir wieder klare Begriffe, die sich aus der Natur ergeben, die nomenklatorisch wertvoll sind, da sie festen Inhalt haben und bestimmte Baustile wiedergeben. Sie dienen auch dem Prinzip der Rationalisierung, das auch hier immer festgehalten worden ist.

Die Deckengliederung teilt die Kalkalpen in natürliche geologisch-tektonische und morphologische Einheiten, die ihre bestimmte geologische Geschichte haben. Auf der anderen Seite gilt es aber auch, das Gemeinsame festzuhalten, den allgemeinen Bauplan.

Dieser kalkalpine Bauplan zeigt die kalkalpine Fazies des Mesozoikum. Kalke und Dolomite treten hervor. Die Schichtfolge reicht von der unteren Trias bis in die untere Kreide. Die obere Kreide liegt transgressiv und zeigt die Fazies der Gosau, auch die Flyschfazies. Eozän kommt nur in der Klippenzone vor, eingefügt in den Deckenbau. Das Inntaler Obereozän—Unteroligozän hat anderen Baustil und gehört der Molasse zu.

Die Kalkalpen-Geosynklinale erreicht ihre größte Tiefe im oberen Jura, in dem die Tiefseesedimente, die Radiolarite des Tithon zur Ablagerung gelangen. Mit dieser Vortiefenbildung beginnt die erste größere Gebirgsbildung, die mit der Intrusion und Effusion von grünen Gesteinen begleitet ist. In der Mittelkreide liegt dann der erste Hauptstoß der ostalpinen Gebirgsbildung. Es ist die große vorgosauische Gebirgsbildung, die durch die Transgression des Cenomans, der Gosau ganz besonders gekennzeichnet ist. Grober Schutt wird in das „Gosaumeer" eingeschüttet. Die ersten alpinen Ketten werden. Es sind dies die Alpen der Gosauzeit, die „Gosaualpen".

Mit dieser Gebirgsbildung geht die „Kalkalpenzeit" der Ostalpen zu Ende. Die „Flyschzeit" wird. Die geosynklinale Phase der Alpen ist zu Ende, die orogene beginnt. Orogene Sedimente werden bestimmend. Das kalkalpen-geosynklinale Stadium ist beendet. Die Flyschvortiefe wird. Die Flysch-Geosynklinale wird zur Flyschvortiefe. Diese ist die erste Phase der orogenen Periode, die im Tertiär die Alpen endgültig zum Gebirge gestaltet.

b) Die Klippenzone. — Die Pieninen. Pieniden.

Die Klippenzone ist die tiefste kalkalpine Einheit. Sie ist durch ganz bestimmte Merkmale charakterisiert. Sie ist ein integrierender Bestandteil der Ostalpen und finden sich immer an der Grenze der Kalkalpen und des Flysches. Klippen kommen auch inmitten des Flysches vor, entweder in klarer Position als Deckschollen oder in minder durchsichtiger tektonischer Stellung.

Die Klippen haben vor allem „Klippentektonik". Sie finden sich als Schollen, Klippen. Sie haben eine reduzierte Schichtfolge. Sie führen „Exotika", ortsfremde Blöcke. Sie zeigen auch Mischung alpiner und außeralpiner Merkmale. Sie haben in den Kreidesedimenten, in der „Klippenhülle" Flyschmerkmale (vielfach), während die „Klippengesteine" selbst „kalkalpin" sind. So ist in dieser Zone eine Bindung helvetischer und kalkalpiner Elemente vorhanden. So ist die Stellung dieser Zone unsicher. Sie galt früher für „lepontin", auch für helvetisch besonders für ultrahelvetisch, weiter für unterostalpin. Für alle Fälle abe erkennen wir in der Klippenzone der Pieninen einen Bauplan, der mit dem Deckenbau der Alpen, der Karpathen aufs engste verbunden ist. Wir sehen in den Pieninen, in der Klippenzone der Alpen und der Karpathen Stirnteile der ostalpinen Decke, Stirnteile der Kalkalpen. In den Karpathen mögen auch Stirnteile der karpathischen Decken vorhanden sein. Diese Auffassung (Kober 1912) ist jetzt auch von Karpathengeologen aufgenommen worden. Es zeigt sich auch hier wieder, wie mit der Zeit die Erkenntnis wird. Die Klippenzonen sind eine „Mischzone", eine Zone, die aus mehreren Gliedern zusammengesetzt ist, die trotz aller lokalen Verschiedenheiten als große regionale Einheit zu sehen ist.

Entstehung. Wir denken uns die Klippenzone der Ostalpen in folgender Weise entstanden: die vorgosauische Gebirgsbildung bringt die Kalkalpenstirn an die Flyschzone heran. Die Klippen werden in das Flyschmeer eingeschoben und einsedimentiert. Damit beginnt die neue Phase der Klippenbildung. Eine Klippenhülle aus Oberkreide (und Eozän) wird. Die Klippenhülle hat Flyschcharakter. Später werden die Klippen auf den Flysch aufgeschoben, mit ihm verfaltet. Sekundäre Flysch Decken, Flysch Teildecken können so Klippen in sich aufnehmen.

Wie die Klippenhülle für die Klippenzone zu einem „Leitgestein" wird, so sind auch in den Klippen selbst wieder Charaktergesteine. Hierher gehören: die Grestener Schichten des Lias, dann besonders die Radiolarite und die grünen Gesteine. Auch „exotische Granite" finden sich in der Klippenzone. So gibt es hier Gesteine, die immer und immer wieder in der Klippenzone vorkommen.

Die Klippenzone finden wir vom Genfer See bis in die Ostkarpathen. Die Grestener Schichten treffen wir am Außenrande der Kalkalpen von Gresten bis nach Wien. Sie erscheinen aber auch um Kronstadt in Sieben-

bürgen am Außenrande der ostalpinen Decke, die zweifellos das Paring-
fenster der Südkarpathen weithin überschoben hat. Hier ist die Grestener
Fazies zweifellos ostalpin. Die Klippenzone in der Form der Radiolarite,
der grünen Gesteine, kennen wir von der Schweiz bis nach Wien.

Die Klippenzone der Kalkalpen findet sich in zwei Verbreitungs-
gebieten. Das eine liegt im Westen, im Allgäu bei Oberstdorf und
Hindelang. Steinmann hat von hier aus auch diese Klippenzone als
unterostalpin und als rhätische Decke bezeichnet. Diese Klippenzone
liegt außerhalb Österreichs und kommt hier nicht weiter in Betracht.
Nur soviel sei der Vollständigkeit halber gesagt, daß es typisches
Klippengebiet ist mit kristallinen Schollen, grünen Gesteinen und Radiolariten (mit Flysch?).

Dieses westliche Klippengebiet am Nordrande der Kalkalpen
hängt mit dem Klippengebiet unter den Rhätikon und der Silvretta zusammen und kommt ganz bestimmt aus dem Süden. Demnach liegt die
Heimat der westlichen Klippenzone, insbesonders die rhätische Decke
des Allgäu südlich des Helvet, südlich des Pennin. Es ist diese Klippenzone zweifellos ein ostalpines Element, mag es auch in Flysch eingebettet, mit Flysch verfaltet sein. So ist die Klippenzone „typische
Grenzregion", mögen Scherben davon noch weiter im Norden auf Flysch
oder im Flysch selbst liegen, oder sogar am Rande gegen die Molasse.

Die östliche Klippenzone tritt zum ersten Male in Scherben am
Fuße des Traunstein Ost von Gmunden auf. Sie setzt als geschlossene
Zone Ost der Weyerer Bögen ein und läßt sich bis nach Wien verfolgen.
Diese Klippenzone hat schon durch ihre auffällige Schichtfolge, durch
ihre Lage die Aufmerksamkeit der älteren Geologie auf sich gezogen.
Man hat Erklärungen versucht. Uhlig hat zuerst auf Grund seiner
Kenntnisse der Klippenzone der Karpathen die großen Zusammenhänge
gesehen und die Klippenzone der Ostalpen als Pieninen bezeichnet.
Trauth hat dann die Klippen genau studiert. Dann haben sich mit dem
Klippenproblem Kober und Spitz befaßt. Neuere Aufnahmen im
Flysch und in den Randkalkalpen durch Friedl, Götzinger und
Becker, durch Vetters und Salomonica haben weitere Erfahrungen.
über die Klippenzone gebracht. Die Klippenzone von St. Veit bei Wien,
die Hochstetter 1897 beschrieben hat und die Klippenzone von Gresten
und Waidhofen waren die Ausgangspunkte für die Studien der östlichen
Klippenzone.

Die Gesteinsfolge. Bei Ybbsitz kann man Grestener Schichten in
Form von Sandsteinen unmittelbar auf Granit in transgressiver Lagerung
finden. Es mögen diese Grestener Schichten vielleicht noch Rhät sein,
das auch aus der Klippenzone von St. Veit bekannt ist. Dem Lias
gehören die kohleführenden Grestener Schichten zu. Es sind Sandsteine, Fleckenmergel, auch Kalke reich an Fossilien. Dem mittleren
Jura gehören zutiefst dunkle Schiefer mit *Harpoceras opalinum* zu, dann
der St. Veiter Dogger, der aus Sandsteinen besteht und Ammoniten führt.
Die Neuhauser Kalke führen große Bivalven und sind das Äquivalent
der alpinen Klausschichten, die auch in der Klippenzone als rötliche

Kalke vorkommen und dem oberen Dogger zugehören. Aus dem oberen Jura (Malm) kennt man Akanthikus Schichten, dann das Tithon in Form der Radiolarite, ferner Neokom-Aptychenkalke mit Aptychen. Transgressiv liegt Oberkreide in der Form der Klippenhülle, die aus Konglomeraten und Sandsteinen besteht. Aber auch feinere Sedimente finden sich (Inoceramenschichten). Eozän sind Sandsteine, grobe Konglomerate und Flyschgesteine. Vielleicht gehören der Klippenzone auch die in letzter Zeit gefundenen Lithothamnienkalke der obersten Kreide (Danien) zu. Exotische Blöcke finden sich in der Klippenhülle der Oberkreide und des Eozäns allenthalben in Form von Graniten, Glimmerschiefern, Amphiboliten, von Neokommergeln, grünen Gesteinen, Radiolariten. Die gleichen Gesteine können aber auch als winzige Gerölle in der Klippenhülle vorkommen. Hier sind sie noch echte Sedimente, Abkömmlinge der Klippen, die in Form von feinem Schutt sedimentiert wurden. Kommt die Klippenzone, der Rand der in das Flyschmeer abgleitenden Klippen Decke immer mehr dem eigentlichen Flyschgebiet nahe, so wird der Schutt immer gröber, bis exotische Blöcke sedimentiert werden und so der Flysch zum Wildflysch wird.

Wir kommen somit zur Frage nach der Heimat, der Wurzel der Klippenzone. Zwei Auffassungen stehen sich da gegenüber. Trauth sieht in der Klippenzone ein ultrahelvetisches Element, ähnlich wie Tercier, der übrigens den ganzen Flysch als ultrahelvetisch ansieht, eine Auffassung, die durch die Verhältnisse der Natur widerlegt wird. Die Deckenlehre sah in der Klippenzone einmal ein „lepontinisches Element", also ein Stück der Stirn penninischer Decken. Staub, Kober halten sie für ostalpin, also für Kalkalpenteile. Friedl sieht sich neuerdings durch die Erfahrungen von Götzinger gezwungen, die ganze Klippenzone der Flyschzone zuzuordnen. So wird die Flyschzone ein echt helvetisches Element, die südlichste Flysch Decke.

Wahrscheinliches Entstehungsbild. Überschaut man die ganze Klippenzone, so ergibt sich über die Heimat, die Wurzel der Klippenzone, folgendes: ist die Klippenzone eine Einheit, dann ist sie ostalpiner Herkunft. Das zeigen die Verhältnisse im Westen. Die rhätische Decke unter dem Rhätikon kommt aus dem Süden. Sie kann nicht helvetisch oder penninisch sein. Damit sind auch die rhätischen Klippen von Hindelang ostalpin. In der östlichen Klippenzone können die Grestener Schichten, genau so wie die Grestener Schichten von Kronstadt in den Karpathen, ostalpin sein. Die Radiolarite sind bestimmt ostalpin. Radiolarite gibt es im Flyschgebiet nicht. Es gibt wohl im Neokom der Außenzone des Wiener Waldes, z. B. im Tulbinger Kogel im Neokom Hornsteine, doch sind diese Gesteine keine Radiolarite.

Die Wurzelzone der Klippen kann im Osten nur über dem Mesozoikum des Sonnwendstein und unter dem der Frankenfelser Decke liegen. Eine andere Ableitung ist nicht möglich. Aus dieser Region, die nicht aufgeschlossen ist, ist die Klippenzone in das südliche (ultrahelvetische) Flyschgebiet eingeschüttet worden. Die Klippenhülle ist Flysch. Die Klippengesteine selbst aber sind ostalpin.

In den Kleinen Karpathen sind in der subtatrischen Decke mit der Keuper-Trias Übergangsgebiete zwischen der hochtatrischen und der niederösterreichischen Trias mit der Lunzer Fazies aufgeschlossen. · So sind hier Wege gegeben, die auf die Herkunft der Klippenzone deuten.

Es mag sein, daß grüne Gesteine wirklich direkt aus der Tiefe der Flyschzone stammen. Man hat Gänge von Pikriten „im Flysch" des Wiener Waldes gefunden (Grengg). Aber das Klippenphänomen der Alpen kann man damit nicht erklären; denn das Klippenphänomen kommt allen Gebirgen zu und ist eine allgemeine regional-tektonische Erscheinung, die mit dem Vordringen ostalpiner Decken in das helvetische Flyschgebiet ursächlich zusammenhängt. So erklärt sich auch das ganze eigenartige Baubild dieser Zone. Dessen Grundprinzip ist: die Klippengesteine selbst sind ostalpin, die Klippenhülle dagegen helvet oder ultrahelvet.

So glauben wir, alte und neue, lokale und regionale Erfahrungen zu einem allgemeinen Gestaltungsgebiete verbinden zu können, die den Verhältnissen in der Natur am Besten gerecht wird.

Sicher ist: die Klippenzone der Ostalpen ist eines der interessantesten Bauglieder unserer Alpen.

c) Die westliche Kalkalpenzone.

Die westliche Kalkalpenzone zwischen Rhein und Inn liegt mit ihren nördlichen Randpartien fast gänzlich außerhalb der österreichischen Grenze. In letzter Zeit hat O. Ampferer vom Rhätikon bis zum Inn in mustergültigen Aufnahmen den Aufbau dieser Kalkalpenteile gegeben. Prachtvolle Deckenbauten erschließen sich hier dem kundigen Auge in herrlicher Landschaft. Man wundert sich förmlich, warum nicht hier schon längst die Erkenntnisse des Deckenbaues der Kalkalpen geboren worden sind, denkt man an die wohl aufgeschlossenen Profile, wie sie etwa in den Lechtaler Alpen erscheinen.

Rothpletz hat hier zum ersten Male von Schubmassen gesprochen. Er hat eine Allgäu- und eine Lechtalschubmasse unterschieden. Man erkannte höhere Schubmassen, wie die Wetterstein Decke (Schlagintweit). Mit der Zeit wurde durch die Aufnahmen von Ampferer die große Ausdehnung der Inntal Decke bekannt, über der noch nach Ampferer die Schubmasse der Krabachjoch Decke liegt.

Hahn hat die 1912 bekannten Decken der Kalkalpen in die bajuvarische, die tirolische und die juvavische Deckenmasse geschieden. Er hat die Allgäu Decke als tief bajuvarisch und die Lechtal Decke als hochbajuvarisch bezeichnet. Die Inntal Decke ist tirolisch. Die Krabachjoch Decke kann man heute vielleicht als juvavisch bezeichnen.

So erhalten wir eine natürliche Gliederung der westlichen Kalkalpen, die der Natur gerecht wird. Aus dieser Gliederung erkennen wir auch, daß der Bau der westlichen Kalkalpen dem Plane nach der gleiche ist, wie der der Mitte und des Ostens, und doch hat er wieder seine Eigenheit, seinen besonderen Charakter. So werden die westlichen Kalkalpen im Rahmen der ganzen Kalkalpenzone zur Einheit. Auch hier kann man

Kalkhochalpen und Kalkvoralpen unterscheiden. Auch hier erkennt man, wie die voralpine Fazies in Stratigraphie und Tektonik, in der Morphologie an die Bajuvariden, besonders an die Allgäu Decke und die nördlichen Randzonen der Lechtal Decke gebunden ist. Deutlich scheidet sich auch hier die voralpine Kettentektonik von der hochalpinen Blocktektonik, wie sie uns im Wettersteingebirge entgegentritt. Wie im Osten, so ist auch im Westen der natürliche Bauplan von der Art, daß die Südzone der Kalkalpen höher ist als der Nordrand. Nur fehlt hier im Süden die im Osten so ausgesprochene Grauwackenzone als Unterlage. Ihr Ersatz ist z. T. in der schmalen Phyllitzone von Landeck gegeben. Verschieden vom Osten ist auch die regionale Überstürzung der Kalkalpenzone an ihrem Südrande, die vom Arlberg bis nach Telfs reicht und 80 km Länge hat. Bei Innsbruck und bei St. Anton im Montafon liegen die Kalkalpen wieder „normal" auf dem Altkristallin, während in den anderen Profilen die Kalkalpen unter das Kristallin einfallen.

Die Stratigraphie zeigt eine Schichtfolge, die über ganz wenig entwickeltem Paläozoikum der Landecker Phyllitzone, in der Silur, auch Karbon enthalten ist, permischen Verrukano und darüber die transgressive Schichtfolge des kalkalpinen Mesozoikums trägt, das in diesem westlichen Teile wieder besonderer Art ist.

So fehlen westlich vom Inn ganz und gar die im Osten so typischen Werfener Schiefer. Es fehlen die Massen der Dachsteinkalke des Ostens. Dagegen treten im Westen die rhätischen Riffkalke hervor. Die „Allgäuschiefer" spielen eine große Rolle. Gosau ist weniger vorhanden. Anderseits werden die Arlbergkalke, die Partnachschichten, die Wettersteinkalke, die Hauptdolomite charakteristisch. Die Hauptbausteine sind wohl die Arlbergkalke, die Wettersteinkalke und Dolomite, dann die Plattenkalke (Hauptdolomit-Dachsteinkalk). Charakterlandschaften formen auch die Allgäuschiefer des Lias und die Kreideschiefer.

Für die westlichen Kalkalpen gibt O. Ampferer in den Erläuterungen zu den geologischen Karten der Lechtaler Alpen folgende Schichtfolge für die Kalkalpen dieses Gebietes.

Über dem Verrukano, der mit klastischen Gesteinen (Quarzgeröllkonglomerate, Arkosen, Quarzite, Serizitschiefer) transgressiv über altkristallinen Schiefern und paläozoischen Quarzphylliten liegt, die Silur-Karbon sind, folgt die basale Triasserie der Buntsandsteingruppe. Sie ist fast ausschließlich auf den Südrand der Kalkalpen beschränkt. Nördlich von Flirsch findet sich der Buntsandstein verschuppt mit Verrukano und Phyllit. Dabei ist die Schichtfolge gegen Norden überkippt — eine Lagerung, die für die Grenze von Zentralzone und Kalkzone des Westens so charakteristisch ist. Weit verbreitet sind rote, grüne, auch weißliche Quarzsandsteine, die auch mit der höheren Trias verschuppt sein können. Gipslager und Rauhwackenschuppen sind gleichfalls häufig. Normale Kontakte sind in dieser Zone nicht bekannt. Auf dem Skyth der unteren Trias folgt der Muschelkalk (anisische und ladinische Stufe). Basal liegen die Muschelkalk-Partnach Schichten. Kalke vom Typus der Gutensteiner-, der Reiflinger-Hornsteinknollen-

kalke gehen nach oben in die tonschieferartigen, griffelig brechenden
Partnachschichten über, die bei Dalaas Reptilienreste geliefert haben.
Pietraverde Tuffe von 3—4 m Mächtigkeit finden sich in relativ weiter
Verbreitung in den Hornsteinkalken eingestreut. Höher liegen die Arlbergkalke, die das Äquivalent des östlichen Wettersteinkalkes sind. In den
mittleren und oberen Teilen der Arlbergschichten liegen in der Umgebung von Lech Melaphyrtuffe und Melaphyrlaven. Wettersteinkalk
und Wettersteindolomit sind charakteristische Bausteine der Lechtaler Alpen. Im Heiterwandzug der Inntal Decke wird er an 1000 m
stark. Der Wettersteinkalk des Ostens geht vom Arlberg an in die Fazies
der Arlbergschichten über. Wie andernorts reicht auch hier die Vererzung nur bis in den Wettersteinkalk (Blei- und Zinkerze). Die obere
Trias setzt mit den karnischen Raiblerschichten ein, die aus Mergeln,
Sandstein, Kalk, Dolomit, Gips, Rauhwacken und groben „tektonischen
Rauhwacken" bestehen. Die Mächtigkeit der fossilreichen Ablagerungen
kann bis an die 400 m gehen. Lager „Raibler Gipse" finden sich
bei Reutte. Norisch sind der Hauptdolomit und der Plattenkalk. Mylonitzonen stellen sich ein. Die Seefelder Ölschiefer des Ostens finden sich
hier nur mehr in der Form bituminöser Lagen im Hauptdolomit. Faul-
schlammergel (Sapropelmergel) liegen vor. Das Rhät bilden Kössener
Schichten, die in den Lechtaler Alpen in reicher Entwicklung und weiter
Verbreitung vorkommen. Oberrhätische Riffkalke mit Korallen bilden
den Übergang in die Lias-Jurakalke. Bunte, rote, gelblichrote bis graue
Kalke gehören offenbar schon dem unteren Lias an.

Der Jura zeigt nicht mehr die große Mächtigkeit wie die Trias.
Die neritische Fazies der Flachsee wird umgebildet. Bathyale und abyssale
Gesteine entstehen. Fleckenmergel, Manganschieferzonen, hornstein-
reiche Fleckenmergel bilden den mittleren und oberen Lias, bunte Horn-
steinkalke und Radiolarite mit Aptychen den Dogger und Malm (20 bis
30 m mächtig). Aptychenkalke von 50—60 m Mächtigkeit gehören dem
Neokom an. Durch Schuppung werden die Aptychenschichten auch
200—300 m stark. In der Flexenpaßgegend finden sich auch Tithonkalke,
die sich mit Brekzien und Konglomeraten verbinden und Bewegung und
(submarine ?) Erosion anzeigen. Offenbar handelt es sich hier um Gebirgsbildungen, die an der Wende von Jura und Kreide sich bemerkbar
machen.

Die obere Kreide (Cenoman—Turon—Senon—Dan) zeigt die Form
von Brekzien (Mohnenfluhbrekzie mit Phyllittrümmern), Brekzien mit
Orbitolina concava (Cenoman). Über Brekzien und Konglomeraten folgt
die Serie der „Kreideschiefer". Sie wurden früher für Partnachschiefer,
für Fleckenmergel gehalten. Die 300—400 m mächtigen Kreideschiefer
waren bereits vor der Transgression der Gosau in den Deckenbau einbezogen. So kommen sie mit den Gosauschichten nirgends unmittelbar in Berührung. Gosau mit großen Kalkblöcken ist im Mutte-
kopf typisch entwickelt. Dem Senon gehören die Mergel von Holzgau zu.

Der Aufbau der einzelnen Decken ist von der Art, daß ähnlich wie
im Osten, die nördlichen Decken nur die jüngere Schichtfolge haben.

Das ist eine Erscheinung, die wir aus allen Deckengebieten dieser Art kennen. Die Deckenstirnen enthalten nur die jüngeren Glieder der Schichtfolge, die älteren bleiben zurück. Sie stauen sich im Süden, genau so, wie sich im Norden die jüngeren und jüngsten stauen.

So beginnt die Allgäu Decke mit der oberen Trias, die Lechtal Decke mit der mittleren, während die untere Trias sich hauptsächlich im Buntsandstein auf dem Südrande der Kalkalpen anschoppt. So kann die Wetterstein Decke im Inntale, im Karwendel mit Buntsandstein einsetzen. Die Krabachjoch Decke beginnt mit Muschelkalk, soweit sie heute erhalten ist.

Wie im Osten, so sind auch hier die Kalkalpen Decken stratigraphisch verschieden. Am größten wird der Gegensatz, vergleicht man die tiefste und die höchste Decke. Natürlich gibt es auch Übergänge. Es fallen Fazies und Deckengrenze nicht so scharf zusammen. Aber dennoch gilt auch hier die Regel: jede Teildecke der Kalkalpen hat ihre Fazies der Stratigraphie, auch der Tektonik, der Morphologie, wenngleich man sieht, wie Allgäu und Lechtal Decke voralpine Fazies haben gegenüber dem hochalpinen Typus der Wetterstein Decke, der im Wettersteingebirge seine extreme Spezialisation zeigt (wenn man so sagen darf).

Die Allgäu Decke beginnt im Rhätikon, zieht als relativ schmale Außenzone, als Randkette bis an den Inn, besteht meist aus einer Schichtfolge, die von Hauptdolomit bis in die Kreide reicht. Sie liegt bei Hindelang auf der (rhätischen) Klippenzone, ansonsten auch auf der Kieselkalkzone. Die Hauptunterlage ist der Flysch. Falten- und Schuppentektonik ist der Allgäu Decke eigen, die zwischen Hindelang und Vils auch auf österreichischem Boden typische Entwicklung zeigt. Neuere Arbeiten geben hier Einsicht in den Bauplan, der deutlich die Stirntektonik der Allgäu Decke zeigt, den geschuppten Faltenwurf der jüngeren Schichten.

Die Lechtal Decke baut vom Rhätikon an größere Gebiete der Kalkalpen, tritt im Lechtalraume beherrschend hervor. Sie bildet vor dem Wettersteingebirge und dem Karwendel das Vorfeld der großen Inntal Decke, die als mehr starrer Block, als tirolide Schubmasse die bajuvarischen Decken zusammenstaut und vor sich herschiebt, vom Untergrunde abschiebt. Diese Inntal Decke wird so zur großen Deckenwalze, die von Süden und von oben her, wie eine Riesenfaust die Bajuvariden in Falten wirft. So erscheint heute das Baubild dem Auge, das nach dem Leitmotiv des bajuvariden Kalkalpenbaues forscht. Man erkennt, wie die Lechtal Decke gerade im Raume des Lechtales das Maximum an Komplikationen zeigt, wie die Falten sich überstürzen, wie Hauptdolomit weithin sich über Lias-Juraschiefer legt, wie so im Hornbachtal, im Hochvogelgebiet untere und obere Lechtal Decke sich scheiden lassen. Die Lechtal Decke wird hier zum Hauptbaustein, der Schollen der höheren Decken trägt. Die Lechtal Decke finden wir aber auch auf dem Südrande der Kalkalpen, die Grenze gegen die Zentralzone bildend. Zugleich wird sie zur Unterlage der Inntal Decke. Dann liegen über der Kreide der Lechtal Decke Schollen der Inntal Decke, sogar überstürzt gegen Süden einfallend. Bei Innsbruck fällt die Lechtal Decke

bereits mit Nordfallen unter die Inntal Decke des Karwendel. Die
Überschiebungsfläche ist gegeben durch den Gegensatz von Lias-Jura-
gesteinen gegen untere und mittlere Trias. Auf Lias-Jurafleckenmergel
legen sich in regionaler Überschiebung Buntsandstein, Muschelkalk oder
Wettersteinkalk.

Die Inntal Decke setzt nach Ampferer mit einer klaren Deckscholle im Rhätikon ein. Auf der Kreidemulde, der Lechtal Decke der
Scesaplana liegt die Hauptdolomitscholle der Inntal Decke. Das geschlossene Verbreitungsgebiet der Inntal Decke setzt im Gebiete des
Flexenpasses ein und läßt sich bis gegen Innsbruck verfolgen. Hier löst
sich die Decke wieder auf. Das Verbreitungsgebiet der Inntal Decke
ist der südliche Teil der Kalkalpen. Charakteristisch als Hauptbaustein
der Inntal Decke ist der Wettersteinkalk, der die schroffen Mauern

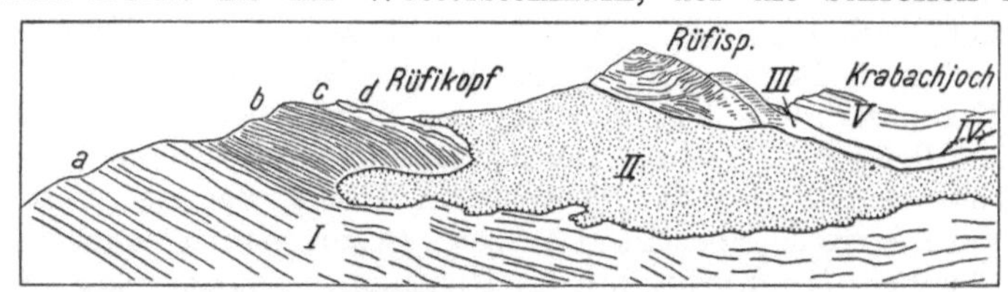

Abb. 11. Profil durch die Inntal und Krabach Decke von O. Ampferer.
I = Sockel aus *a* = Hauptdolomit, *b* = Plattenkalk, *c* = Kössener Schichten, *d* = Oberrhätischer-
und Liaskalk. *II* = Punktiert, Kreideschiefer. Die gezackte Linie stellt die transgressive Auf-
lagerung der Kreideschiefer dar. *III* = Schubmasse aus Hauptdolomit. *V* = Schubmasse aus älterer
Trias. Die dick gezogenen Linien sind die Ausschnitte von Schubflächen. Ein Beispiel kalkalpiner
Deckentektonik aus den Lechtaler Alpen. Freie Oberflächentektonik.

bildet, während in der Lechtal Decke mehr der Hauptdolomit die Landschaft bestimmt. Hier kommt es auf das große Charakterbild an, auf
das Wesen, das eine Decke in sich zum Ausdruck bringt, auf die Fazies
im weitesten Sinn. Diese gibt die Inntal Decke des Wettersteingebirges,
des Karwendels. Wettersteinkalke bilden die Unterlage der Überschiebung,
fahren dann steil über Juraschichten auf oder legen sich als flache Deckschollenreste über Jura-Neokomschichten, wie man das auch östlich vom
Inn sehen kann (Kampenwandgebiet).

Fenster erscheinen unter der Inntal Decke. Das auffälligste ist
das Neokomfenster des Puitentales auf der Südseite des Wettersteingebirges. Komplizierte Faltentektonik kann sich hier einstellen, wie das
im Karwendel der Fall ist. Verfaltung mit der Lechtal Decke tritt ein.

Über der Inntal Decke liegt die Krabachjoch Decke, die nur im Westen
sich findet. Die Krabachjoch Decke liegt nach Ampferer Ost vom
Flexenpaß, bei der Stuttgarter Hütte. Der Flexenpaß selbst ist eine
Quermulde der Lechtaldecke. Bei Zürs liegen über den roten Tithon-
kalken Kreideschiefer, die flache Hänge bilden. Nun folgt die Inntal
Decke mit Hauptdolomit, Kössener Schichten. Schollen von Rhätkalken
und stark ausgewalzte Aptychenkalke folgen, die schon auf die kom-
mende Überschiebung durch eine höhere Schubmasse deuten. Die
Krabach Decke, wie wir hier kürzer sagen wollen, die oberste Decke

der Lechtaler Alpen, ist aber nur mehr in Resten der mittleren und oberen Trias vorhanden. Sie setzt mit Muschelkalk ein, der sehr reich an Hornsteinknauern ist. Partnachschichten, wenig mächtiger Wettersteinkalk, gut entwickelte Raibler Schichten und Hauptdolomit folgen. Damit schließt die Schichtfolge, die in ihrer Fazies und Fossilführung der Raibler Schichten anders geartet ist als die darunter liegende Deckenmasse der Lechtaler Kalkalpen.

Überschau. Die westliche Kalkalpenzone streicht vom Inn zuerst mehr rein westlich, biegt dann im Allgäu vor Hindelang um, der Iller entlang gegen Süden zurück und endet im Rhätikon. Hoch emporgetragen über den Flysch des Prätigau, liegen über unterostalpinen Klippen die letzten Deckschollen der Kalkalpen, die westlich des Rheins keine Fortsetzung haben. Man sieht, wie hier die Kalkalpen auf dem Helvet, auf Pennin schwimmen. Ost von Bludenz erscheint innerhalb der Kalkalpen noch einmal nach Ampferer der Flysch als Fenster.

Angesichts dieser Tektonik der Kalkalpen im Rhätikon wird klar, daß die Kalkalpen an ihrem Westende ausheben, daß ihre Fortsetzung nur die Klippen der Schweiz sein können. Diese beginnen jenseits des Rheins mit der Grabser Klippe, die aus ostalpinen Gesteinen besteht. Ihre Fortsetzung sind die Klippen der Mythen, der Freiburger Alpen, des Chablais.

d) Die mittlere Kalkalpenzone

liegt zwischen Inn und Enns, ist ungefähr gleich lang wie die westliche (an 200 km). Im Norden liegt wieder die Flyschzone, im Süden stellt sich die Grauwackenzone ein. Im Westen streichen die Kalkalpenzüge vom Inn gegen Nordosten. An der Enns begrenzen aber die Weyerer Bögen in eigenartiger Weise die mittleren Kalkalpen in ihrer nördlichen Hälfte.

Wieder erscheint ein Stück Kalkalpen mit dem allgemeinen Bauplan, der aber doch wieder seine besondere Form hat, insofern als hier die Bajuvariden zurücktreten und die Tiroliden herrschend werden, die Juvaviden klassische Vorkommnisse bilden.

Tiroliden und Juvaviden treten in einem großen Bogen vor. Es ist der tirolische Bogen (Hahn) an der Stirn der Tiroliden, der vom Inn mit NO-Streichen an die Traun bis Gmunden zieht, von hier aber wieder gegen SO zurückweicht, bis gegen Hieflau an der Enns.

Während die Kalkalpenzone als Ganzes mit einer Breite von 40 bis 50 km gegen Osten zieht, teilt sich die Kalkalpenzone in sich deutlich in die unteren und die oberen Kalkalpen Decken, in die Ketten der Voralpen, in die Plateauberge der Kalkhochalpen. Bajuvariden sondern sich gut von der Einheit der Tiroliden, der Juvaviden, die als Kalkhochalpen zum Hauptbaustein werden, zum großen Block der Kalkhochalpen, die im tirolischen Bogen weit über die voralpinen Ketten der Bajuvariden vordringen, sie überwältigen, sie überschieben und überdecken, so daß im Höllengebirge, im Traunstein die Stirn der Tiroliden fast unmittelbar mit schöner Steilmauer über dem Flysch sich aufbaut. Nur eine schmale bavarische Zone von Hauptdolomit-, Lias-, Jura- und Neokomschollen liegt unter der Last der Tiroliden begraben und zeigt Stirntektonik.

Tiroliden und Juvaviden dringen im tirolischen Bogen zwischen Inn und Enns bis an den Flyschrand vor und wiederholen so den Bogen des Tauernfensters im kleinen. Man erkennt, wie das scharfe SO-Streichen der Kalkalpen im Ostflügel des tirolischen Bogens — dem Sengsengebirgsbogen — die gleiche Richtung hat wie der Seckauer Flügel des Nordsteirischen Gneisbogens.

Man sieht, wie Ost der Enns die Kalkalpen NO streichen, wie an der Enns die karpathische Richtung einsetzt, wie an der Enns sich das ostalpine, das karpathische Streichen scharen. Die Weyerer Bögen der Kalkalpen bezeichnen, wie der nordsteirische Gneisbogen im Süden, die Scharungsstelle von ostalpiner und karpathischer Richtung.

In den Weyerer Bögen schieben sich an der Enns die östlichen Kalkalpen im Kampfe um den Raum über die mittleren. Und zwar sind es in erster Linie die Randketten, die tieferen Decken, die sich hier scharen. Die Weyerer Bögen sind der Spezialbogen der Bavariden, während die Tiroliden und Juvaviden diese Eindrehung in sich nicht zeigen. Das deutet darauf hin, daß die starren Kalkhochalpen, die zudem in der Höhe liegen, dem Drucke ausweichen konnten, der die Weyerer Faltenbogen quer auf das allgemeine W—O-Streichen geschaffen hat.

Diese Weyerer Bögen sind auch noch deshalb interessant, weil man hier das Eindringen des Flyschmeeres, der Flyschzone in die Kalkalpenzone zu sehen glaubte, in der Art, daß das Flyschmeer in das Kalkalpengebiet in Form von Kanälen oder Fjorden eingedrungen sei.

Die mittlere Kalkalpenzone ist am Inn nicht so breit als weiter im Osten. Am Inn wirkt noch die Tauernkulmination nach, die die Grauwackenzone hoch aufhebt. So kommt auch die Kalkalpenzone mehr in die Höhe und wird dementsprechend auch mehr erodiert. Dagegen liegt im Raume der Salzach und der Traun eine große Depression vor. In dieser Senke liegen nun die Tiroliden und Juvaviden, füllen sie ganz aus, so daß für die Bavariden kein Raum bleibt. Es ist die große tirolische Mulde, die schüsselförmig in sich die Juvaviden trägt.

Diese tirolische Mulde (Hahn) hat einen Nord- und einen Südflügel. Der Nordflügel zieht vom Kleinen Kaiser in einer Kette von Muschelkalk bis zum Hohenstaufen bei Reichenhall. Ost von Salzburg setzt der tirolische Stirnrand wieder ein, zieht als steile Mauer vom Höllengebirge zum Traunstein und weiter über den Aufbau des Sengsengebirges an das Ennstal zwischen Altenmarkt und Hieflau. Allgemein tritt Ost von Salzburg bis an die Enns der Wettersteinkalk mit ausgesprochenem Stirnbau hervor.

Der Südflügel zieht vom Wilden Kaiser auf der Südseite der Kalkalpen weiter und baut die Südmauer des Steinernen Meeres, des Hochkönigs, des Tennengebirges und verschwindet hier unter den Juvaviden der Dachsteingruppe. Nur Schollen der Tiroliden stecken im Mandlingzug bei Radstadt im Paläozoikum der Grauwackenzone. Aber Ost vom

Grimming setzt im Südteil des Toten Gebirges und in der Warscheneck-
gruppe der tirolische Südflügel wieder ein und läßt sich noch am Ge-
säuseeingange in den schön geschichteten Dachsteinkalken des Himbersteins erkennen (Kober).

Die tirolische Mulde trägt in sich die Hallstätter Decken
und die Dachstein Decke. Die Juvaviden bauen im Saalachtale
von Reichenhall bis Lofer Lattengebirge und Reiteralm. Der Hohe Göll
und der Untersberg sind juvavisch. Prächtig erhebt sich West von Salzburg über Hallstätter Klippen die Stirn der Dachstein Decke im Untersberg. Die Dachsteingruppe selbst bildet den Typus der Dachstein Decke.
Die Hallstätter Decke aber liegt in Schollen, in „Kanälen", über der
tirolischen Decke und unter der hochjuvavischen Dachstein Decke.

Geschichtliches. Deckenbau hat hier zuerst E. Haug erkannt.
Er unterschied die unten liegende, die basale bajuvarische Decke. Darauf
lag die Salz- und Hallstätter Decke, die von der Dachstein Decke überschoben werden. Haug ging also von der natürlichen Gliederung in
Kalkvoralpen und Kalkhochalpen aus, von der Existenz der eigenartigen
Hallstätter Kanäle. Das „Haugsche Schema" wurde 1912 von Hahn
verworfen, die Hallstätter Decke vollständig negiert. Er gab aber die
Gliederung in bajuvarisch, tirolisch und juvavisch. Kober nahm diese
Gliederung auf, gab ihr den wahren Sinn, indem er die alten Erkenntnisse von Haug in die neue Ordnung naturgemäß einbaute. So ist aus
den Erkenntnissen von Haug, Hahn und Kober die Gliederung geworden, die der Natur entspricht. Demnach existiert die Hallstätter
Decke. Sie liegt aber unter dem Dachstein. Die Hallstätter Salzlagerstätten haben ihre Erhaltung dem Umstande zu verdanken, daß sie
eben zwischen den Kalkalpen Decken liegen, wie Haug und Kober
gezeigt haben, und nicht auf der Dachstein Decke, wie Spengler
angenommen hat. Hier hätten sie nicht so leicht erhalten werden können.
Auch Ampferer hat sich für die Zwischenschaltung der Hallstätter
Decke zwischen zwei Kalkalpen Decken ausgesprochen und folgt damit
der alten Erkenntnis von Haug und Kober.

Die bajuvarischen Randketten.

Die bajuvarischen Randketten, die Allgäu- und die Lechtal
Decke sind am Inn zwischen Nußdorf in Bayern und Kufstein in Öster-
reich an 15 km breit, ziehen von hier gegen Osten und bilden unter
dem tirolischen Hohen Staufen nur mehr eine ganz schmale Stirnzone.
Dann kommt der Einbruch von Salzburg. Erst im Mondseegebiet, unter
der Schafberg Stirn hat Wimmer neuestens die bajuvarische Zone in
Form von Neokommergeln unter dem tirolischen Wetterstein nachgewiesen (auch am Nordfuß der Drachenwand). Sie erscheint dann als
Langbathzone (Pia) unter dem Nordfuß der tirolischen Stirn des
Höllengebirges, die sich aus Wettersteinkalk aufbaut mit verkehrt liegendem Hauptdolomit. Dann ist die Langbathzone in Form von Neokom-
fleckenmergeln im Gschliefgraben unter der Wettersteinstirn des Traunstein
bei Gmunden vorhanden. Im Almtal wird sie zur selbständigen Zone,

verbreitert sich gegen Osten zusehends. Der Nordrand der Zone zieht über Kirchdorf gegen Neustift, das schon jenseits der Enns liegt. Der Südrand weicht auf der Nordseite des Sengsengebirges gegen SO weit zurück, gegen Altenmarkt an der Enns. Die Weyerer Bögen stellen sich ein.

Die ganze bajuvarische Zone ist in Falten und Schuppen geworfen, zeigt die typische Stirntektonik der Randketten der Bavariden und besteht aus gehäuften Falten und Schuppen von Hauptdolomit, Rhät, Liasfleckenmergeln, Klaus- und Akanthikusschichten, aus Tithon-Radiolariten und Neokom. In den Weyerer Bögen ist auch transgredierende Oberkreide zu erkennen, die über die West-Ost streichenden Falten sich quer darauf zu legen scheint.

Die Bavariden lassen hier schon die typische Gliederung des Ostens, in Frankenfelser und Lunzer Decke erkennen.

Die Tiroliden.

Sie setzen im Westen mit dem Kaisergebirge ein. Dieses bildet eine große Mulde. Wettersteinkalk baut die Flanken im Norden und im Süden. In der Mulde liegen Hauptdolomit, im Osten noch Dachsteinkalk und Rhät. Im Norden liegt die bajuvarische Zone, im Süden eine Vorzone, die als Lechtal Decke angesprochen werden muß, in der auch Gosau liegt. Diese findet sich auch im Osten, im Norden.

Ampferer sieht im Kaisergebirge eine freischwimmende Deckscholle der Inntal Decke, die über voralpiner Decke liegt. Er setzt diese hoch oben liegende Schubmasse den juvavischen Deckschollen gleich, eine Auffassung, der auch Kober 1923 im „Bau der Alpen" gefolgt ist. Leuchs leugnet die Deckennatur des Kaisers im Sinne Ampferers. Das hat seine Berechtigung, wenn man sieht, wie die Kaisergebirgsmulde direkt in die Kammerkehr fortsetzt. Ist das richtig, dann kann das Kaisergebirge keine freischwimmende Deckscholle sein, obwohl sie, wie in den Wolken schwebend, mit der Wettersteinkalkmasse hoch über dem bajuvarischen Untergrund liegt. Es sieht so aus, wie wenn die Wettersteinkalke fächerartig aus dem Untergrunde herausquellen würden.

Aber, soweit wir heute sehen, ist keine andere Deutung möglich, als sie schon Hahn gegeben hat: das Kaisergebirge gehört zur tiroliden Schubmasse. Die Wettersteinkalke der Nordseite des Kaisergebirges sind die Nordfront der Tiroliden. Die Mulde des Kaisergebirges ist der Anfang der großen tirolischen Mulde, in der von Lofer an die juvavischen Deckschollen liegen.

Der Südflügel der Tiroliden zieht in die Leoganger Steinberge, in das Steinerne Meer, in den Hochkönig, in das Tennengebirge. Hier endet der tirolische Südflügel oder zieht nur mehr als schmale, ganz zerquetschte Zone, als ein mehr oder minder breites „Rauhwackenband" an der Südseite des Dachsteingebietes durch.

Ein tirolischer Schubspan in der Grauwackenzone ist, ohne Zweifel, der Mandlingzug, der sich bei Gröbming vom Grimmingstock loslöst und über Radstadt bis gegen das Salzachtal zu verfolgen ist (Trauth).

Der Nordflügel der tirolischen Mulde zieht über das Sonntagshorn in den Hohen Staufen, setzt dann im Gaisberg (?) bei Salzburg ein. Die ganze kuppelartig gebaute Osterhorngruppe ist tirolisch (?), desgleichen der Schafberg, das Höllengebirge, der Traunstein, das Totengebirge, das Sengsengebirge und das Warscheneck.

Nord- und Südflügel verbinden sich in der großen Jura-Neokommulde der Kammerkehrgruppe, die gegen Osten einsinkt und um Lofer bereits juvavische Deckschollen trägt. Im Osten verbindet sich die tirolische Mulde wieder im Profil vom Sengsengebirge zum Warscheneck, zum Pyhrnpaß.

Es ist die große Windisch-Garstener Mulde, die wie die Loferer Mulde im Westen juvavische Deckschollen trägt.

Die Gesäuseberge sind nicht tirolisch, wie auch Hahn glaubte, sondern juvavisch und überragen die tirolische Mulde, deren Südflügel in den Dachsteinkalken am Gesäuseeingang gegeben ist. Die typischen tirolischen Dachsteinkalke des Himbeersteins tragen Gosau und fallen unter die Ramsaudolomite der Gesäuseberge, die die Wandflucht der Dachsteinkalke tragen. Die prachtvollen Nordwände der Gesäuseberge sind das vollständige tektonische Äquivalent zu den großartigen Dachstein-Südwänden (Kober).

Die Tiroliden bilden im Kaiser eine 10 km breite Zone. Die tirolische Mulde zwischen dem Staufen und der Schönfeldspitze nördlich von Saalfelden hat dagegen eine Breite von fast 40 km. Die ganze Kalkalpenzone bildet hier die große tirolische Mulde, in der die juvavischen Deckschollen der Hallstätter, der Dachstein Decke liegen (Reiteralm, Lattengebirge).

Im Profil vom Traunstein bis zum Grimming besteht der größte Teil der Kalkalpen aus der tirolischen Decke. Nur der Süden trägt vom Grundlsee an juvavische Deckschollen. Der Grimming selbst ist die Stirn der Dachstein Decke.

Die Schichtfolge der Tiroliden beginnt mit dem Werfener Schiefer, trägt Muschelkalk (Gutensteiner-, Reiflinger Kalk), besonders aber Wettersteinkalk, auch Ramsaudolomit, darüber Lunzer (Raibler) Schichten und Hauptdolomit. Sehr mächtig wird im Totengebirge der Dachsteinkalk, der auch Liasfleckenmergel tragen kann. Im Lias finden sich auch Hierlatzkalke, Adnether Kalke, im Dogger Klausschichten, ferner Akanthikusschichten, Oberalmschichten, Tithon-Plassenkalke. Neokom fehlt. Gosau liegt transgressiv bis auf Werfener.

Tektonik. Die tirolische Deckenmulde liegt als Fortsetzung der Inntal Decke des Westens als schwimmende Masse über den Bavariden. Nur im Sengsengebirge macht es den Eindruck, als ob ein Verband mit der Lunzer Decke vorhanden wäre. Im Tal von Grünau liegt die Gosau transgressiv über Muschelkalk, Werfener Schiefer und über jüngeren Schichten. Hier macht der tirolische Überschiebungsrand den Eindruck, als ob eine vorgosauische Anlage des tiroliden Baues vorhanden wäre. Es ist denkbar, es ist wahrscheinlich, daß ein Einschub der tirolischen Decke in das bajuvarische System schon vor der Gosau erfolgt ist.

8*

Hier sei es gestattet, zu der Arbeit von **Brinkmann** Stellung zu nehmen, die zeigen soll, daß bei Grünau, bei Windisch-Garsten Fenster von
Flysch inmitten der Kalkalpen vorkommen. Ein Flyschfenster, 20 km
vom Flyschrand entfernt, wäre als direkter Beweis für die Flyschunterlage
der Kalkalpen von großer Bedeutung — aber es existiert nicht. Eigene
Beobachtungen in diesem Gebiet im heurigen Sommer haben gezeigt, daß
dieser Flysch wohl nichts anderes ist als Neokom. Es kann sein, daß bei
Grünau ein Flyschfenster vorkommt — bei Windisch-Garsten ist keines
vorhanden.

Die Juvaviden.

Die **Juvaviden** gliedern sich in die Hallstätter Decken und in die
Dachstein Decke. Es mag sein, daß auf dieser noch eine höhere Decke
liegt, die **Ampferer** die Ultra Decke genannt hat.

Abb. 12. Profil der Südseite der Kalkalpen im Dachsteingebiet. Nach einem Photo mit Eintragungen
von L. K o b e r. Ein Beispiel für den komplizierten Bau der Südseite der Kalkalpen. In der Tiefe
die Grauwackenzone. Darüber *W* = Werfener Schiefer, darüber *R* = Rauhwacken, die von der
vollständig zerriebenen tirolischen Decke herrühren. Darüber *H* = die Hallstätter Decke, die werfener Schiefer zeigt, Hallstätterkalke, Halobienschiefer und Liaskalke. Darüber in großer Überschiebung die Dachstein Decke = *D*, die in sich wieder gegliedert ist. *Do* = Dolomite. *D* = Dachsteinkalke. Im Vordergrunde der Rettenstein, rechts der Dachstein, dann die Mitterspitze, links
der Torstein. Schuppentektonik, die nach oben freie starre Blocktektonik wird. Beispiel für
hochalpine Triasentwicklung, darunter die Hallstätter Klippenfazies. Charakterbild der mittleren
Kalkalpen in Morphologie, Fazies und Tektonik.

Die **Hallstätter Decken** hat zuerst **Haug** 1903 erkannt und sie
zwischen die Totengebirgs- und die Dachstein Decke gelegt. **Novack,
Hahn, Spengler** haben andere Auffassungen zu beweisen versucht.
Nach **Spengler** liegt wie bei **Hahn** die Hallstätter Decke auf dem
Dachstein, die der Südflügel der tirolischen Mulde sein soll. Diese Auffassung besteht aber nicht zu Recht. Das lehren die Verhältnisse im
Hallstätter Bergbau. Das Hallstätter Salz kommt nicht von oben her
in den Berg hinein, sondern von der Tiefe her, wie der Bergmann immer
angenommen hat.

Hölzl hat in der letzten Zeit die Hallstätter Zone bei Aussee studiert
und auch er fand zwei Hallstätter Decken. Für das ganze Gebiet liegen

die alten Aufnahmen von G. Geyer vor. Man kann eine untere und eine obere Hallstätter Decke unterscheiden. Beide führen anscheinend das Haselgebirge — was für den Bergbau sehr wichtig sein kann. Die untere Hallstätter Decke hat mehr die „Schlammfazies", wie sie sich in den Zlambachschichten typisch findet. Unter diesen Schichten liegen Pötschenkalke, Pötschendolomite, Hallstätter Kalke. Die obere Hallstätter Decke zeigt basal den Werfener Schiefer und das Haselgebirge, darüber Muschelkalk, auch Schreieralmkalke, Halobienschiefer (karnische Stufe), norische Hallstätter Kalke, Liasfleckenmergel, Oberalmschichten und Plassenkalk. Die Gosau liegt transgressiv. Der Einschub der juvavischen Decke in die tirolische Mulde ist vorgosauisch.

Die Dachstein Decke besteht aus Werfener Schiefer, Muschelkalk, Ramsaudolomit, Cardita (Raibler) Schichten, Dachsteinkalk, Hierlatzkalk, Klausschichten, Akanthikusschichten. Neokom fehlt den Juvaviden. Gosau liegt transgressiv.

Die Hallstätter Decken finden sich in zwei Hauptzonen. Die eine liegt im Norden, inmitten der Kalkalpen zwischen den Tiroliden und der Dachstein Decke, die zweite liegt im Süden der Dachstein Decke, am Südrande der Kalkalpen. Nord- und Südzone verbinden sich unter der Dachstein Decke. Auf der Westseite des Dachsteinzuges haben Kober und Neumann deren Verbindung von der Zwieselalm im Norden bis zur Bischofsmütze im Süden nachgewiesen. Im Osten findet sich die Verbindung bei Liezen, im Profil des Grimming.

Die Hallstätter Decke setzt in der Loferer Mulde ein und ist als geschlossene Zone von Lofer über Reichenhall und Hallein bis Abtenau zu verfolgen. Hier teilt sich die Hallstätter Zone in den Nord- und den Südzug. Der erste geht um die Nordseite der Dachstein Decke, über Ischl, Aussee und Mitterndorf nach Liezen, der Südzug geht über die Zwieselalm auf die Südseite des Dachsteinzuges (Neumann).

Im Rettensteinzug hat Kober zuerst die Hallstätter Decke mit Haselgebirge, mit Hallstätter Kalken erkannt. Hier hat Kober auch Liaskalk unter dem Triaskalk des Rettenstein gefunden. Diese Hallstätter Zone mit den typischen Hallstätter Kalken, mit Halobienschiefern, mit Zlambachschichten bei der Zwieselalm ist die Unterlage für die Dachstein Decke.

Trauth hat diese Schuppenzone unter dem Dachstein und unter dem Tennengebirge als Martiner Schuppenland aufgefaßt, das gegen Süd bewegt sein sollte. Über die Verhältnisse auf der Südseite des Tennengebirges sind wir noch nicht im klaren. Es kann sein, daß in dem Martiner Schollenland — Reste der Lechtal Decke vorliegen, die in gleicher Ausbildung auch bei Saalfelden vorkommen. Immer findet man Wettersteinkalke, Halobienschiefer, Werfener Schiefer, die in Form von Klippen, Schollen unter die Kalkalpen einfallen.

Klippenzonen dieser Art kennt man auf der ganzen Südseite der Kalkhochalpen des Ostens. Der Martiner Schuppenlandtypus ist eine allgemeine Erscheinung der Südseite der Kalkalpen. Er findet sich immer unter dem juvavischen oder tirolischen Südrande, wenn tiefere Deckenreste vorhanden sind. Meist erscheinen diese als die „Rauhwacken-zonen" der älteren Literatur. Diese sind aber nichts anderes als mehr oder weniger mylonitisierte tiefere Deckenreste. Daß es auch primäre Rauhwacken gibt, ist selbstverständlich.

Diese Ausführungen müssen hier genügen. Nur soviel sei noch gesagt, daß das Salzkammergut das klassische Gebiet der Deckenlehre der Kalkalpen ist, daß gerade hier die eigenartige Fazies der Hallstätter Trias typisch entwickelt ist. Diese Trias, die durch die marmorartigen und stellenweise so fossilreichen Hallstätter Kalke charakterisiert ist. Auffallend ist die Hallstätter Fauna, die in dieser Geschlossenheit nur in der Hallstätter Trias vorkommt, in gleichen Gesteinen sich im Himalaya, in Timor findet, während sie den westlichen Kalkalpen vollständig fehlt.

Auffallend ist auch die Mächtigkeit der Decken. Die Trias des Totengebirges, der Dachstein Decke mag 1500 m mächtig werden, die dazwischen liegende Hallstätter Fazies hat eine Mächtigkeit von 200 m. So mag die Hallstätter Zone in tiefen Kanälen entstanden sein. Darauf deuten auch die Foraminiferen der Hallstätter Kalke, die Heinrich untersucht hat. Die Hallstätter Decke des Salzkammergutes setzt über Liezen gegen Osten fort. Sie liegt auf der Totengebirgs Decke des Warschenecks, dringt dann in das Becken von Windisch-Garsten vor. Sie liegt dabei auch unter den Haller Mauern und über den letzten Resten der verdünnten tirolischen Unterlage. Die Hallstätter Zone von Pyhrnpaß ist von Geyer beschrieben worden, ihre Fortsetzung gegen Osten von Ampferer.

e) Die östlichen Kalkalpen.

Die östlichen Kalkalpen bauen von der Enns bis an die Donau auf einer Strecke von 140 km die Kalkalpen, im Westen begrenzt von den Weyerer Bögen, im Osten vom Abbruch der Thermenlinie, die die Kalkalpen quer NNO—SSW laufend, in der Richtung von Wien bis Gloggnitz quer auf ihr West—Ost-Streichen abschneidet.

An der Thermenlinie versinken die Kalkalpen in die Tiefe des Wiener Beckens.

Auch diese östlichen Kalkalpen zeigen typischen Bau. Sie zeigen die reichste Ausbildung. Sie zeigen also kalkalpine Decken von der Klippenzone an bis zur Ultra Decke. Sie zeigen klassische Profile der Stratigraphie, der Tektonik, der Morphologie. Hier wurde der Deckenbau der Kalkalpen des Ostens zuerst von Kober 1909—1912 ausgebaut. Hier wurden die ersten Fenster in der Nähe von Wien gefunden (Schwechatfenster, Kober 1907). Hier wurde von Trauth die Klippenzone studiert. Hier wurde von Uhlig der Begriff der Pieninen für die ostalpine Klippenzone aufgestellt.

Uhlig hat hier die Anregung gegeben, die Kalkalpen auf Deckenbau zu untersuchen. Er hat als Paläontologe und Stratigraph den größten Wert darauf gelegt, gerade die Faziesverhältnisse der Kalkalpen aufs genaueste zu studieren. Er hat die Anleitung gegeben, genau im Detail zu beobachten, aber auch das regionale Bild überschauen zu lernen. Vorbild war hier immer unser großer Meister — E. Sueß.

So konnte hier aus dem Geiste dieser Männer in begeistertem Kampfe um das Große, neue Erkenntnis der Deckenlehre erzielt werden, während andere im Kampfe gegen die Deckenlehre verharrten.

Aber ein Stück Leben wird doch wieder lebendig und fängt schon an Geschichte zu werden. Aber wir müssen gerade hier dieser Männer gedenken, die damals die Führer waren auf dem rechten Wege. Kober hat für die östlichen Kalkalpen 1912 die Gliederung in voralpine und hochalpine Decken gegeben. Zu den ersteren gehören die Frankenfelser, die Lunzer, die Ötscher Decke. Hochalpin sind die Hallstätter, die Dachstein Decke. Später fügte Ampferer noch die Ultra Decke hinzu. Heute gliedern wir diese Decken, wie im Westen, in Bavariden, Tiroliden und Juvaviden.

Die östlichen Kalkalpen streichen ganz und gar im karpathischen Sinne, wenn auch die NO-Richtung nicht so ausgesprochen ist. Die größte Breite liegt im Profil von Gresten gegen Vordernberg und beträgt 30 km. Zugleich zeigt sich, daß wieder der tirolische Nordrand zu einer Leitlinie wird, der von der Enns bis zur Traisen, von Altenmarkt bis Lilienfeld scharf karpathisch NO streicht und teilt so die Kalkalpen bei Lunz in eine nördliche und südliche Zone. Weiter gegen Osten tritt aber diese Linie fast ganz an den Flyschrand heran. Die Überschiebungslinie der Ötscher Decke auf die Lunzer Decke ist nichts anderes als die Altenmarkter—Brühler Aufbruchslinie der alten Geologie, die im großen und ganzen auch die Grenze von Kalkvor- und Kalkhochalpen ist.

Die bajuvarischen Decken. *Frankenfelser und Lunzer Decke.*

Sie ziehen als Frankenfelser- und Lunzer Decke von der Thermenlinie bis in die Weyerer Bögen. Sie bilden die voralpinen Randketten, liegen im Norden dem Flysch, bzw. der Klippenzone auf und werden im Süden von der Ötscher Decke überfahren. Die Grenze ist die Brühl—Altenmarkter Linie, die über Lilienfeld und Lunz zu verfolgen ist.

Stratigraphie. Die Frankenfelser Decke tritt in typischer Entwicklung im Pielachtal zwischen Rabenstein und Frankenfels auf, besteht aus einer Schichtfolge von Hauptdolomit, Rhät, Liasfleckenmergeln (Hierlatzkalk), Klauskalken, Tithon-Radiolariten, Neokom-Aptychenschichten und flyschartiger Oberkreide.

Die Tektonik zeigt Falten, Schuppen, die sich übereinanderschieben — die typische Stirntektonik der Randketten, wie sie auch aus Bayern bekannt ist. Im östlichen Teil wird die Frankenfelser Decke fast zu einem Klippenzug.

Die Lunzer Decke tritt als die Hauptdecke der Randketten im Gebiete von Lunz in typischer Fazies der Stratigraphie, Tektonik und Morphologie auf. Zwischen Ybbsitz und Lunz wird die Lunzer Decke an 10 km breit und besteht aus Werfener Schiefer, Gutensteiner und Reiflinger Kalk. Wettersteinkalk fehlt. Dem Karn gehören die Lunzer Schichten zu, die reich gegliedert sind und Kohle führen. Der norischen Stufe gehören der Opponitzer Kalk zu, der Hauptdolomit und Dachsteinkalk, der in dieser Decke zum ersten Male erscheint. Der Jura ist reicher gegliedert als in der Frankenfelser Decke und zeigt im Lias: Liasflecken-

mergel, Hierlatzkalk, Adnetherkalk. Dem Dogger gehören die Klausschichten an. Darüber folgen die roten Ammonitenkalke der Akanthikusschichten, die Tithon-Radiolarite, Neokom-Aptychenschichten, Neokom-
Roßfeldschichten. Oberkreide beginnt mit Cenomansandstein. Gosau
ist schon in recht typischer Art vorhanden.

Im Höllensteinzug sieht man nach den Studien von Spitz, wie die
Höllensteinfalten deutlich von der Gosau transgressiv überlagert werden,
ein Beispiel, das die vorgosauische Tektonik zeigt. Trotzdem ist die
Gosau der Lunzer Decke vom Werfener Schiefer und Muschelkalk der
Ötscher Decke regional überschoben — der Beweis, daß die Deckentektonik
jünger ist als die Transgression der Gosau. Das ist eine Erkenntnis, die
sagt: es läßt sich in den Kalkalpen deutlich eine vorgosauische und eine
nachgosauische Tektonik trennen. Das heißt: auch der Kalkalpen-Deckenbau ist in Phasen entstanden. Die vorgosauische Gebirgsbildung tritt
in der Transgression der Gosau mit aller Entschiedenheit hervor.
Damit wird auch die regionale Bedeutung der vorgosauischen Tektonik
der Kalkalpen, der Ostalpen überhaupt klar. In der Lunzer Decke tritt
die Transgression der Gosau in den östlichen Kalkalpen zum ersten Male
ganz deutlich hervor, geht man vom Nordrande der Kalkalpen aus.

Noch eine andere Erscheinung ist in der Lunzer Decke auffallend. Sie
ist im Osten bei Mödling, im Höllensteinzug recht schmal, im Westen,
im Profil von Weyer a. d. Enns bis Göstling a. d. Ybbs wird sie 20 km breit.
Hier tritt der Faltenbau auch klar zutage. Er ist aber nie so stark wie in
der Lechtal Decke. Freilich sind die östlichen Kalkalpen nicht so gut
aufgeschlossen, weil sie nicht so hoch liegen. Würden sie den Untergrund
entblößen, so kämen tiefere Bauelemente zutage. Daß es solche gibt,
zeigt z. B. das Erlaftal Südost von Kienberg, wo in der Tiefe der Erlaf
Neokom der Frankenfelser Decke unter dem Muschelkalk der Lunzer
Decke als Fenster sichtbar wird.

Die Tiroliden — Ötscher Decke.

Die Ötscher Decke liegt Süd der Altenmarkt—Brühler Linie und Nord
der Puchberg—Mariazeller—Hieflauer Linie. Im Osten schmal, wird die
Ötscher Decke im Profil Nord vom Schneeberg 15 km breit und gliedert
sich in Teildecken. Im Ötschergebiet wird sie fast 20 km breit und bildet
eine riesige stirnartige Falte, deren Rücken im Süden geschuppt ist. Im
Ötscher sind die Dachsteinkalke bereits in großer Mächtigkeit entwickelt.
In der Ötscher Decke bildet sich schon der hochalpine Typus aus. Im
Lias zeigt der Ötscher selbst die reine Kalkentwicklung, der Südteil dagegen die Fleckenmergelfazies — eine Differenzierung, die weithin durch
die Ötscher Decke zu verfolgen ist.

Stratigraphie. Die Decke selbst kann schon an 1500 m mächtig
werden, besteht schon fast ganz aus Kalk und Dolomit und beginnt mit
dem Werfener Schiefer. Dann folgen Gutensteiner, Reiflinger Kalk. In
der Ötscher Decke erscheint zum ersten Male der Wettersteinkalk (Dolomit). Lunzer Sandstein, Hauptdolomit, viel Dachsteinkalk folgen. Der
Jura hat die normale alpine Fazies mit Oberjura-Radiolarit und Neokom.

Die Gosau ist ganz typisch entwickelt und transgrediert bis auf den Werfener Schiefer.

Die Tektonik dieser Decke ist im Osten auch von Ampferer und Spengler studiert worden. Ampferer glaubte eine andere Deckenfolge erkennen zu können. Aber es ist klar, daß die Ötscher Decke im Osten die gleiche Position hat wie die Inntal Decke, der sie auch in der Tektonik in gewissem Sinne gleicht. Auch mit der Ötscher Decke wird der Bau, sozusagen, ruhiger.

Das kommt daher, weil die Ötscher Decke höher oben liegt, weil sie zugleich dicker, starrer ist. So wird sie nicht so leicht zusammengefaltet. Das ist z. B. im Ötscherstock der Fall. Gegen Osten stellt sich auch in der Ötscher Decke der Schuppenbau ein. Das zeigen schon die alten

Abb. 13. Profil durch die Kalkalpen von der Dürren Wand (links *D*) gegen die Hohe Wand (rechts). Blick vom Schneeberg. Nach einem Photo. Eintragungen von L. Kober. Charakterbild das links die voralpine Wellentektonik zeigt, rechts die Blocktektonik der Hohen Wand. Links die Ötscher Decke, rechts die Hallstätter Decke. *D* = Dachsteinkalk, *J* = Jura, *G* = Gosau, *H* = Hauptdolomit. Auf dem Schuppenbau der voralpinen Ötscher Decke liegt, vergosauisch eingeschoben, die Hallstätter Decke. *W* = Werfener Schiefer. *M* = Muschelkalk. *L* = Lunzer Sandstein. *Ha* = Hallstätterkalke der Hohen Wand. Freie Oberflächentektonik der Kalkalpen. Der Einschub der hochalpinen Decken bewirkt z. T. den Schuppen- und Faltenbau der Voralpen.

Profile von Bittner aus dem Piestinggebiet. Hier ist aber die Ötscher Decke im Aufbau nicht mehr so mächtig. So ist die Mächtigkeit der Ötscher Decke im Anningerstock am Abbruch der Kalkalpen in das Wiener Becken keine 600 m mächtig. Eine Besonderheit der Ötscher Decke ist, daß sich hier auf weite Strecken hin, auf ihrer Unterseite eine verkehrte Serie findet, die Kober zuerst im Fenster des Schwechattales bei Baden nachgewiesen hat. Derartige Liegendserien kennt man weiter im Westen von Klein Zell. Dieses Vorkommen von Rhät und Lias hat Bittner schon gekannt, aber natürlich anders gedeutet. Sonderbar ist auch, daß in dieser Serie Liassandsteine mit *Gryphaea arcuata* vorkommen, so bei Alland im Schwechattal.

Die Juvaviden. *Hallstätter* und *Dachstein Decke.*

Die Hallstätter Trias der östlichen Kalkalpen ist von Geyer in den Mürztaler Alpen dargestellt worden. Bittner beschrieb die Hallstätter Kalke von der Ostseite des Schneeberges, die bis nach Hernstein verfolgt werden können. Diese Hallstätter Kalke mit ihren Fossilien haben auch in dem Kampfe Mojsisovics-Bittner um die Stufengliederung der alpinen Trias eine entscheidende Rolle gespielt.

Uhlig und Kober haben die Hallstätter Zone als Hallstätter Decke angesprochen. Die Hohe Wand-Zone wurde als Hallstätter Decke erkannt, wie auch die Schollenregion auf der Südseite des Schneeberges (Kober, 1909).

Die Stratigraphie der Hallstätter Decke zeigt folgenden Aufbau. Basal liegen Grauwackenschollen mit Quarzporphyren, Serpentin. Im Werfener Schiefer tritt wieder Haselgebirge auf. Dann folgen Hallstätter Kalke des Muschelkalkes, der sich auch in der Fazies des Wettersteinkalkes findet. Es gibt karnische Hallstätter Kalke. Es gibt auch die karnischen Halobienschiefer, denen norische Hallstätter Kalke, Pötschenkalke aufliegen. Zlambachschichten finden sich. Im Gebiet der Hohen Wand Oberliaskalke. Wie im Westen ist auch hier der Plassenkalk des Oberjura typisch. Unterkreide fehlt. Die Gosau ist typisch entwickelt und von der gleichen Art wie sie in der klassischen Lokalität Gosau, West von Hallstatt, vorkommt.

Die Hallstätter Zone liegt als Decke genau so wie im Westen über der Ötscher und unter der Dachstein Decke. Spengler, Ampferer, Cornelius haben andere Auffassungen über die Tektonik der Hallstätter Decke ausgesprochen; doch wird heute niemand mehr leugnen, daß die Schneeberg Decke als hochalpine Decke über der Ötscher Decke liegt. Tatsache ist, daß die Hallstätter Schollen nicht auf dem Schneeberg liegen, sondern unter ihm.

Tektonik. Die Hallstätter Decke findet sich in den östlichen Kalkalpen wieder in zwei Zonen, in zwei „Kanälen“. Der Nordkanal läuft gesetzmäßig an der Grenze der Ötscher und der Dachstein Decke von Hieflau—Landl gegen Maria-Zell nach Puchberg am Schneeberg und von da gegen Hernstein. Die Südzone der Hallstätter Decke setzt mit der Hüpflinger Kalkfazies von Bittner auf der Südseite der Gesäuseberge ein, sie findet sich weiter in der Aflenzer Triasfazies der Südseite des Hochschwab bei Aflenz. Im Mürztaler Gebiet verbindet sich die Süd- mit der Nordzone, die weiter im Osten durch die Dachstein Deckenmasse der Schneealpe, der Rax, des Schneeberges geteilt wird.

Die Hallstätter Zone bildet hier wieder, wie im Westen, typische Klippenzonen, die bei Landl, bei Mariazell, bei Puchberg gut ausgebildet sind. Klippenartig ist auch das Vorkommen der Hallstätter Decke der Südseite der Kalkhochalpen, z. B. im Rax- und Schneeberggebiet, wo sie Kober zuerst erkannt hat. Cornelius leugnet neuerdings die Existenz der Hallstätter Zone auf der Südseite der Rax, obwohl er sie auf der Nordseite hat und kommt so zu einer ganz neuen Auffassung, die weder mit der von Spengler noch mit der von Ampferer, noch mit der von Kober übereinstimmt — der typische Beweis, daß diese Auffassung und die Darstellung der Hallstätter Zone des Raxgebietes unrichtig ist.

Die Tektonik der Hallstätter Decke zeigt, daß die Hallstätter Zone auch im Osten, z. B. im Schneealpengebiet, aus zwei Teilschuppen besteht, was Cornelius gleichfalls nicht erkannt hat, obwohl man die Teilschuppen schon seit 1912 kennt (Kober). Das große Verbreitungsgebiet der Hallstätter Decke ist die Region Ost vom Hochschwab und West der Schneealpe. Hier liegen auch kristalline Schollen unter Grauwackengesteinen in der tieferen Scholle. Grauwackenschollen finden sich in der Hallstätter Decke auch bei Schwarzau. Sie wurden früher als Aufbrüche in der Tiefe gedeutet. Es sind aber Schollen der Grauwackenzone, die mit der Hallstätter Decke mitgeschleift worden sind.

Die Dachstein Decke. Sie bildet die Kalkhochalpen und liegt immer südlich der Linie Hieflau—Mariazell—Puchberg. Sie setzt an der Enns mit

Abb. 14. Profil durch die Nordwände der Gesäuseberge, der Planspitze. Unten die Ramsaudolomite, oben die Dachsteinkalke. Typusbild für die Dachstein Decke. Im Gesäuse Eingange liegt darunter noch Hallstätter Decke. Im Himberstein bilden Dachsteinkalke Reste der Ötscher Decke. Über der Planspitze liegt noch die Zinödl Decke (Ultra Decke).

den Gesäusebergen ein, bildet den Hochschwabstock und endet mit dem Schneeberg. Diese „hochalpine Decke" liegt über der Hallstätter Decke und trägt noch eine höher liegende Schubmasse, die im Gebiete der Heßhütte der Gesäuseberge nach Ampferer vorkommt. Auch auf dem Schneeberg soll diese Ultra Decke in Form von Resten von Werfener Schiefern sich finden.

Der Schichtaufbau der Dachstein Decke in diesem Raume zeigt Werfener Schiefer, spärlichen Gutensteiner Kalk, Wettersteindolomit (Ramsaudolomit), Wettersteinkalk, Carditaschichten, Dachsteinkalk in großer Mächtigkeit. Jura und Unterkreide ist nicht bekannt. Gosau liegt transgressiv.

Die Tektonik der Dachstein Decke Ost von der Enns zeigt wieder die Großblöcke der Kalkalpen. Steilmauern begrenzen sie. Die Hochplateaus zeigen flache, ruhige Lagerung, wie das im Westen der Fall ist. Die Tektonik scheint so ruhig, daß Deckenbau fast nicht wahrscheinlich erscheint. Und doch findet man öfter die Unterlage der Hallstätter, der Ötscher Decke. Diese wurde zum ersten Male als Fenster des Hengst

bei Puchberg erkannt (Kober 1912). Später fand man das Fenster der
Ötscher Decke weiter im Süden im Sirningtal (Koßmat). Die Ötscher
Decke findet sich aber auch noch auf der Südseite des Schneeberges
im Werninggraben in Form von Schollen von Hauptdolomit und
Dachsteinkalk, die unter der Hallstätter Decke liegen (Kober). Ötscher
Decke findet sich aber auch, wie schon gesagt wurde, in den Dachstein-
kalken des Gesäuse Einganges im Himberstein, die unter der Dachstein
Decke der Gesäuseberge liegen.

Mit dem Schneeberg endet die Dachstein Decke. Als riesige Klippe
liegt diese Schneeberg Decke in der Mulde der Ötscher Decke, die sich
von der Nordseite des Schneeberges bis zur Südseite spannt. Ist auch
der Südflügel reduziert, so erscheint hier doch wieder und zum letzten
Male der Bauplan, den wir von Westen her kennen. Es ist der Bauplan
der großen tirolischen Mulde, die in sich die Juvaviden trägt.

Es ist der hochalpine Bauplan der Kalkalpen, der bei Lofer einsetzt, der
bei Puchberg am Schneeberg endet. Er ist auf eine Länge von 270 km bekannt.

f) Überschau.

Die Fortsetzung der Kalkalpen in die Karpathen. Die
Kalkalpen Niederösterreichs erscheinen zum ersten Male wieder im Norden
der Kleinen Karpathen, in der sogenannten Lunzer Fazies der Rachs-
thurnzone (Vetters). Die Lunzer Decke liegt hier auf der subtatrischen
Decke. Keine höhere Decke ist zu sehen. Auf einer Strecke von 100 km
hat sich in der Tiefe der Umbau der Ostalpen in die Bauform der Karpathen vollzogen. 100 km östlich der Klippen von St. Veit—Wien setzen
nach der Unterbrechung durch das Wiener Becken die karpathischen
Klippen bei Miava an und ziehen von hier als karpathische Klippenzone
bis in die Ostkarpathen. Im Waagtale ist die typische Ötscher Decke mit
typischer Gosau vorhanden (Kober). Auch die hochalpine Fazies findet
sich mit der ostalpinen Grauwackenzone im Zips-Gömerer Erzgebirge.

So setzt der ostalpine Bauplan in die Karpathen fort. Aber er wird
abgeändert und macht mit der Zeit dem typischen Bauplan der Karpathen
Platz. Allgemein sieht man, wie in den Karpathen die ostalpine Decke
weiter im Süden zurückbleibt, wie besonders die typischen höheren ostalpinen Bauglieder, wie die Tiroliden, die Juvaviden im Süden zurück-
gehalten werden.

Die Fortsetzung der Hallstätter, der Dachstein Decke des Schneeberg-
gebietes bei Wien gegen Osten ist in einer Linie zu suchen, die bei Bruck
an der Leitha das Leithagebirge überschreitet und von hier gegen NO zieht.

Die Wurzeln der Kalkalpen Decken. Die Darstellung der
Zentralzone, der Grauwackenzone hat schon Veranlassung gegeben, auf
die Frage der Wurzelzone der Kalkalpen einzugehen. Wir können
hier kurz folgendes festhalten:

1. Die Kalkalpen sind im Raume südlich der Penninzone entstanden.

2. Sie liegen tektonisch über dem unterostalpinen, also über dem
Engadiner-, über dem Tribulaun-, über dem Radstädter- und Semmeringmesozoikum. Das gilt sowohl stratigraphisch wie tektonisch.

3. Die Kalkalpen Decken wurzeln demnach in den Silvrettiden, in den Muriden, entweder im Altkristallin oder in dem dazugehörigen Stück der Grauwackenzone, also auch in der Steinacherjoch (Karbon-) Decke.

4. Es kann sein, daß auch noch die Koriden als Wurzelzonen der Tiroliden, der Juvaviden in Betracht kommen. — Für alle Fälle liegen aber die Wurzelzonen in den Stirn- oder in den vorderen Dachzonen der Zentraliden, nicht aber in deren Rückenteilen, in den Drauiden, etwa in den Karawanken.

5. Die Kalkalpen Decken sind Stirnabstauungen, entstanden auch durch den Abschub der höheren nachwirkenden Decken.

Die Großtektonik der Kalkalpen ist die allgemeine Stirntektonik abgleitender, abgestauter Decken. Daraus ergibt sich auch der große Muldenbau, der sich im Detail wiederholt. Die Flügel der Mulden werden geschuppt. In der Mulde liegt die oberste Deckscholle mit mehr ruhigem Bau. Man erkennt auch die passive Tektonik der Kalkalpen Decken besonders in den Voralpenketten, die von den nachgleitenden höheren, starreren hochalpinen Kalkalpen zusammengeschoben werden. Aus der Tektonik ergibt sich die Anordnung der Faziesbezirke in der Art, daß im Süden die Kalkalpenserie kalkreicher, bathyaler wird, ein Zug, der auch in den Helvetiden, in den Penniden zum Gesetz wird.

Die Tektonik der Kalkalpen läßt als Hauptphasen erkennen: die vorgosauische Faltung der Mittelkreide, die nachgosauische, alttertiäre, mitteloligozäne Phase der Überschiebung der Kalkalpen en bloc auf den Flysch und endlich die jüngere Tektonik, die aber in den Kalkalpen selbst nicht unmittelbar aufgelöst werden kann. Die Faltung beginnt im Jura.

III. Die Flyschzone. Die Sandsteinzone. Das Helvetische Deckensystem. Die Helvetiden. Die Externiden.

1. Allgemeines.

Die Flysch- oder Sandsteinzone ist die erste alpine Einheit, die immer Süd der Molasse und Nord der Kalkalpen liegt. Die alte Geologie sah in der Flyschzone ein absolut bodenständiges Element, das durch Brüche von der Molasse, von den Kalkalpen getrennt ist, z. T. aber auch unmittelbar mit diesen Zonen verbunden ist.

Nach dieser Auffassung ist die Flyschzone ein relativ schmaler Meeresarm gewesen, in dem die Sandsteine, Schiefer, Mergel und Konglomerate des Flysches abgelagert worden sind. Im Sinne der modernen Tektonik ist das allgemeine Gestaltungsbild der Flyschzone ein anderes. Wohl sieht auch die Deckenlehre in diesem helvetischen System ein relativ autochthones Gebirge. Aber die Deckenlehre muß aus dem allgemeinen Deckenbau der Alpen heraus die Flyschzone als eine selbständige geologisch-tektonische Einheit ansprechen, die die unmittelbare Fortsetzung des ganzen helvetischen Deckengebirges der Westalpen, der Schweiz ist. Am Rhein gehen die Helvetiden der Schweiz, wie wir mit R. Staub auch sagen können, in die Helvetiden der Ostalpen über, die ihrerseits wieder an der Donau in die Helvetiden der Karpathen übergehen.

Zweifellos haben die Helvetiden der Westalpen ihren spezifischen Bau. Es geht aber nicht an, diesen „helvetischen Baustil" unmittelbar auf die Flyschzone der Ostalpen zu „übertragen". Die Bezeichnung Helvetiden hat einen gewissen lokalen Charakter. Zweifellos ist die Flyschzone der Ostalpen stratigraphisch und tektonisch wieder eigener Art. Das gleiche gilt von der karpathischen Sandsteinzone. Darum hat L. Kober vorgeschlagen, die Flyschzone als erste Zone der Alpen, als alpine Außenzone, als Externzone, kürzer als Externiden zu bezeichnen. Damit ist ein neutraler Name geschaffen, der die tektonische Position der Zone fixiert und damit auch sagt, daß ihr ganzes geologisches Geschehen von spezifischer Art ist.

Die Externiden sind die Randzone der alpinen Geosynklinale, die in der orogenen Phase der oberen Kreide und des Alttertiärs die Funktion einer Vortiefe erhält. In der „Flyschzeit" wird die „Flyschgeosynklinale" gebildet, in der der „Flysch" zur Ablagerung kommt. Die „Flyschbildung" setzt mit der oberen Kreide ein, geht durch das Alttertiär. Mit der oberen Kreide wird die „Flyschzone" alpine Vortiefe, die jungmesozoisch-alttertiäre Saumtiefe, in der der Schutt des aufsteigenden Gebirges zur Ablagerung gelangt. Nach der Phase der immer breiter und tiefer werdenden Kalkalpengeosynklinale übernimmt die helvetische Region die Rolle der immer tiefer sinkenden Flyschgeosynklinale des alpinen Zyklus. So wird die Flyschzone zu einer Art „Restgeosynklinale", der zuletzt die Molassegeosynklinale in der Molassezeit folgt. Zugleich sehen wir in diesem Gestaltungsbilde der alpinen Geosynklinale zum alpinen Orogen das Wandern der Geosynklinale nach außen, hier also gegen Norden, bis endlich die Geosynklinale ganz verschwindet, vollständig ausgepreßt wird. Jetzt erst ist das Gebirge geworden. Der geologische Sinn der ganzen Evolution, wenn man so sagen darf, hat sich erfüllt. In diesem streng gerichteten Evolutionsverlaufe kommt der Flyschzone eine ganz bestimmte Funktion zu: die Rolle der Randzone vom Kontinentalblock zur Tiefe des alpinen Orogens, daß im penninischen Trog zur plastischen Zone wird.

Die Externiden haben wir uns als eine ursprünglich ungefähr 80 bis 100 km breite Zone zu denken, die in den Westalpen 40—60 km weit aufgeschlossen ist. Die helvetische Zone der Schweiz reicht vom Molasserand bis zur Grenze von Helvet und Pennin. So ist also die Südseite des Gotthardmassivs die Oberflächengrenze der helvetischen Zone gegen das Pennin. In den Karpathen ist die Flyschzone an die 70 km breit. In den Ostalpen dagegen ist sie meist nur ein schmales Band, oft nur 4 bis 5 km breit. Am Rhein und an der Donau aber sehen wir, wie die Flyschzone wieder breiter wird, immer dort, wo die Kalkalpen zurückweichen, „tektonisch ausheben", verschwinden, die Baupläne also regional anders werden. Immer sehen wir die Kalkalpen auf dem Flysch, ebenso den Flysch auf der Molasse liegen.

Die Deckenlehre kann dieses Bild der Flyschzone naturgemäß nur so deuten: in der Flyschzone der Ostalpen liegt nur die Stirn der Flyschzone vor. Der Hauptkörper aber liegt unter den Kalkalpen begraben.

Die Kalkalpen liegen mit ihrer ganzen Breite auf dem Flysch. In der Tiefe der ostalpinen Grauwackenzone, so in 40—50 km Entfernung vom Nordrand des Flysches liegt die Grenze der Flyschzone gegen Süden. Hier, in der Linie des Südrandes der Kalkalpen, liegt in der Tiefe die Grenze von Helvet und Pennin, die Helvetlinie.

So ist Pennin z. B. im Engadiner Fenster schon Süd von Landeck, bei Prutz, vorhanden. Nord von Landeck liegt der Südabfall der Kalkalpen. In der Tiefe von Landeck ungefähr ist die Grenze von Helvet und Pennin zu suchen. Im Tauernfenster z. B. taucht Süd von Bruck-Fusch die Schieferhülle der Tauern unter das überschobene ostalpine Gebirge. Nord von Saalfelden liegt der Südabfall der Kalkalpen. In der Tiefe der Region Zell am See ist die Grenzzone von Pennin und Helvet zu denken. Im Osten mag die Grenze der Externiden und der Metamorphiden im Untergrunde vom Semmering, wieder ungefähr in 50 km Entfernung vom Außenrand zu denken sein.

Dergestalt ist das Bild, das die moderne alpine Geologie aus dem ganzen Alpen-Karpathenbilde sinngemäß zeichnen muß, will sie alle Erscheinungen naturgemäß erfassen. Daraus ergibt sich, daß die „Flyschtektonik" eigener Art ist. So ist es für die Deckenlehre ganz unmöglich zu denken, daß die Flyschzone südlich von St. Pölten bloß ein 5—10 km breiter Kanal war. Die heute so aufgeschlossene Flyschzone ist bloß die „Flyschstirn". Der „Flyschkörper" liegt unter den Kalkalpen, von diesen vollständig überschoben in der Tiefe und ist selbst wieder in Decken gegliedert. Beweis ist, daß immer wieder Flysch erscheint, wo die Kalkalpen erodiert worden sind, wo sie tektonisch gegen Süden zurückweichen. Das ist im Bregenzer, im Wiener Wald in gleicher Weise der Fall. Hier wird die Flyschzone am Rhein, an der Donau auf einmal wieder gegen 20 km breit. Aus diesem Bilde ergibt sich, daß die Flyschzone heute vom Außenrand bis zum Innenrand unter der Grauwackenzone eine Breite von 50—60 km hat. Von dieser sind meist nur 5—10 km aufgeschlossen, kommen als „Flyschstirn" zutage. Zugleich ergibt sich die Tatsache, daß Flysch- und Molassezone in ihrem Aufbau genau so grundverschieden sind wie Flysch- und Kalkalpenzone. So muß auch die Grenze vom Flysch zur Molasse eine tektonische Grenzlinie erster Ordnung sein. Die Deckenlehre kann diese Verschiedenheit der Zonen nur durch die Tatsache großer, weitgehender Überschiebungen erklären. Eine andere Erklärung ist ausgeschlossen. In der Tat zeigen die Westalpen Molasse unter dem helvetischen Gebirge im Fenster des Rhonetales an 20 km überschoben. Damit ist ein Bild der Größenordnung der Überschiebung von Helvet auf Molasse gegeben. Von ähnlicher Größe sind also auch in den Ostalpen die Überschiebungen von Flysch auf Molasse zu denken. Aber wir sehen nirgends ein Profil, daß uns hier Gewißheit geben könnte.

Gerade im Profil von St. Pölten ist die Molassezone nur an die 15 km breit. Hier ist auch die Flyschzone nur 5—10 km aufgeschlossen. Hier kommt die böhmische Masse den Alpen am nächsten. Im Raume Amstetten—St. Pölten stehen sich Alpen und die böhmische Masse auf einer Strecke von 5—10 km so unmittelbar gegenüber, so fremd, so ganz

anders gestaltet, daß hier schon E. Sueß die ganze Eigenartigkeit des
Phänomens veranlaßt hat zu den Worten: „die Alpen treten über ihr
Vorland (1875)“.

Hier sinkt die böhmische Masse unter die Molasse, diese taucht unter
den Flysch, dieser unterlagert wieder die Kalkalpenzone. Hier wird man
mindestens mit 10—15 km Überschiebung des Flysches auf die Molasse
zu denken haben. Der Flysch selbst wieder auf 50 km überschoben von
den Kalkalpen. Der Flysch selbst aber ist in der Tiefe in Falten und
Decken geworfen, deren Tektonik gegeben ist durch die Tektonik des
Untergrundes, durch die Tektonik des Oberbaues, d. h. durch die Tektonik
der überschobenen Kalkalpen Decken.

Die ganze wunderbare Größe und Schönheit helvetischen Deckenbaues ist in den Westalpen, in der Schweiz bekannt geworden. Hier
sind die klassischen Profile „helvetischer Tektonik“ aufgeschlossen. Es
ist eine Oberflächentektonik abgleitender Falten, z. T. passiv vorge-
triebener Deckenkörper, die die helvetische Überschiebungs- und Faltentektonik in einzigartigen Aufschlüssen zeigen.

In den Ostalpen kommen die helvetischen Decken von unten herauf.
Sie zeigen von unten nach oben aufsteigende Überschiebungen. E. Sueß
spricht in dem Falle von „listrischen Überschiebungen“. Dieser
tektonische Typus läßt sich im Flysch der Ostalpen, der Karpathen überall erkennen. Der Typus der ostalpinen Flyschtektonik ist eine
Abscherungstektonik, derart, daß die große Kalkalpen Decke den
Flysch vom Untergrund abschert, zusammenstaut, und überschiebt. Zugleich wird die Flyschzone von Norden her „unterschoben“.

Wir stellen hier dieses allgemeine Gestaltungsbild der Tektonik
voraus, nicht einer vorgefaßten Meinung zuliebe, sondern um aus dieser
Regionaltektonik die Lokaltektonik des Flysches, die außerordentlich
kompliziert ist, aus weitem Erfahrungskreise leichter verständlich zu
machen.

Die Deckenlehre hat auch die Flyschtektonik aufgehellt. Gewiß gibt
es auch heute noch viele Fragen stratigraphischer und tektonischer Natur.
Aber wir sehen heute um vieles klarer. Zweifellos ist, daß dem Flysch
gerade zufolge seiner großen „inneren Beweglichkeit“ eine Deckentektonik von großer Komplikation zukommt. Zweifellos ist, daß die
Flyschzone auf der Außen-, auf der Innenseite von tektonischen Linien
erster Ordnung begrenzt wird. Nirgends sehen wir den Flysch in die
Kalkalpen „transgressiv eindringen“, wie die ältere, die autochthone
Geologie geglaubt hat. Auch ist der Flysch nicht an die Molasse bloß angepreßt, sondern regional über sie überschoben, eine Erkenntnis, die
gerade für die moderne Ölgeologie von fundamentaler Bedeutung ist. Je
größer die Überschiebung der Flyschzone auf die Molasse ist, desto größer
ist der Raum, in dem Erdöl zu erhoffen ist.

Gliederung. Die Flyschzone innerhalb der österreichischen Grenzen
gliedern wir in den ostalpinen, in den karpathischen Anteil. Die
Donau bei Wien gibt hier eine Grenze. Anderseits ist es natürlich, daß
die ostalpine Flyschzone auf der Strecke vom Rhein bis zur Donau Ver-

schiedenheiten aufweist, die durch die Stratigraphie, durch die Tektonik gegeben sind. So werden wir wieder, den Verhältnissen der Natur folgend, drei Abschnitte unterscheiden können: Den Westen, die Mitte, den Osten. Die Grenze mögen die Flüsse Inn und Enns sein. So scheiden wir eine westliche, mittlere und östliche Flyschzone. Sind die Grenzen auch in gewissem Sinne „geographisch", so sprechen doch auch die Verhältnisse in der Natur dafür.

Große Teile der ostalpinen Flyschzonen liegen außerhalb der österreichischen Grenze. So kommen die geologisch-tektonischen Verhältnisse der ostalpinen Flyschzone nur so weit zur Darstellung, als sie zum Verständnis des ganzen notwendig sind.

2. Die westliche Flyschzone.

Wir betrachten zuerst die westliche Flyschzone, besonders das Gebiet des Bregenzer Waldes, dessen Erforschung auf Gümbel und Richthofen zurückgeht. Vacek hat hier 1879 zum ersten Male Profile gegeben. Aus diesen einfachen Faltenprofilen der alten Geologie ist das moderne Deckenprofil geworden. Freilich ist auch dieses nicht geklärt. Gerade die letzten Darstellungen dieses Gebietes gehen weit auseinander, wie auch die allgemeine Auffassung noch recht weitgehende „Differenzierung" zeigt. Mylius sah 1912 noch im Bregenzer Wald ein autochthones System. Nach Boden hängt z. B. der oberbayrische Flysch mit den Kalkalpen zusammen (1921). Das Flyschmeer brandete am Kalkalpengebirge. So ist eine Überschiebung von Kalkalpen und Flysch nicht anzunehmen, wenngleich diese Zonen über das Helvet hinweggeschoben sind.

Richter wieder sieht im Flysch eine ostalpine Decke, die mit den Kalkalpen weit hergewandert ist (1930). Man trennt den „Flysch" von der „helvetischen Zone" und fragt, ob der Flysch helvetisch sei (Arn. Heim 1923, Schaad 1925). Oder ist der Flysch eine ultrahelvetische Decke (Meesmann 1925). Tercier kommt neuerdings dazu, die ganze ostalpine Flyschzone (samt den Klippen) als ultrahelvetisch anzusprechen (1936).

Die Flyschzone vom Rhein bis zur Salzach hat in der Geologie von Bayern durch Leuchs eine Darstellung erfahren, auf die wir hier verweisen. Wir begnügen uns hier mit der Feststellung folgender Tatsachen: die helvetische Zone des Bregenzer Waldes ist zweifellos die Fortsetzung der Helvetiden der Schweiz. Die Helvetiden in Vorarlberg zeigen Deckenbau und gliedern sich in die eigentliche helvetische Zone und in die Flyschzone. Diese findet sich immer über dem Helvetikum und unter den Kalkalpen. Alle Bewegung geht nach Norden.

Helvetikum und Flysch sind deutlich unterschieden. Ersteres umfaßt die typische helvetische Schichtfolge, die vom mittleren Jura bis in das Eozän reicht. Die auffallenden Schrattenkalke des Neokom formen besonders am Außenrand der helvetischen Zone bei Dornbirn z. B. schöne morphologisch-tektonische Bilder. Scharf treten die Schrattenkalk-

antiklinalen in der Landschaft hervor. Der Flysch formt wieder weichere
Formen. Er sinkt regional unter die Kalkalpen hinab. Ost von Bludenz
fand Ampferer (1936) den Flysch in einem kleinen Fenster unter den
Kalkalpen.

Im Profil Dornbirn—Bludenz ist die „Flyschzone" 25 km breit.
50 km weiter im Osten ist sie bloß mehr 6 km breit. Das ist dort, wo die
österreichische Grenze weit gegen Norden vorspringt. Wo die Kalkalpen
im Raume Oberstdorf—Vils scharf gegen Norden vordringen. Von
Füssen an ist die ostalpine Flyschzone eine schmale Zone, die immer
wieder echt helvetische Elemente und den typischen „Flysch" zeigt.

Immer ist von der Flyschzone die sogenannte „unterostalpine
Klippenzone" zu trennen, die z. B. bei Oberstdorf—Hindelang typisch
auftritt. G. Steinmann hat diese unterste Kalkalpen Decke als rhätische
Decke bezeichnet. Fraglich ist dagegen Stellung und Bedeutung der
sogenannten „Feuerstätter Klippen".

Wir heben aus der Mannigfaltigkeit der Darstellung die letzten
Arbeiten hervor, die von Kraus 1932 und von Blumenthal 1936 gegeben worden sind. Sie zeigen zugleich die Schwierigkeiten, die sich
der Erkenntnis entgegenstellen. Wir wollen hier gleich sagen, daß
wir derzeit noch nicht imstande sind, die Tektonik vollständig zu klären.
Wahrscheinlich aber ist, daß die Lösung mehr in der Richtung liegen
wird, die von Blumenthal eingeschlagen worden ist. Er gibt gegenüber
dem überaus komplizierten Baubild der „Flyschzone" von E. Kraus
ein einfacheres, wahrscheinlicheres Profil.

Kraus unterscheidet für den Bregenzer Wald folgende Decken-
elemente, die in sich noch kompliziert verfaltet sind, so daß Ein-
wicklungen der Decken zustande kommen. Die Deckenfolge ist nach
Kraus folgende: Zutiefst liegt die Molasse des Außenrandes. Auf ihr
liegen als tektonisch nächste Zonen die nach Norden vordrängenden
Faltenschuppen der helvetischen Zone, in der auch die Juraantiklinorien
liegen (Canisfluh). Diese helvetischen Zonen nehmen den größten Teil
des Bregenzer Gebirges ein. Darüber liegt die höhere Zone, geteilt in die
Feuerstätter Decke, in die Sigiswanger und die Oberstdorfer Decke.

Kraus kann nicht feststellen, ob die Feuerstätter Decke unter der
Sigiswanger Decke liegt, hält aber diese Lagerung für wahrscheinlich.
Ungemein komplizierte Profile ergeben sich. Diese löst Blumental in
recht einfache Tektonik auf, derart, daß über den helvetischen Falten
die Flyschzone liegt. Diese ist nach Kraus hauptsächlich aus Kreide
aufgebaut.

Nach Blumenthal liegt über der Molasse der echt helvetische Deckenbau, der vom ultrahelvetischen Flysch überschoben ist. Die Klippenzone
ist ostalpin, gliedert sich in die Klippen der Feuerstätter Decke, die weit
im Norden liegt und in die Oberstdorfer Decke, die unmittelbar unter den
Kalkalpen zutage kommt.

Die helvetische Schichtfolge zeigt in der Tiefe die Malmkalke,
darüber Valangienkalke und Mergel, darüber die Kieselkalke des
Hauterivien, die Drusbergschichten (Schiefermergel und Kalke in häufigem

Wechsel) des Barrem, die Schrattenkalke des Apt. Auf dieses Barrem-Apt folgt der Gaultsandstein in Transgression des oberen Apt und des Albien, auf dem dann die Oberkreide liegt, bis zum Senon reichend. Der Glaukonitkalk ist Cenoman, der Seewerkalk Turon, die Leist- und Leimernmergel sind z. T. Campan und Santon (Senon). Danien sind die Leimern-, die Wangschichten und der Wildflysch. Untereozän ist unbekannt. Mitteleozän sind Nummulitenkalke und Grünsandstein (kein Flysch!)

Der ultrahelvetische Flysch ist Kreide. Der Ofterschwangerflysch gehört dem Gault zu, der Hauptflyschsandstein ist Cenoman, die Piesenkopfkalkserie mit Diabas ist Turon. Darüber folgt ein Flysch, dessen Alter Senon, vielleicht auch Eozän ist. Die Feuerstätter Klippen bestehen aus dem Feuerstätter Sandstein des Gault, dem Wildflysch des Cenoman, dem pelagischen Klippenkalk und Radiolarit des Turon und dem Wildflysch mit dem Bolgenkonglomerat des Senon (nach Kraus). In dieser „Feuerstätter Klippenzone" liegen zweifellos Elemente vor, die zur Oberstdorfer Klippenzone gehören, so z. B. die Radiolarite. Diese Oberstdorfer Decke, die Steinmann zuerst erkannt, sie als rhätische Decke angesprochen hat, ist zweifellos ostalpin. Sie enthält in den grünen Juliergraniten echt unterostalpine Elemente. Grüne Gesteine (Serpentine), Radiolarite, Couches rouges deuten auf die „Aroser Schuppenzone". Die Radiolarite, die Konglomerate und Brekzien können auch echt kalkalpine, also oberostalpine Elemente sein. Cenoman und Gosau kommt in Betracht.

So versteht man auch, wenn Blumenthal diese Klippenzone als verkehrt liegende oberostalpine Serie auffassen will, also als Liegendserie der Kalkalpen. Davon konnte schon gesprochen werden, wie Klippenzonen dieser Art gesehen werden müssen — als tektonische Grundmoränen, die tektonische Mischungszonen darstellen, die zugleich auch sedimentäre Mischzonen sind. Man wird sich das ganze komplizierte geologische Gestaltungsbild dieser Zone vor Augen halten müssen, dann erst wird man auch hier richtig sehen lernen.

Überschau. Sehen wir im Rahmen der ganzen Flyschzone den westlichen Abschnitt, so ergibt sich folgendes Bild: es kommt in der Flyschzone vom Rhein bis zur Salzach noch immer die typische helvetische Fazies zur Ablagerung. Sie geht aber nach Osten hin immer mehr in die ostalpine Flyschfazies über. Dann treten nur mehr oberste Kreide und Eozän am Außenrande der Flyschzone als helvetische Schuppen hervor. Der übrige Flysch ist in „ostalpiner Fazies" entwickelt und zeigt hauptsächlich Oberkreide.

Zum typischen Helvet gehört aber auch helvetischer Flysch der oberen Kreide und des Eozän (?). Dazu kommt noch der „ultrahelvetische" Flysch, der offenbar mit dem Prättigauflysch zusammenhängt. Dieser ist gleich dem Niesenflysch des Westens (Paulcke). Dieser Flysch, der Oberkreideeozän ist, der im Prättigau transgressiv auf Bündner Schiefern liegt, ist z. T. nach Norden verfrachtet. Die Kalkalpen schieben diesen ultrahelvetischen Flysch vor sich her auf das Helvet. Dieser Flysch trägt auch die Klippen des Allgäu, die selbst wieder von den Kalkalpen überfahren werden. Diese Klippen Decke wird weithin auf das Helvet überschoben. So finden sich noch Klippenreste nach Müheim zwischen Molasse und dem Helvet. Verfaltung der Decken tritt ein, wie das auch aus der Schweiz bekannt ist.

Festzuhalten ist vor allem: im Bregenzer Wald tritt zum letztenmal typischer helvetischer Bau zutage. Nordgedrängte Faltenwellen ergeben sich. Die Landschaft wird vielfach zum Abbild dieser Faltentektonik. Die harten Schrattenkalke zeigen mit ihren Steilmauern den Wellenbau, der zugleich auch Stirnbau ist. Das zeigen die Profile am Nordrande des Bregenzer Waldes bei Dornbirn. Über das weichere Molassegelände mit ihrer ausgeglichenen Landschaft erheben sich die helvetischen Kulissen in Schuppen übereinander und formen so das eindrucksvolle und landschaftlich so schöne Gelände des Bregenzer Waldes.

Boden beschreibt für die westliche Flyschzone die enge Verbindung von Flysch- und Kalkalpenzone — eine Erfahrung, die man auch in gewissen Fällen im Osten machen kann. Man sieht Profile, in denen die Randzonen der Kalkalpen unter sich noch Sandsteine und Konglomerate haben. Das hat Kober an der Voralpengrenze bei Alland seinerzeit schon beobachtet. Diese Beobachtungen sind so zu deuten, daß hier eben Oberkreide vorliegt, die zweifellos mit Kalkalpenteilen in Verbindung steht. Es mögen in solchen Fällen Reste von Klippen-, von Kalkalpenteilen vorliegen. Ostalpine Klippenhülle schiebt sich so zwischen Kalkalpen und dem Flysch, schafft so eine gewisse Verbindung, die schon beschrieben werden konnte. Aber Helvet und Kalkalpen sind ursprünglich weit auseinander liegende Gebiete, die durch Pennin getrennt sind.

In der westlichen Flyschzone sieht man in der allgemeinen Unterlagerung der Kalkalpen durch den Flysch den direkten Beweis für die Klippennatur der Kalkalpen. Hier muß also zwischen Helvet und Kalkalpen das Pennin als trennender Raum angenommen werden. Für diesen Teil fehlen also alle Unterlagen für die Konstruktionen, wie sie von E. Kraus, dann von A. Brinkmann, K. Gundbach, H. Lögters und W. Richter in der Geol. Rundschau, Bd. XXVIII, 1937, angenommen werden.

3. Die mittlere Flyschzone.

Die mittlere Flyschzone zwischen der Salzach und der Enns ist durch folgende allgemeine Merkmale gekennzeichnet: bei Salzburg wird die Flyschzone auf einmal wieder breiter. Am Außensaum tritt bei Mattsee helvetische Oberkreide mit Eozän hervor. Die ganze übrige Flyschzone ist „Oberkreideflysch". Bei Gmunden tritt am Nord- und am Südrand der Flyschzone zum letzten Male typische helvetische Oberkreide und Eozän hervor. Weiter gegen die Enns zu hat die Flyschzone den ostalpinen Typus und besteht hauptsächlich aus dem einförmigen Oberkreideflysch. Auch Eozän wird angegeben. So weit die Aufschlüsse zeigen, liegt die Flyschzone der Molasse aufgeschoben und wird immer von den Kalkalpendecken überschoben. Bei Gmunden tritt zum ersten Male die ostalpine Klippenzone in Form von Schuppen von Grestener Sandstein hervor. Von der Enns an ist diese Klippenzone immer wieder an der Grenze von Flysch und Kalkalpen zu finden. Das konnte schon gezeigt werden.

Literatur. Über die mittlere Flyschzone liegen ältere Arbeiten und Aufnahmen von Fugger und Geyer vor. Dazu kommen neuere Darstellungen von Del Negro, von G. Götzinger und K. Götzinger. Am interessantesten sind die Flyschprofile von Mattsee und von Gmunden, die in neuester Zeit wieder studiert worden sind. Bei Mattsee besonders sieht man, verhältnismäßig gut aufgeschlossen, Profile der helvetischen Kreide und des helvetischen Eozän. Am Südufer des Sees erheben sich steil die so auffallenden eozänen, fossilreichen, braunen Kalksandsteine, die denen von Kressenberg in Bayern vollständig gleichen.

Man weiß heute, daß das Mattsee-Eozän eine Mulde bildet, die von helvetischer Oberkreide unterlagert wird. Der ganze helvetische Außensaum wird vom Flysch von Süden her überschoben. Dieser Flysch ist hauptsächlich Oberkreideflysch. Doch gibt es auch im Süden, gegen die Kalkalpen zu Eozänsandstein.

Bei Gmunden liegt auf der Nordseite und auf der Südseite helvetische Oberkreide und Eozän. Das Vorkommen auf der Nordseite (bei Oberweiß) ist nur aus der älteren Literatur bekannt. Das Helvetprofil der Südseite ist das bekannte Gschliefgrabenprofil, das in neuester Zeit von Wimmer, Kober und von K. Götzinger untersucht worden ist. Auffallend ist, wie hier unmittelbar unter den hochaufragenden Wettersteinkalken des Traunstein eine Schuppenzone von Neokom, Grestener Schichten und von typischem Helvet liegt, dessen Tektonik schwer verständlich ist. Man kann denken, daß hier ein helvetisches Fenster aus der Tiefe aufgeschuppt wird. Ist das nicht der Fall, dann müßte man im Süden der Flyschzone gleichfalls eine helvetische Randzone annehmen — eine Vorstellung, die nicht ganz von der Hand zu weisen ist.

Detailbeobachtungen. Von K. Götzinger liegt eine neue Studie über das Helvet von Mattsee und vom Gschliefgraben bei Gmunden vor (V. G. B. 1937, S. 230). Typisches Helvet, reich an Fossilien findet sich in beiden Vorkommen in der Schichtfolge: rote Leistmergel, graue Pattenauer Mergel des Campan, die dunkelgrauen Tonschiefer der Gerhardtsreuter Schichten, die oberes Campan und das Maastricht darstellen. Paleozän (Thanet) sind glaukonitische Tonschiefer und mürbe Sandsteine. Eozän (Lutet) sind Nummulitenkalksandsteine mit Bohnerzen, helle Quarzsande, eisenoolithische Kalke. Im Gschliefgraben findet sich sogar noch die zweite fazielle Ausbildung des Eozäns von Kressenberg, die Adelholzer Fazies, die überaus fossilreich ist (*Nummulina complanata, Assilina exponens*) und aus Mergeln mit glaukonitischem Bindemittel besteht.

Die Tektonik zeigt das helvetische Eozän von Mattsee eingepreßt zwischen Flysch und Molasse. Dabei bildet das Eozän eine Synklinale, die von den Kreideflügeln flankiert ist. Das Gschliefgrabenhelvet möchte

K. Götzinger, wie seinerzeit Kober und Richter als ein „heraus-
geschupptes helvetisches Fenster, das sich zwischen Flysch und Kalkalpen einschiebt", sehen.

Nach G. Götzinger (V. G. B. 1936, S. 36) gibt es um Salzburg
zwei Typen von Eozänsandsteinen, verbunden mit „Nierentaler
Mergel". Das am Außensaum des Flysches gelegene Mattsee-Eozän überlagert die fossilführenden Seehamer Mergel, die den Nierentaler Schichten
der Südzone entsprechen. Diese sind am Kalkalpenrande mit dem Wart-
bergeozän verbunden. Es ist hier der gleiche Gegensatz im Eozän vorhanden wie im Osten bei Wien, der durch die Verschiedenheit von Greifensteiner und Laaber Sandstein gegeben ist. Das Mattsee-Eozän ist grob-
körniger, führt Melkersand ähnliche Sandsteine und weist damit auf die
Nähe kristallinen Uferlandes.

Das Hauptgestein der mittleren Flyschzone bildet der Oberkreideflysch. In ihm finden sich die Kollmannsberger Brekzien, die
Wimmer studiert hat, die auch in der Arbeit von Brinckmann
eine Rolle spielen. Es ist eine Glimmerschiefer Brekzie, die nach eigenen
Beobachtungen mit Brekzien zu vergleichen ist, die in letzter Zeit
von Götzinger, Zapfe, Sedlacek aus der Klippenzone des Wiener
Waldes (Purkersdorf—Baunzen) bekannt geworden sind.

Vielleicht liegt auch in der Kollmannsberger Brekzie, die schon seit
längerer Zeit bekannt ist, eine Klippenzone vor, ähnlich wie im Osten.
Damit ergeben sich auch hier die gleichen Probleme für die Tektonik
der mittleren Flyschzone wie im Osten. Gibt es hier eine innere Klippenzone, eine Klippenzone der Helvetiden, die von unten heraufkommt. Oder
liegen hier ostalpine Elemente eingeschlichtet, eingeschuppt von oben her
im Flysch — ein Bild, das man aus dem Westen der Flyschzone kennt.

4. Die östliche Flyschzone.

Allgemeines. Die östliche Flyschzone setzt an der Enns ein und
reicht bis an die Donau. Diese Flyschzone ist in der letzten Zeit durch die
Arbeiten von Jaeger, Friedl, Trauth, Vetters, Götzinger,
Salomonica genauer bekannt geworden. Man weiß heute, daß diese
Flyschzone der Molasse aufgeschoben — nicht angepreßt — ist, daß sie
von der Kalkzone überschoben wird, daß sie besonders im östlichen
Abschnitte reich differenziert ist. Am Außenrande finden sich Schuppenzonen, in denen oligozäne Schichten eine Rolle spielen. Dazu kommen
Klippenzonen. Die eine inmitten des Flysches, die andere im Süden,
an der Grenze gegen die Kalkalpen. Das ist die bekannte Klippenzone
mit den Grestener Schichten. In dieser Zone sind in letzter Zeit auch
oligozäne Schichten von Schliertypus gefunden worden. In dieser Zone
finden sich auch Spuren von Erdöl und Gas (Vetters, Götzinger).

Die Flyschzone des Wiener Waldes ist durch Jaeger, Friedl,
Trauth, Götzinger und Becker studiert worden. Friedl hat 1920
eine Synthese gegeben, die er neuerdings (1936) an die Erkenntnisse der
Aufnahmen Götzingers angepaßt hat; doch ist in den Fragen der
Flyschtektonik noch nicht das letzte Wort gesprochen.

Wir geben hier also eine kurze Darstellung des Baues der Flyschzone des Wiener Waldes nach den Aufnahmen von Götzinger und Friedl, ohne uns dieser anzuschließen. Wir können hier auch darauf verweisen, daß in L. Kober, Geologie der Landschaft um Wien, die Tektonik dieses Gebietes eingehend dargestellt ist.

Ein Profil quer durch den Wiener Wald in der Richtung von der Molasse gegen das Wiener Becken hat folgenden Bauplan: die Molasse taucht unter den Flysch. Bei Königstetten schieben sich mürbe Sandsteine mit Blockschichten ein. Granite hat hier Götzinger gefunden. Die Außenzone, so eine Art Übergangs- und Klippenzone, wie sie dann nördlich der Donau im Waschberg sichtbar wird, deutet sich an. Bei Neulengbach ist die Grenze von Molasse und Flysch eine Schuppen-region, in der Flysch, Melker Sand, Buchbergkonglomerat und Schlier geschuppt sind. Auch hier ist eine Übergangs- und Außenzone zu konstatieren, die deutlich trennt: den miozänen Helvet-Burdigal-Schlier und den Kreideflysch. Dabei ist diese Außenzone offenbar oligozän-miozänen Alters.

Nun folgt die erste Flysch Decke, die Greifensteiner Decke. Sie beginnt mit Neokomsandsteinen. Schieferkalke mit Hornsteinen bauen weithin die Nordseite der Höhen und sind vielfach gut aufgeschlossen, so z. B. auf der Nordseite des Tulbingerkogels. Dieses Flysch-Neokom erinnert an alpines Neokom, an gewisse Mergel-Hornsteinkalke; doch fehlen dieser Zone gänzlich die echt alpinen Aptychenmergel und die tithon-neokomen Radiolarite. Das Flyschneokom ist kein Tiefseesediment, kein Radiolarit. Transgressiv liegen dann offenbar die Oberkreidesand-steine, die Orbitoiden führen. Sie tragen das Eozän in der Form der Greifensteiner Sandsteine (Alt- und Mitteleozän).

In dieser ersten Decke kommen auch Oberkreide-Inoceramenschichten vor, die dann in der zweiten Decke eine große Rolle spielen. Diese zweite Teildecke ist die Wiener Wald Decke. Sie besteht aus den Inoceramen-schichten, aus roten Nierentaler Schichten. Diese bilden die Grenze gegen das Eozän, das in der Fazies des Glaukoniteozäns ausgebildet ist. Glauko-nitsandsteine werden Leitgesteine.

Der Bau dieser Decken ist von der Art, daß die Greifensteiner Decke gegen Süden einfällt, während die Wiener Wald Decke in sich pilzartig gefaltet ist. Antiklinalen der Oberkreide schließen Synklinalen des Eozäns ein. Bis hierher ist der Bau vollständig klar, soweit man heute sehen kann. Das weitere Profil aber zeigt Komplikationen. Es stellt sich in der folgenden Grenzzone nach den Aufnahmen von Götzinger eine Klippenzone ein. Sie ist vom Schöpfl seit langem bekannt. Die Schöpfl Klippenzone haben Götzinger, Becker, Salomonica weiter verfolgt. Man kennt sie heute von Rabenstein über den Schöpfl, über Purkersdorf bis Wien.

Diese erste, diese nördliche Klippenzone des Flysches, diese Schöpfl Decke, wie Friedl sagt, hat folgende Schichtfolge: Klippen, sehr spär-liche Oberkreide, (Klippenhülle) und Eozänsandstein. Die Klippen zeigen: Neokom-Mergelkalke von z. T. alpinem Typus. Auffallend ist, daß Radio-

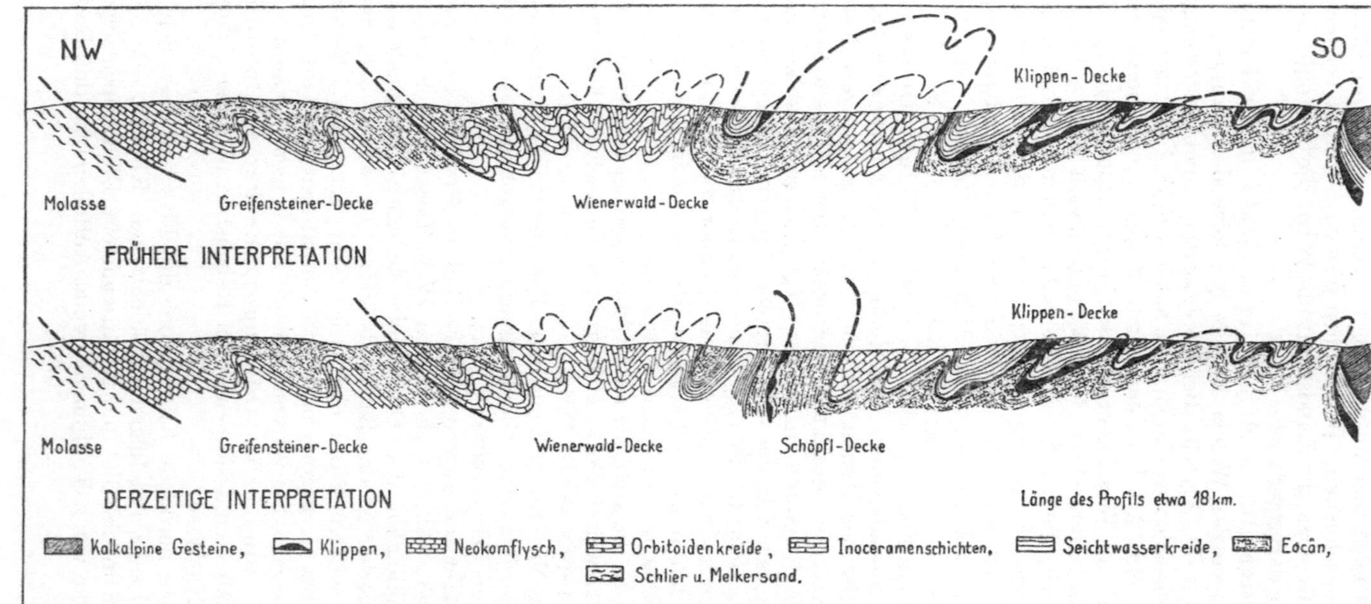

Abb. 15. Ein Profil durch die Flyschzone bei Wien, nach den Aufnahmen von K. Friedl und G. Götzinger. NW = Nordwest und SO = Südost. Im ersten Profil liegt die Klippen Decke über dem Flysch. Im zweiten Profil sind die Klippen Teile der Flyschzone. Die gleiche Unsicherheit über die Tektonik der Flyschzone stellt sich auch im Westen ein, im Bregenzerwald. Zugleich muß man sich die Flyschzone mindestens 10 km weit über die Molasse überschoben denken. Die Schöpfldecke des zweiten Profils läge demnach noch in der Tiefe auf Molasse! (L. Kober).

larite fehlen (zumindestens in dem Material, das Götzinger dem Autor zur Einsicht vorzulegen die Liebenswürdigkeit hatte). Granite, Glimmerschiefer treten auf und werden als „Scherlinge" gedeutet (auch bei Zapfe und Sedlacek). Konglomerate stellen sich ein, die mit ihren Glimmerschieferbrocken an die Konglomerate vom Kollmannsberg bei Gmunden gemahnen. So ist eine Flyschzone mit exotischen Blöcken und Geröllen auf weite Strecken zu erkennen, so eine Art „Wildflysch", wie er auch in den Karpathen weithin zu verfolgen ist. Daß die Granite und Glimmerschiefer „Scherlinge" sind, ist aus den Gesteinen nicht zu erkennen. Auch sind diese „Scherlinge" meist nur faustgroße Stücke.

Oberkreide tritt spurenhaft in Seichtwasserkreide auf. Darauf weisen gewisse Sandsteine. Eozän ist der Laaber Sandstein, der weite Räume einnimmt. Auf ihm liegt nun die nächste Decke, die zweite Klippen Decke, die (eigentliche) Grestener Klippen Decke der Pieninen. Sie ist um St. Veit gut entwickelt. Sie beginnt mit dem Rhät, zeigt im Lias die Grestener Fazies. Der Dogger ist ammonitenreich in der St. Veiter Sandsteinfazies entwickelt. Dem Malm gehören die Tithon-Radiolarite zu. In diese Zeit fallen offenbar auch die Eruptionen grüner Gesteine, die z. T. vielleicht noch jüngere Nachschübe haben. Diese Klippenzone, ihre Probleme sind im Abschnitte der Kalkalpen eingehend behandelt.

Auffassungen. Nach Friedl und Götzinger sind alle diese vier Zonen der Flyschzone zuzurechnen. Sie bilden eine Einheit, die Tercier neuerdings als ultrahelvetisch bezeichnet. Wir können uns aus Gründen, die im Abschnitte über die Klippenzone der Kalkalpen dargelegt worden sind, dieser Auffassung nicht anschließen, kommen ihr aber in gewissem Sinne nahe, indem wir sagen: gewiß ist der Flysch eine Einheit. Aber die Klippen sind im Flysch exotische Elemente, vorgosauisch eingeschüttete Stirnteile. So wird das Baubild verständlich.

Die Flyschzone zeigt gegen das Wiener Becken zu Steilstellung, sogar Überstürzung, Rückfaltung gegen Süden. Das ist junge Sekundärtektonik, die sich auch in den Kalkalpen findet. Sie ist allem Anschein nach mit der Entstehung des Wiener Beckens und seiner weiteren Fortbildung in den Bauplan der Gegenwart in Beziehung zu bringen.

Merkwürdig ist, wie der Bau der östlichen Flyschzone an der Donau endet, wie am anderen Ufer mit einem Male ein neuer Bauplan mit aller Entschiedenheit auftritt. Es ist der karpathische Bauplan. Er tritt hervor: in der Klippenzone am Außenrande, im Breiterwerden der Flyschzone, im Nordoststreichen, im einfacheren Bau, im Niedersinken der Flyschzonen unter jungtertiäre Ablagerungen, so, daß außen- und innenalpines Becken sich über den Flysch hinweg verbinden.

5. Die Sandsteinzone Nord der Donau.

Allgemeines. Die Flyschzone nördlich der Donau zeigt im Raume von Korneuburg—Stockerau bis zur Landesgrenze, auf eine Entfernung von etwa 80 km, einen ganz neuen Bau. Die Flyschzone selbst wird durch den Einbruch des Korneuburger Beckens ganz schmal, ist im Bisam-

berg und um Kreuzstetten noch deutlich als „innere und äußere" Flyschzone zu erkennen. Aber im Waschberg schiebt sich bereits die neue Zone
ein, die wir als Randzone zu bezeichnen haben. In ihr setzen die Klippen auf.

Diese „äußere Klippenzone" der Karpathen tritt nördlich von Ernstbrunn, im Leiserberg, deutlich hervor, verschwindet wieder und taucht
neuerdings auf, so in den Klippen von Staatz, vom Galgenberg, von
Falkenstein, von Stützenhofen, von Schweinsbarth, endlich in der Klippenzone von Nikolsburg, der Pollauer Berge.

Die Flyschzone ist eigentlich nur Nord der Donau und im Raume der
Pollauer Berge vorhanden. Dazwischen fehlt sie. Dafür stellen sich Klippen
ein. Miozän und Diluvium bildet die Höhen, in denen seichte Täler eingeschnitten sind. Das ganze Gelände ist schlecht aufgeschlossen. Weithin
erkennt man eine Verebnungsfläche, aus der die Klippen mit schärferen
Formen herausragen. Morphologisch auffallend ist z. B. die Juraklippe
von Staats. Auch die Falkensteiner Klippen treten mit echter Klippenmorphologie horstartig, wenn man so sagen darf, aus der Landschaft
hervor. Das ist auch bei den Pollauer Bergen der Fall.

Westlich der Klippenzone liegt das Molasseland mit Schlier, östlich
das nördliche Wiener Becken mit seinen mio-pliozänen Ablagerungen.
Im Waschberggebiet scheidet sich die nördliche Flyschzone morphologisch
noch recht deutlich von dem tiefer liegenden Molasseschlierland. Auch in
den Pollauer Bergen, jenseits der Grenze, ist der Karpathenrand mit morphologischem Steilhang gut markiert. Aber immer wieder sieht man, wie die
harten Jura-Klippenkalke von einer Verebnung oben abgeschitten werden.

Die ganze Zone ist durch eine Reihe von Merkmalen gekennzeichnet, so daß schon die ältere Geologie ihr eine gewisse Sonderstellung gab. Es
liegt eine Schichtfolge vor, die vom Oberjura mit Lücken bis in das Alttertiär (Oligozän) reicht, die zugleich alpine und außeralpine Merkmale
verknüpft. Die ältere, autochthone Geologie sah hier „Inselberge"
des Karpathenvorlandes. Diese Auffassung wird 1885 von E. Sueß im
„Antlitz der Erde" ausgesprochen. Ihr huldigte auch V. Uhlig 1903 in
der Darstellung der Karpathen (in Bau und Bild Österreichs). A. Rzehak
sprach 1880 die Pollauer Berge als äußere Klippenzone der Karpathen an. 1899 folgt O. Abel tektonisch der Auffassung von E. Sueß.
1929 spricht F. E. Sueß von einer „zusammenhängenden Tafel", die über
den Ostrand des Grundgebirges (der böhmischen Masse) ausgebreitet war.
In seiner Karpathensynthese 1907 sieht V. Uhlig in der Klippenzone
Inselberge, die sein Schüler V. Kohn 1911 als überschoben erkennt.
Damit fällt endgültig die Auffassung, daß die Juraklippen, die Granitscherlinge autochthon sind, direkt mit dem Untergrund der böhmischen
Masse verwurzelt.

In der Folgezeit werden die Waschbergzone, die Leiserberge, die
Pollauer Berge genauer studiert. Damit wird Klarheit geschaffen. Stratigraphie und Tektonik gibt Aufschluß über Bau und Geschichte dieser
eigenartigen Randzone der Karpathen.

Friedl und Gläßner geben Darstellungen über die Waschbergzone
und ihre Fortsetzung gegen Norden. H. Vetters und W. Petrascheck

geben Beiträge. Letzterer bestätigt 1920 die Überschiebung der Pollauer Berge über die Molassezone des Schlier, die 1918 Rzehak ausgesprochen hatte. Dagegen schließt sich K. Jüttner 1922 der alten Auffassung von E. Sueß und O. Abel an, die er aber 1928 ändert zugunsten der Überschiebungsstruktur, wie sie H. Schön 1926 und J. Stejskal 1928 dargelegt haben. 1935 hat J. Stejskal eine Darstellung der Pollauer Berge gegeben, in der er zeigt: der Schlier wird von dem subbeskidischen, alttertiären Flysch überschoben. Auf dem liegt die beskidische Decke mit alttertiären Flysch. Diese Decke schiebt an der Basis die Juraklippen der Pollauer Berge mit. Diese sind also wurzellos und sind etwa 10 km weit von Osten her überschoben.

Aus den zwei Hauptarbeiten, die heute über die nördliche Flyschzone vom Waschberg bis in die Polauer Berge von E. Glaeßner (1931) und J. Stejskal (1935) vorliegen, kann man sich schon ein gutes Bild machen vom Bau und der Geschichte dieser so eigenartigen Klippenzone. Man kann wohl sagen, daß hier in Summe eine Randzone, eine Übergangszone (Vetters) von der Molasse in die Flyschzone vorliegt, die zweifellos auf dem Schlier aufgeschoben, in sich mannigfach geschuppt ist. Sie ist mehr ein „karpathisches Flyschgebiet", das nach Norden hin immer deutlicher in die karpathische Flyschzone eingebaut wird. Diese Zone ist in Spuren auch in der ostalpinen Flyschzone vorhanden und ist nach H. Vetters in der Gegend von Scheibbs noch unter dem eigentlichen Flysch, in kleinen Fenstern, vorhanden.

In der Geologie der Landschaft um Wien (1926) wurde diese Flyschzone als Randzone bezeichnet. Diese Benennung wird auch hier festgehalten, weil sie die geologisch-tektonische Stellung dieser Zone klar umschreibt. Die Randstellung der Randzone ist stratigraphisch und tektonisch gegeben. Auch faunistisch liegt eine Randstellung vor, da dieser Randzone eine Mischung außeralpiner und alpiner Faunenelemente eigen ist. Das ist von O. Abel, von V. Uhlig betont worden.

Schichtfolge. Die ältesten Gesteine der Randzone sind aus dem Altkristallin, das gerade aus dem Süden, aus dem Waschbergzug bekannt geworden ist. Die Granite des Waschberges haben seit langer Zeit die Aufmerksamkeit der Geologen erregt. Von hier aus ist die Vorstellung ausgegangen, daß die Granite autochthon seien (E. Sueß 1885 bis G. Götzinger 1913). Letzterer und A. Schiener[1] (1928) haben über

---

[1] Herr Dr. Schiener hat mir die kristallinen Gesteine des Waschberges vorgelegt. Manche der Gesteine, wie die Lamprophyre, sind von der gleichen Art wie die des Donautales. Andere Gesteine sind weniger leicht deutbar. Man kann auch denken, daß die Gesteine der böhmischen Masse fluviatil, also von Nordwesten her in das Flyschgebiet gelangt sind. Ansonsten müßte man denken, daß die moldauische Überschiebung bis zum Waschberg gereicht hat — d. i. 80 km weiter vom heute erkennbaren Überschiebungsrand. Diese Deutung ist wenig wahrscheinlich. Andererseits kann man nicht moldanubische Gesteine als Untergrund der Waschbergzone voraussetzen. Der Waschberggranit mag in der Tiefe anstehen. Er fügt sich ganz gut in das Bild der Vorlandzone und steht mit dem Eggenburger Granit als Gegenflügel im Zusammenhang.

das Altkristallin des Waschbergzuges Genaueres bekannt gemacht. Amphibolite kommen vor, dann Biotitgneise, Granite, Granitmylonite, verschieferte Aplite, Marmore, Augengneis, Glimmerschiefer — alles Gesteine, die von der böhmischen Masse abgeleitet werden.

Kohn und Götzinger haben schon auf die starke tektonische Verarbeitung der Gesteine hingewiesen, die z. T. gerundete Blöcke, z. T. aber auch als Scherlinge von der Basis von Bewegungsflächen zu deuten sind. Die Gesteine treten erst in den höheren Zonen des Waschberges auf und finden sich in den „Blockschichten" des Eozäns und des Oligozäns. Es handelt sich hier um ein Phänomen, das aus der ganzen Flyschzone der Karpathen bekannt ist. Die „exotischen Blöcke" der karpathischen Flyschzone stammen aber aus dem Untergrunde der Flyschzone. Sie geben Einblick in die Zusammensetzung des Altkristallin, des Grundgebirges der Flysch-, in unserem Falle der Rand-, der Klippenzone zwischen der Donau und der Thaya.

Es handelt sich hier um die bekannte alpine Erscheinung des „Wildflysches". Exotische Blöcke werden zu Zeiten der Gebirgsbildung, d. i. im oberen Eozän, im unteren Oligozän als Blöcke eingeschüttet. Dieser sedimentäre Wildflyschtypus findet sich mit gerundeten Blöcken und echten Konglomeraten in den Blockmergeln über dem Nummulitenkalk des späteren Eozän. Im Hollingsteinertypus finden sich „Scherlinge", die auf Bewegungsflächen liegen und sedimentiert worden sind. Es ist das Bild der wandernden Deckenstirnen, die Schutt und Scherlinge vor sich herschieben und in die vorliegenden Vortiefen sedimentieren. Gesteine dieser Art stammen demnach nicht aus der böhmischen Masse. Sie sind vielmehr Glieder des Untergrundes der Flyschzone, die erst im Späteozän, im Oligozän zur Sedimentation gelangen. Das zeigt auch ihre heutige Lage im Flysch, in der Randzone.

Die ältesten sedimentären Horizonte der Klippenzone sind die Klentnitzer Schichten und die Ernstbrunner (Klippen) Kalke. Beide Komplexe gehören dem Tithon an. Beide Schichten vertreten sich zum Teil, doch liegen die Klentnitzer Mergel und Mergelkalke, die auch Hornsteine führen, tiefer. In dieser Fazies sind die Niederfellabrunner Juraklippen entwickelt. O. Abel hat deren eigenartige Fauna (1897) beschrieben. Neben alpinen Faunen mit Lytoceras und Phylloceras finden sich auch Typen aus dem russischen Jura der Wolgastufe. *Perisphinctes scruposus* Opp. ist eine Form, die dem *Olcostephanus virgatus?* Buch nahesteht. Das Auftreten von virgatoiden Ammoniten und eine *Trigonia* (*Viprianova* Strein.), besonders aber das Vorkommen der *Aucella Pallasi* Keys. var. *plicata* Lah. beweisen die Existenz einer Verbindung der karpathischen Zone mit dem borealen russischen Jurameere. M. Neumayr sprach deshalb (1887) von der „Straße von Lublin", die diese Verbindung herstellen sollte. Aus dieser Mischung alpiner und außeralpiner Faunen des Tithons der Klippenzone geht also die besondere Stellung dieser Zone klar hervor. Sie spricht entschieden für eine Randstellung der Klippenzone, die zugleich eine Flachwasserbildung darstellt. Aus den Mergeln der Anfangszeit der Klentnitzer Schichten werden die reinen, harten, weißen, oben rötlichen Ernstbrunner Kalke, die z. T. riffartige Bildungen sind, wie wohl auch die Diceraten andeuten.

Auf dem Jurakalk folgen transgressiv die Klementer Schichten, die oberturones Alter haben. Es sind grünlich-graue plänerartige Sandsteine, die *Inoceramus Cuvieri* führen. Dem Senon gehören die Schichten mit *Belemnitella mucronata* zu. Danien sind Sandsteine und Lithothamnienkalke. Es ist möglich, daß in der Klippenzone nach Glaeßner auch Cenoman vorhanden ist (Glaukonitsandsteine mit Resten von Haifischzähnen, Belemniten, Nautilus).

Die Oberkreidegesteine bilden eine Art Klippenhülle um die Klippen, die von Alttertiär überlagert werden. Eozän und Oligozän ist vorhanden. Zwischen der Kreide und dem Eozän dürfte eine Lücke sein, während Eozän und Oligozän verbunden sind. Eozän ist der Nummulitenkalk, der eine reiche Fauna von Korallen, Bivalven und Gastropoden führt. Über diesem Mitteleozän folgen die obereozänen Mytilusschichten mit *Mytilus Levesquei*. Obereozän und jünger sind die Auspitzer Mergel und die Steinitzer Sandsteine. Unteroligozän sind auch die Menilitschiefer. An der Grenze von Eozän und Oligozän drüften auch die oberen „Blockschichten" liegen. Die unteren liegen tiefer.

Eine Art dritter Klippenhülle bilden die miopliozänen Schichten und endlich der Löß. Das Alter der tertiären Hülle ist recht unsicher, sieht man von dem Schlier ab, der im großen und ganzen die Unterlage der Klippenzone bildet. Grunder Schichten überlagern diskordant die Ernstbrunner Klippe, offenbar auch die Falkensteiner Klippen. Tegel mit *Ostrea crassissima* gibt O. Abel (1899) bei Schweinbarth an. Sarmat und Pannon sind Schotter, die z. T. auch noch alpine Gesteine führen. Sarmat sind nach Sickenberg die Süßwasserkalke von Ameis (1929). Bei Poysdorf sind in jüngster Zeit Reste von anthropoiden Affen aus dem „Formenkreise" von Dryopithecus gefunden worden, die K. Ehrenberg als *Austriacopithecus weinfurteri* beschrieben hat. Es soll hier noch erwähnt werden, daß die Klippenzone infolge ihrer auffallenden Lage schon für den Menschen der Eiszeit günstige Gelegenheiten zum Leben gegeben hat. Bekannt ist auch, daß z. B. der Michelsberg zur Hallstätter Zeit Kulturstätte gewesen ist, mehr eine Feste, die ihre Bedeutung noch in späterer Zeit bewahrt hat.

Die Tektonik der Randzone ist gleichfalls ein sehr lehrreiches Beispiel, wie sich im Laufe der Zeit die Auffassungen ändern und verbessern — müssen. E. Sueß sah in der Klippenzone zwischen Donau und Thaya (im ersten Band des Antlitz der Erde, S. 246) ein Analogon zur schweizerischen Antiklinale der Molasse. Er verglich den Klippenzug mit dem Mont-Salève-Zug bei Genf. Ein Vergleich, der sagen will: die Klippen bilden einen antiklinalen Zug zwischen dem außen- und inneralpinen Tertiär.

Heute wissen wir: die Klippen werden vom Waschberg an bis in die Pollauer Berge von eozänen und oligozänen Schichten unterlagert. Sie tragen z. T. selbst wieder solche Schichten. Die Klippen sind also „Aufbrüche" einer Zone, deren Schichtfolge vom Oberjura bis in das Oligozän reicht. Dieses selbst zeigt in den Auspitzer Mergeln z. T. Schliercharakter. Immer aber liegt diese Rand-, diese Klippenzone auf dem Schlier und wird selbst wieder im Osten von der Greifensteiner Decke, vom Greifensteiner Sandstein regional überschoben. So ist über die Randposition der Klippenzone gar kein Zweifel möglich. Offensichtlich stehen wir hier in der ersten Zone der Karpathen, der Flyschzone. Wir wissen nicht, wie weit der Schlier von der Randzone überschoben wird. Wir wissen auch nicht, wie tief die Randzone unter die Greifensteiner Decke hinabreicht. Sicher ist, daß die Faziesverschiedenheit von der Schlier- und der Randzone auf eine tektonische Linie erster Ordnung deutet. Es ist diese Linie die große allgemeine Überschiebungslinie der Flysch- auf die Molassezone. Sie kann 10, sie kann auch 20 km tief sein. J. Stejskal zeichnet ein Profil durch die Pollauer Klippen, die frei auf subbeskidischem Flysch schwimmen. 10 km weit sollen die Klippen überschoben sein. Sie sind basale Glieder der folgenden beskidischen Decke im Sinne von V. Uhlig. Nur fehlt infolge der Denudation das weichere Flyschmaterial der höheren Decke. Nur die widerstandsfähigen Klippenkalke sind erhalten geblieben. Die Klippen selbst rutschen noch in der Gegenwart auf den weicheren Flyschgesteinen der Unterlage ab und liegen so auch sekundär an der Grenze von Schlier und dem subbeskidischen Flysch. Sie sind aber noch niemals in primärem Kontakte von Schlier und Flysch gefunden worden. Auch im Profile vom Waschberge, das Kohn (1911) gegeben hat, liegen die Klippen innerhalb der „subbeskidischen Randzone", die Friedl zuerst als solche angesprochen hat (1920).

Nach Kohn liegen im Profil des Waschberges folgende Schuppen übereinander. Auf den Schlier ist obereozäner Sandstein und Auspitzer Mergel überschoben. Auf diese erste Schuppe folgt die zweite. Sie beginnt mit dem Tithonkalk und trägt die Kreidesandsteine mit *Belemnittela mucronata*. Darauf folgen Sandstein und Auspitzer Mergel. Nun folgt die dritte Schuppe. Sie beginnt mit dem mitteleozänen Nummulitenkalk und trägt das Nummulitenkonglomerat, die Blockzone und die Mytiluszone, denen Auspitzer Mergel und Steinitzer Sandsteine folgen. Jetzt setzt erst die vierte Schuppe mit dem Greifensteiner Sandstein ein. Damit beginnt die Greifensteiner Decke, die als beskidisch im Sinne von Uhlig angesprochen werden könnte; doch ist auf diese weitgehenden Gleichstellungen nicht allzuviel Wert zu legen.

M. F. Glaeßner gibt 1931 ein kombiniertes Profil durch die äußere Klippenzone nördlich von Niederfellabrunn, das von NW gegen Südosten, von Streitdorf gegen Karnabrunn zieht. Die Klippenzone liegt auf dem Schlier und trägt bei Karnabrunn Grunder Schichten, die in Staffeln gegen Karnabrunn absinken. Die Grunder Schichten liegen dem Greifensteiner Sandstein auf. Diese selbst überschieben die Klippenzone. Die besteht der Hauptmasse nach aus SO einfallenden obereozänen und oligozänen Sandsteinen und Auspitzer Mergeln. Auf Überschiebungsflächen liegen, von Westen her, der Hollingsteiner Kalk (des Eozäns), dann folgt auf Scherflächen das Danien, dann Klentnitzer Schichten mit Danien. Auf dem Praunsberg folgt die Schuppe mit dem mitteleozänen Waschbergkalk, darauf die Schicht mit den großen Granitblöcken, darüber die Zone mit Hollingsteinkalk und kristallinen Blöcken und Scherlingen. Zweifellos sind hier alle die Klippenkalke und die Exotika Glieder einer Schichtserie, einer Decke, einer Einheit, die über dem Schlier und unter dem Greifensteiner Sandstein, also damit unter dem Flysch der Außenzone des Wiener Waldes liegt. Damit ist für diesen Teil die Tektonik im großen ebenso geklärt wie im Norden, in den Pollauer Bergen.[1] Hier tritt die Flyschzone auseinander. Sie wird weiter. So kann auch die Förderung der Klippen kleiner werden. Im Süden ist die ganze Zone eng geschuppt und verschwindet Süd der Donau fast ganz, so daß nur mehr einzelne Glieder, so die Exotika, die Existenz der Klippenzone andeuten.

Immer wieder ist betont worden, daß die Klippenzone durch transversale Störungen zerbrochen wird. Glaeßner hat diese Blattverschiebungen, die wir auch vom Außenrand der Flyschzone durch Friedl, Götzinger und Vetters kennen, dargestellt. Immer kommt bei diesen Blattverschiebungen das gleiche Gesetz zum Durchbruch: die nördliche Schuppe dringt immer weiter vor. Die einheitliche tektonische Leitlinie reißt ab im kleinen. Im großen aber tritt sie deutlich auch in der Landschaft hervor. Die Klippenzone zeigt so in Tektonik und Morphologie den allbekannten und so typischen „Klippenbau". Man sieht weithin von einem der Aussichtsberge der Klippenzone die Klippenkalke als auffallende Frontlinie durch die Landschaft ziehen, deutlich den Außenrand der karpathischen Flyschzone markierend, mögen auch jungtertiäre Bildungen in übergreifender Lagerung die scharfe Grenze von Molasse und Flysch verhüllen.

Die große Grenzlinie von Molasse und dem Flysch ist allem Anscheine nach posthelvet und vortorton. Dieser Bewegung folgt die Verebnung des ganzen Gebietes, die auch die harten Klippenkalke betroffen hat. Jünger ist demnach die Herausbildung der heutigen Landschaft, deren Urform überall zu erkennen ist. Prächtige morphologische Bilder stellen sich hier ein, deren Erforschung Aufgabe der Zukunft sein wird.

---

[1] J. Stejskal gibt für die Pollauerberge folgende Schichtfolge: Tithon sind die Klentnitzer Schichten und die Klippenkalke. Oberturon sind die Klementer Schichten, Obersenon die Schichten mit Bel. mucronata. Die Stellung der Glaukonitbrekzie ist unsicher. Die Niemtschitzer Schichten sind obereozän und unteroligozän (dazu der Hollingsteiner Kalk). Die Menilitschiefer sind unteroligozän. Die Konglomerate von Křepice liegen über dem Menilitschiefer und sind unteres Mitteloligozän, während die Auspitzer Mergel und die Steinitzer Sandsteine mittleres und oberes Oligozän sind. Die Konglomerate von Klobouky sind oberstes Oberoligozän. Der Schlier ist burdigal. Torton sind Tegel, Sande und Lithothamnienkalke. Unteres Pliozän sind Sande und Schotter (Vednik, vol. X., 1934, Nr. 6).

IV. Die Dinariden.

1. Allgemeines.

Das Baubild von E. Sueß. E. Sueß hat die ganze südliche Kalkzone, also den südbewegten alpinen Gebirgsteil, als Dinariden abgegrenzt. Veranlassung für diese prinzipielle Abtrennung der südbewegten Dinariden von den nordbewegten Alpiden ist die Erscheinung, daß die Dinariden im Bauplane Eurasiens Randfalten des eurasiatischen Baues darstellen, dessen Südbewegung regional ist. Diese Südbewegung ist aus dem Süden Asiens durch die himalajanischen Ketten über Iran in die Dinariden Europas zu verfolgen.

Die Alpiden erscheinen dagegen als posthume Altaiden, als Rahmenfaltungen der Varisziden. Dieser Bauplan ist aber europäisch und zeigt seit alter Zeit Nordbewegung.

Diese Begründung ist heute nicht mehr aufrecht zu halten. Wir wissen, daß die Dinariden genau so europäische Bauten sind, wie die Alpiden. Wir sehen, daß Dinariden und Alpiden zusammen das alpine Orogen (der Alpeniden) bilden, dessen Stämme immer auf das Vorland bewegt sind. So sind die Alpiden als Nordstamm nordbewegt, die Dinariden als Südstamm südbewegt. Zwischen Alpiden und Dinariden schiebt sich das große ungarische Zwischengebirge ein. Das sieht man im Bauplane der Karpathen und der Dinariden längs der Adria.

In den Alpen fehlt aber das Zwischengebirge. Alpiden und Dinariden scheiden sich durch die alpin-dinarische Grenzlinie, die von Eisenkappel über das Gailtal in das Pustertal zieht, über Meran zum Tonale, von da ins Addatal und nach Ivrea. Die weitere Fortsetzung trennt in Genua wieder die Alpen von dem Apennin.

Mögen sich auch im Osten die Verhältnisse komplizieren — die Tatsache bleibt: Alpiden und Dinariden bilden die Stämme des alpinen Orogens. Die alpin-dinarische Grenzlinie hat ihre große geologisch-tektonische Bedeutung, mögen auch Einwände gegen diese Scheidung eines anscheinend einheitlichen Gebirges in zwei Stämme erhoben werden.

Schweizer Geologen, wie Argand und Staub, sehen in den Dinariden kein selbständiges Gebirgssystem, keinen nach Süden bewegten Stamm. Diese Auffassung hat für das Westalpenprofil ihre lokale Berechtigung, da hier die Südalpen wirklich nur als Teil der Nordalpen zu bestehen scheinen. Spricht hier auch das lokale Bild für den allgemeinen Nordschub der Alpen, so gilt das nicht mehr für den Osten. Hier sieht man im Profile von Eisenkappel gegen Triest Überschiebung gegen Süden. Sogar südbewegter Deckenbau ist hier zum ersten Male zu erkennen.

So sind die Verhältnisse im Westen anders als im Osten. Lokale Betrachtung kann aber nicht die Entscheidung geben. Erst die regionale Überschau zeigt uns die Dinariden als Südstamm des alpinen Orogens, mag dieses auch im Westalpenprofil ausgesprochene Nordbewegung zeigen.

Die alpin-dinarische Grenzlinie ist eine fundamentale Linie im Aufbau der Alpen, besonders der Ostalpen. Die Verschiedenheit des Baues Nord und Süd der dinarischen Linie tritt uns auf der ganzen Strecke von Mauls bis zum Südrande des Bachergebirges, auf einer Strecke von 300 km, mit aller Schärfe entgegen. Es ist der Gegensatz von Nord- und Südstamm des alpinen Orogens. Es ist der Gegensatz von Paläo- und Mesozoikum. Es ist der Gegensatz der Tektonik.

Das Paläozoikum der Dinariden zeigt auf der ganzen Strecke die Fazies der Quarzphyllite, die Fazies des karnischen Paläozoikums. Es hat den Anschein, daß die Quarzphyllite außen, also südlicher liegen als das karnische Paläozoikum, das nördlich liegt und Innen. Das Vorland muß Außen, gegen die Adria zu gesucht werden, die paläozoische Geosynklinale Innen, also gegen die alpin-dinarische Grenze zu.

Das karnische Paläozoikum zeigt variszischen Deckenbau, von dem Bewegung gegen Norden angenommen wird. Dieser Auffassung von Gaertner und Heritsch steht die Auffassung von Küpper und Kober gegenüber, die hier Südbewegung sehen. So ist über die Bewegungsrichtung noch nicht genügende Klarheit vorhanden.

Das Paläozoikum Nord der alpin-dinarischen Grenzlinie ist anderer Art. Auch hier gibt es Quarzphyllite (Pustertaler Quarzphyllit), die gleichfalls mehr außen und nördlicher liegen. Als Unterlage des Dobratsch erscheint ganz nahe an der alpin-dinarischen Grenzlinie das Unterkarbon von Nötsch. Hier gibt es kein dinarisches Paläozoikum mit Deckenbau, das alle Schichten und sogar in verschiedener Fazies vom Ordovik bis in das Karbon enthalten würde. Hier ist alles anders.

Weiter im Osten liegt Nord der dinarischen Grenzlinie Paläozoikum in Phylliten und Grünschiefern vor, die wieder andere Fazies haben. Aus diesen z. T. metamorphen Gesteinen ist kein Fossil bekannt, obwohl ein paar Kilometer südlich das fossilreiche dinarische (karnische) Paläozoikum vorhanden ist.

Im Osten liegt Süd von Eisenkappel karnisches Silur, Devon und Karbon, das alten Deckenbau hat, der wahrscheinlich gegen Süden geht. Nord von Eisenkappel liegt das ganz andere ostalpine Paläozoikum: die Schiefer und Grünschiefer des Hochobirgebietes.

Aus all dem ergibt sich, daß schon im Paläozoikum hier eine Linie erster Ordnung vorhanden war, die Nord- und Südalpen getrennt hat. Die gleiche Erscheinung zeigt sich auch im Mesozoikum. Im Süden bildet sich die südalpine Fazies der Trias, im Norden die nordalpine. Beide Faziesgebiete grenzen um Eisenkappel unmittelbar aneinander.

Im Jura sehen wir, daß z. B. im Oberjura die ostalpine Radiolaritfazies auch auf die Südalpen, auf das Tofana-Fanes-Gebiet übergreift. Auf der Fanes- liegt wie auf der Gardenazzaalpe typisches nordalpines Neokom mit den gleichen Roßfeldschichten, mit der gleichen Fauna. Das haben Haug und Kober gezeigt.

Es gibt also auch Zeiten, wo zwischen Alpen und Dinariden keine so scharfen Grenzen zu ziehen sind. Aber für das ganze Bild gilt die Trennung. Das zeigt auch die Tektonik. Im Profil von Mauls kommen sich Dinariden und Penniden auf 6—7 km nahe, während im Profil am Tauernostrand 25 km ostalpine Gesteine zwischen Pennin und Dinariden liegen. Fazies und Tektonik zeigen, daß Dinariden und Alpiden, trotz allen Einspruches, der von verschiedenen Seiten erhoben worden ist, zwei Faziesgebiete darstellen, die im Paläozoikum, im Mesozoikum, in ihrem ganzen Aufbau verschieden sind. Gewiß treten die Dinariden in großer Überschiebung über die Ostalpen hinweg. Das lehrt das Profil von Mauls im Westen, das Profil von Eisenkappel im Osten. Es ist unmöglich, daß hier ostalpine und dinarische Trias unmittelbar nebeneinander entstanden sind.

Alle Erscheinungen sprechen dafür, die alpin-dinarische Grenzlinie im Sinne von E. Sueß, auch im Sinne von Termier als regionale Linie erster Ordnung zu sehen. Um diese Differenzen für den alpinen Deckenbau zu deuten, genügen nicht 10 km Überschiebung. Es kommt hier mindestens eine Überschiebung der Dinariden auf die Alpiden von 20—30 km in Betracht. Auch Argand hat ausgesprochen, daß die Dinariden die Alpen überfahren.

Natürlich ist die heutige Überschiebungsform nicht mehr die primäre, in dem Sinne, daß eine flach südfallende Überschiebungsfläche anzunehmen ist. Wir wissen, daß die letzte Faltungsphase — Argands insubrische Phase — des jüngsten Tertiärs die alpinen Wurzelzonen steilgestellt und zusammengepreßt hat. Sie können sogar gegen Süden „rückgefaltet" sein.

Auch hier gilt es, das Gestaltungsbild der alpin-dinarischen Grenzlinie in ihre natürlichen Phasen aufzulösen. Ist das auch schwierig, so ist doch wahrscheinlich, daß hier schon vorgosauische Gebirgsbildung eine große Rolle spielt. Das zeigt die Lagerung der Gosau im Osten (Bachergebirge), im Süden, wo Gosau von der Südseite der Steiner Alpen bekannt ist.

Die Nordbewegung der Dinariden auf der großen alpin-dinarischen Grenzlinie zeigt sich noch in der Nordbewegung der Karawanken auf das vorliegende Jungtertiär.

Das Profil von Mauls macht den Eindruck, daß die Dinariden die ostalpinen Zonen überschieben, sodaß dinarischer Quarzphyllit so unmittelbar an ostalpines Kristallin angrenzt, daß wenige Kilometer Nord davon bereits sogar Pennin zutage kommt. Es ist möglich, haß hier schon der westalpine Bauplan beginnt, in dem die Zonen des Ostens primär schon fehlen. Das Profil von Mauls ist ganz anderer Art als das Profil vom Ostrande des Tauernfensters. Es hat aber größte Ähnlichkeit mit dem Profile von Bellinzona, in dem wieder Pennin und Dinariden sich sehr nahe kommen.

Der dinarische Bauplan liegt außerhalb des Rahmens der Betrachtung. Nur so viel sei hier des ganzen Bildes wegen gesagt: die Dinariden des Westens bilden von den oberitalienischen Seen bis zum Gardasee eine relativ schmale Platte auf der Südseite der Alpen. Im Etschgebiet kommt eine gewisse Faltung in das System, das in der großen Quarzporphyrplatte Südtirols wieder ruhig liegt. Außen verstärkt sich aber die Faltung. Das Cima d'Asta Massiv tritt über die dinarischen Randfalten hinweg.

Die Dinariden des Ostens. Erst ostwärts des Tagliamento wird lebhafter Falten- und Überschiebungsbau gegen Süden. Faltungszonen lassen sich unterscheiden, die stratigraphisch-tektonische Einheiten werden.

Außen liegt die adriatische Zone, die scharf SO streicht. Flyschsynklinalen schalten sich zwischen Kreidekalkantiklinalen.

Gliederung. Mit der Überschiebung des Ternowaner Waldes tritt die Pöllander Falte (Decke) mit Trias-Jura über den Flysch so weit hinweg, daß bei Idria ein Eozänfenster erscheint, das vom Außenrand 15 km entfernt ist. Der Kern der Falte bringt Paläozoikum (Karbon) herauf, der über Trias und Kreide hinweggeschoben ist.

Die Innenzone bildet die Julischen, die Steiner Alpen. Diese Zone schiebt sich über den Flysch von Flitsch. Sie schiebt sich gegen Süden vor. Komplizierte Schuppenzonen entstehen unter der großen Schubmasse, die auf dem Rücken noch kleine Überschiebungen zeigt. Winkler hat eine Zusammenstellung über den Aufbau dieser Gebiete gegeben, die von österreichischen, von italienischen Geologen erforscht worden ist. Koßmat hat hier Grundlagen geschaffen.

Die Gipfelfaltungen der Julischen Alpen haben ihr Gegenstück in den Gipfelfaltungen der Tofana, der Fanes-, der Puez-, der Gardenazzaalpe, die zuerst von Haug und Kober beschrieben worden sind. Heute kann man sagen, daß alle diese Gipfelfaltungen, die im Norden in den Gipfelfaltungen des Sonnwendgebirges (Wähner-Spengler) ihr Gegenstück haben, unter der Last einer höheren Decke entstanden sind. E. Sueß glaubte diese eigenartigen Faltungen des obersten Stockwerkes eines Gebirges (mit relativ ruhigem Unterbau) auf den Einfluß der Rotation der Erde zurückführen zu können.

Allgemein ist die Erkenntnis geworden, daß die Dinariden in Summe doch stärker bewegt sind, als man früher glaubte. Das beweisen auch die Aufnahmen von Ogilvie Gordon in den Südtiroler Dolomiten. Dazu kommen noch die Arbeiten, die von österreichischer und italienischer Seite aus letzter Zeit vorliegen.

Trotzdem ist der dinarische Bauplan auf der Strecke von den oberitalienischen Seen bis an den Tagliamento gegenüber dem Deckenbau der nördlichen Kalkalpen weitaus ruhiger. Ist es richtig, daß die Rifffazies inmitten der Mergelfazies der Trias primär liegt, wie es schon Mojsisovics beschrieben hat, so entfällt jede Möglichkeit, hier größere tektonische Komplikationen zu sehen. Man könnte ja denken, daß die Schlern-Dolomit-Fazies eine eigene Serie gegenüber der Mergelfazies der Wengener- und der Kassianerschichten darstellt. Es gibt Profile, die auf größere tektonische Komplikationen deuten.

Ist die Auffassung richtig, daß die Dinariden im Westen und in der Mitte im wesentlichen eine — trotz aller Tektonik — ruhiger gelagerte

Platte darstellen, so gilt im großen das alte Bild, das in den Dinariden
eine Art Erosionsgebirge sah, vergleicht man damit den gewaltigen
Deckenbau der Ostalpen.

Noch eine Frage allgemeiner Natur sei hier gestreift. Es handelt sich
um das Verhältnis der Dinariden zum ungarischen Zwischen-
gebirge. Sieht man das große Bild, so ist klar: die Dinariden sind der
Südstamm des alpinen Orogens. Die Außenseite liegt an der Adria.
Die Innengrenze ist durch die Linie gegeben, die von der Südseite des
Bachergebirges zwischen der Drau und der Save gegen SO zieht und die
Drinamündung erreicht. Weiter ist dann das Wardargebiet die sichere
Grenze zwischen den Dinariden und dem Zwischengebirge.

Die Drau-Save-Linie scheidet also Dinariden vom ungarischen
Zwischengebirge. Die Wardarlinie erreicht bei Saloniki das Meer. Über
800 km weit kann man hier Dinariden und Zwischengebirge sicher trennen.

Auf der anderen Seite sieht man, daß vom Bachergebirge die dinarische,
die südalpine Fazies in die südalpine Trias des Bakony fortsetzt. Die
Bakonylinie setzt über der Donau fort. In den Ostkarpathen gibt es
im Bihargebirge dinarische Trias. Diese liegt also auf der Nordseite des
ungarischen Zwischengebirges. Diese „Dinariden“ sind aber Grenzgebiete
der Alpiden gegen das Zwischengebirge oder gehören dem letzteren selbst
an. Diese Dinariden sind wohl in fazieller Hinsicht die Fortsetzung der
Dinariden der Innenseite. Aber sie sind nicht die tektonische Fortsetzung
der Dinariden gegen Osten.

Wir haben hier also Nord und Süd scharf zu trennen. Es geht
nicht an, die südalpine Trias des Bakony als die tektonische Fortsetzung
der Dinariden anzusprechen. Man darf hier also nicht von Dinariden
sprechen. Die Dinariden im tektonischen Sinne liegen Süd des Zwischengebirges und haben mit den „Dinariden“ des Bakony nichts zu tun.

Damit ist das Großbild des Bauplanes geklärt. Trotz alledem gibt
es Fragen und Probleme, sieht man das Detailbild des Endes der
Dinariden im Raume Marburg, Warasdin, Agram und Karlstadt. Die Ketten der Steiner Alpen ziehen nach Osten hinaus und haben
offenbar ihre Fortsetzung in den slawonischen Inselbergen, also in den
SO-streichenden Zügen, die zwischen der Drau und der Save liegen.

Ist diese Auffassung richtig, dann fügt sich der Detailbau dem Groß-
bau. Dann sind alle anderen Fragen sekundärer Natur. Dann ist auch
die Zone der Dolomiten, der Steiner Alpen die Innenzone der Dinariden, die von Cortina d'Ampezzo gegen Osten und Südosten zieht. Dann
ist diese Zone niemals Zwischengebirge, wie man auch annimmt, sieht
man bloß das Detailbild.

Dann ist aber auch die bosnische Schieferhornsteinzone, die Steinmann die Bosniden genannt hat, eine Zone, eine Decke, die Südwest
dieser Innenzone liegt. Dann hat diese Zone, die in den Helleniden so
große Bedeutung hat, bei Agram und Karlstadt ihr Ende. Dann gibt es
keine Fortsetzung gegen Westen oder gegen Nordosten. Man könnte
ja die Hallstätter Zone und die grünen Gesteine der Ostkarpathen
(Hagymas—Tordazone) im Bogen verbinden, der von Agram NO streicht.

Der Agramer Bogen wäre ein Stück aus diesem großen Bogen, der das ganze Zwischengebirge umsäumen würde.

So wird der Agramer Bogen von entscheidender Bedeutung. Wir sehen in ihm nicht die Fortsetzung in die Ostkarpathen, sondern bloß die Umbiegung der äußeren Zonen der Dinariden in die inneren. Der Agramer Bogen findet sich weiter Nordwest wieder im Laibacher Bogen. Man sieht hier, wie das Paläozoikum der äußeren Zonen der Dinariden mit dem Paläozoikum der inneren Zone sich verbindet. Man sieht, wie sich auch am Isonzo ein Bogen einstellt. Dieser Isonzobogen bildet ein Dreieck von Trias, das westwärts in die Tiefe taucht, das von Jura und Kreide umrahmt wird. Die Kirchheimer Linie des Nordens, die Tarnowaner Linie des Südens ketten sich am Isonzo. Hier, am Isonzo tauchen die aus dem Südosten, aus dem Osten kommenden dinarischen Zonen unter den Flysch. Weiter gegen Westen versinkt die ganze Zone. Bei Gemona bildet nur mehr die Innenzone den Rand der Dinariden. Udine liegt über den tiefversenkten Außenzonen. Das ist der dinarische Bauplan des Tagliamento.

In diesem Bauplan scharen sich die aus dem Südosten heraufziehenden Außenzonen der Dinariden mit den Innenzonen. Hier fehlt aber das Mittelstück, die Innenzone der Bosniden, die bei Agram endet.[1]

Es war im Interesse des Gesamtbaues der Alpen notwendig, auf diesen dinarischen Gesamtplan und seine Probleme kurz einzugehen. Wir glauben damit ein Bild vom Baue der Dinariden gegeben zu haben, das dem der Natur entspricht.

Es ist auf der Karte versucht worden, die Großtektonik der Dinariden möglichst klar hervortreten zu lassen. Wir hoffen, damit auch einen Beitrag gegeben zu haben, der den Weg gibt, das Dinaridenproblem zu klären.

Für keinen Fall aber können wir in den Dinariden, in den Alpen die Stirnfalten des Gondwanalandes sehen, den Rand Afrikas, wie das in den Synthesen von Argand und Staub der Fall ist. Afrika und das Gondwanaland sind noch weit weg. Vorerst kommt noch zwischen den Alpen und dem Apennin das adriatische Vorland. Erst bei Tunis fängt Afrika und das Gondwanaland an. Venedig liegt aber nicht innerhalb der Dinariden, wie E. Sueß annahm. Es liegt auch nicht im Gondwanalande, sondern — im Vorlande der adriatischen Scholle.

2. Die Karniden.

Nach diesen allgemeinen Darlegungen über die Dinariden betrachten wir die dinarischen Anteile, die innerhalb der österreichischen Grenzen liegen. Es sind dies in erster Linie die Karnischen Alpen, die wir hier die Karniden nennen.

Wir verstehen darunter die Zone von Paläozoikum der Karnischen Alpen und ihre Fortsetzung gegen Osten, die wir noch Süd von Eisen-

---

[1] Es liegt hier ein querer Zusammenschub vor, der im ostalpinen Gebirge möglicherweise auch in der Stangalpentrias gewirkt haben könnte.

kappel finden. Zu diesem Paläozoikum kommt noch Mesozoikum dazu. Karniden im weiteren Sinne wären also: die südliche, die dinarische Grauwackenzone und die unmittelbar auflagernde Kalkzone. Zu den Karniden müßte auch noch das Paläozoikum gerechnet werden, das am Südostfuße der Julischen Alpen zutage kommt.

Die Karniden reichen von Bruneck bis Eisenkappel in Kärnten, haben eine Länge von 240 km und eine aufgeschlossene Breite im Westen von 15 km. Im Osten, im Gebiete der Steiner und der Julischen Alpen werden sie 20 km breit, wenn man das auf der Südseite der Julischen Alpen bei Eisnern auftretende Paläozoikum dieser Zone zurechnen darf.

Das Paläozoikum der Karniden bildet eine Grauwackenzone auf der Nordseite der Dinariden, ähnlich wie die nordalpine Grauwackenzone auf der Südseite der Kalkalpen. Alle Formationen von Untersilur (Ordovik) bis in das Perm finden sich. Variszischer Deckenbau ist bekannt. Fraglich ist seine Bewegungsrichtung.

Diese südliche, dinarische Grauwackenzone reicht also von Eisenkappel bis Bruneck und zeigt auf diesem Wege die gleiche Erstreckung wie die nördliche Grauwackenzone, nimmt man deren Ende bei Schwaz im Inntale an. Bruneck liegt gerade südlich von Schwaz-Jenbach.

Ist das Zufall oder liegt hier irgendeine Gesetzmäßigkeit vor? Es wäre natürlich das einfachste zu sagen: die beiden Grauwackenzonen gehören zusammen. Die südliche Grauwackenzone ist die Wurzel der nördlichen. Dieser Zusammenhang wurde von der älteren Deckenlehre auch angenommen. Ist er richtig? Zudem kommt, daß man in der letzten Zeit in der nördlichen Grauwackenzone Schichten gefunden haben will, die auf nahe Verbindung der beiden Zonen hindeuten.

Feststeht vor allem: die südliche Grauwackenzone ist ein wesentlicher Bestandteil der südlichen Kalkalpenzone. Sie spielt die gleiche Rolle im ganzen Aufbau der Dinariden wie die nördliche Grauwackenzone im Aufbau der Alpiden. Beide Zonen zeigen im Rahmen des Ganzen den gleichen regionalen Bau, die gleiche Erstreckung, fast die gleiche Breite. Auch die Schichtfolge zeigt Ähnlichkeiten. Deckenbau kommt in beiden Zonen vor. Paläozoischer Deckenbau ist in den Karniden zu erkennen. Die südliche Grauwackenzone hat zweifellos ihren spezifischen Charakter in der Schichtfolge, in der Tektonik.

Wie die nördliche Grauwackenzone in vereinfachter Form weiter bis an den Rhein fortsetzt, so läßt sich auch die südliche Grauwackenzone in vereinfachter Form gegen Westen verfolgen. Meist finden sich auch hier, wie im Norden, nur Phyllite. Hierher gehören die dinarischen Quarzphyllite südlich von Bruneck. In der letzten Zeit sind auch hier Graptolithen gefunden worden, ganz ähnlich wie im Norden. Dann hört die Zone auf, setzt aber weiter im Westen wieder ein. Westlich des Gardasees, des Adamello, findet sich Karbon-Perm als Unterlage der Dinariden. So stellt sich auch hier wieder eine vereinfachte Grauwackenzone ein.

Weit im Süden kommt in der Cima d'Asta Altkristallin und Quarzphyllit zutage. Ob er mit dem Brunecker Quarzphyllit zusammenhängt, ist ungewiß. Sicher ist der Zusammenhang des Brunecker Quarzphyllites mit dem Quarzphyllit im Comelico, im Gebiete von S. Stefano.

Dieser Quarzphyllitzug bildet eine äußere Grauwackenzone, während das karnische Paläozoikum die innere Grauwackenzone bildet. Sie ist auch anderer Art. Sie ist kalkreich und umfaßt die ganze Schichtfolge vom Silur bis in das Perm. Dabei ist auch das Perm z. T. noch in Kalkfazies entwickelt.

Die äußere Grauwackenzone der Quarzphyllite liegt allem Anscheine nach südlich der inneren Grauwackenzone, die gerade in den Karnischen Alpen typisch entwickelt ist. Sie nimmt hier die Formen einer „paläozoischen Kalkalpenzone" an. Mächtige Kalkberge des Devon bauen Teile des Hauptkammes der Karnischen Alpen. Ein Deckenbau kommt zutage, der variszisch ist, der nach allgemeiner Auffassung gegen Norden getrieben ist, so wie in der nördlichen Grauwackenzone. Doch konnte schon gesagt werden, daß diese Auffassung hier nicht geteilt wird.

Die westlichen Karniden.

Gliederung. Wir können die Karniden in einen West- und einen Ostteil trennen. Der erstere reicht vom Helm bei Innichen bis zum Mittagskogel südlich von Villach. Dann endet der Zug. Karnide Schollen finden sich im Karawankentunnel bei Rosenbach. Das Zentrum der östlichen Karniden liegt südlich von Eisenkappel, im Aufbruche des Seebergsattels, im Raume der Steiner Alpen, Süd von Bad Vellach.

Wir betrachten nunmehr die westlichen Karniden, deren Aufbau österreichische und italienische Geologen erforscht haben. Es liegen Zusammenfassungen von italienischer Seite, Karten und Erläuterungen von E. Feruglio, M. Gortani, und A. Desio 1927—1929 vor. Heritsch hat 1936 eine Zusammenfassung: „Die Karnischen Alpen" gegeben.

Das Zentrum der Karniden liegt um den Plöckenpaß, südlich von Mauthen. Eine herrliche Straße führt hier in herrliche alpine Landschaft, in eine Geologie besonderer Art.

Die geologische Erforschungsgeschichte der Karnischen Alpen beginnt mit L. v. Buch (1824) und A. Boué (1835). Fast die ganze ältere Geologengeneration Österreichs hat hier gearbeitet, so Morlot, Foetterle, Peters, Stur, Lipold, Hauer, Tietze, E. Sueß, Stache, Teller, Geyer u. a. F. Frech gibt die erste großangelegte Darstellung des Baues in dem Werke: „Die Karnischen Alpen". Die letzten geologischen Karten liegen von österreichischer Seite von G. Geyer vor, von italienischer Seite in den Kartenblättern „Tre Venetie", die auf den Aufnahmen der italienischen Geologen beruhen. Hier sind zu nennen: Taramelli, M. Gortani, Vinassa de Regny. Die italienischen Geologen lehnen ebenso wie die meisten österreichischen Geologen bis in die letzte Zeit hinein Deckenbau ab. Wandel bringen hier: Küpper und Gaertner, dem sich auch Heritsch angeschlossen hat. Auch die italienischen Geologen sind auf dem Wege, den Deckenbau der Karnischen Alpen anzuerkennen. Er ist zweifellos vorhanden.

Der Ausgang für die Deckenlehre war auch hier die Erkenntnis, die in langer Arbeit gegeben worden ist: Silur und Devon kommen in verschiedener Entwicklung vor. Es stehen sich sandig-quarzitische, schieferige und kalkige Ablagerungen der gleichen Stufen gegenüber, teils mit Übergängen. Aber die Extreme scheiden sich scharf.

Wir folgen hier in der Darstellung des Deckenbaues der Karnischen Alpen den Ausführungen von Gaertner und Heritsch. Darnach gibt es in den Karnischen Alpen zwei tektonische Stockwerke: Einen variszisch gefalteten Unterbau, der Deckenbau hat, dessen Schichtfolge mit dem Untersilur (Ordovik) beginnt und mit dem tieferen Karbon endet (Hochwipfelkarbon). Transgressiv liegt ein Oberbau, der mit den oberkarbonen Naßfeldschichten einsetzt und über das Perm bis in die Trias reicht. Neben der großen orogenen variszischen Tektonik ist auch noch eine jüngere, mehr kratogene alpine Tektonik zu erkennen.

Der Deckenbau. Die unterste Decke ist die Luggauer Decke. Sie zeigt im Ordovik Quarzite und Schiefer, im Gotland (Obersilur) Lydite. Das Devon fehlt. Das Karbon hat die Hochwipfelschieferfazies.

Über dieser tiefsten Decke ohne Kalk folgt die Gruppe der unteren Decken mit metamorphem Silur und Devon. Hierher gehören von unten nach oben: die Eder-, die Mauthner Alm-, die Mooskofel Decke.

Die Eder Decke hat im Ordovik die Uggwafazies, also Schiefer, auch Kalke mit Bryozoen und Cystideen. Die Fauna ist typisches Caradok. Kieselschiefer und dunkle Bänderkalke gehören dem Gotland zu, Riffbänderkalke dem Devon. Das Karbon ist, wie fast in allen Decken, Hochwipfelkarbon.

Die Mauthner Alm Decke zeigt im Ordovik die Quarzitfazies oder die (mediterrane) Uggwafazies des Caradok, die Plöckener Fazies des Gotland, also die Kalkfazies des Obersilur, die zwei Graptolithenschieferniveaus hat (im Tarannon und Ludlow). Das Devon bauen Netz-, Flaser- und Bänderkalke. Hochwipfelkarbon schließt die Schichtfolge.

Die Mooskofel Decke führt im Ordovik die Quarzitfazies mit Porphyroiden. Das Gotland fehlt oder ist in der Form von Schiefern und Kalken entwickelt. Das Devon zeigt gebänderte Riffkalke, das Karbon die Hochwipfelschiefer und Brekzien.

Nun folgt die Gruppe der mittleren Decken mit reich gegliedertem Silur und Devon. Die Faziesunterschiede sind recht bedeutend.

Die Rauchkofel Decke zeigt im Ordovik die Quarzit- oder die Uggwafazies, das Gotland die Plöckener-, die Findenig- oder die Wolayer Fazies. Die Wolayer Fazies ist eine Kalkfazies ohne Graptolithenschiefer. Die Findenigfazies des Obersilur zeigt in der tieferen Abteilung (des Obersilur) Kieselschiefer und Lydite mit kalkigen Bänken. Dem Devon gehören Netzkalke und Flaserkalke an, dem Karbon die Hochwipfelfazies. Die Rauchkofel Decke hat in den Kieselschiefern die Tiefenfazies, in den Kalken den Hallstätter Typus. Sie ist wenig mächtig und steht so im schroffen Gegensatz zu den folgenden Decken, in denen die Riffazies des Devon große Mächtigkeit erreicht.

Die Cellon Decke hat im Ordovik die Uggwafazies oder die Quarzitfazies, im Gotland die Plöckener Fazies, im Devon die Riffkalkfazies mit Übergängen zu Netzkalken, im Karbon die Hochwipfelschichten. Diese Decke vermittelt zwischen der Rauchkofel Decke und der Kellerwand Decke, sie steht dieser aber in der Fazies näher.

Die Kellerwand Decke hat im Ordovik die Uggwafazies, im Obersilur die Schwellenfazies, im Devon die mächtigen Riffkalke, im Karbon die Hochwipfelschiefer.

Die obersten drei Decken bilden wieder eine Gruppe, die die Tiefseefazies der Kieselschiefer führen, daher Decken ohne kalkiges

Abb. 16. Charakterbild der Karnischen Alpen. Plöckenhaus 1250 m mit Cellon und Kellerwand. Photo. Auf Karbon Schiefer liegen Silur-Devon Kalke. Paläozoische Kalkalpen mit Deckenbau gegen Süden (?) liegen vor, Reste der Varesziden — Reste dinarischer variszischer Kalkalpen. Ein überaus instruktives geologisches Bild in Bezug auf Fazies, Tektonik und Morphologie.

Silur und Devon sind. Von unten nach oben folgen die Bischofalm-, die Plenge-, die Dimon Decke. Die erste, die Bischofalm Decke, hat im Ordovik Lydite und Quarzit, im Gotland Lydite und Kieselschiefer. Darüber folgt das Hochwipfelkarbon.

Die Plenge Decke führt im Ordovik die Plengefazies, die aus phyllitischen Schiefern besteht, die mit violetten und schwarzen Schiefern wechseln. Quarzkonglomerate stellen sich ein, Chloritschiefer, Diabase und Porphyroide. Die Plengeserie ist, obwohl sie hoch oben liegt, die am stärksten metamorphe Serie, deren Alter noch nicht sicher ist. Die höheren Horizonte, Obersilur, Devon sind unbekannt. Hochwipfelkarbon ist fraglich.

Die Dimondecke hat kein Ordovik, zeigt Lydite und Kieselschiefer des Obersilur und darüber das Hochwipfelkarbon, ferner Eruptiva und rote Schiefer des Perm.

Über diesem variszischen Deckenbau liegt nun transgressiv der Oberbau, der weit über den Deckenbau hinweg geht, der weniger gefaltet ist. Die postvariszische Schichtfolge beginnt im höheren Oberkarbon und reicht bis in die Trias.

Die Transgression beginnt mit den Auernig Schichten, die 860 m mächtig werden. Es ist eine Wechsellagerung von Schiefern, Sandsteinen, Konglomeraten und kalkigen Lagen. Darüber liegen die Rattendorfer Schichten, die vorwiegend kalkig entwickelt sind. Ihre Basis bedeutet die Grenze von Karbon und Perm.

Beide Schichtgruppen werden als Naßfeldschichten zusammengefaßt. Über deren oberem Schwagerinenkalk liegt der Trogkofelkalk, der 300—400 m mächtig wird. Es ist ein z. T. brekziöser, riffiger, weißer bis rötlicher Kalk. Über diesem marinen unteren Perm folgt die Tarviser Brekzie, früher fälschlich als Uggowitzer Brekzie bezeichnet, der der Grödner Sandstein aufliegt. (Die Uggowitzer Brekzie gehört dem Muschelkalk zu.) Über dem Grödner Konglomerat und dem Grödner Sandstein folgt die Bellerophonstufe des obersten Perm. Dolomit, Zellendolomite, Rauhwacken, Gips und Kalk leiten die marine Transgression ein, die in der Trias, im Werfener Schiefer allgemein wird. Damit beginnt die dinarische Entwicklung des Mesozoikums, der Trias, des Jura, der Kreide.

Auch der Oberbau zeigt z. T. deckenartige Abschiebungen, so daß flache Schubbewegungen das System: Naßfeldschichten + Trogkofelkalk zerlegen. So lösen sich die Rattendorfer Schichten von den Auernig Schichten und gehen Bewegungen ein. Auch andere Störungen finden sich in dem jüngeren Oberbau, in dem Nord- und Südbewegungen sich erkennen lassen.

Im jungen Oberbau ist noch ein Horizont recht auffällig. Er findet sich auf der italienischen Seite in der Dimon Decke. Es sind rote Schiefer, die sich im Verein mit basischen Eruptiven und Spiliten finden. Es handelt sich hier um permische Ergüsse, die von der alpinen Gebirgsbewegung mit älteren Schichten verschuppt werden, so mit Hochwipfelkarbon, dem sie ursprünglich diskordant aufgelagert worden sind. Diese Schichtgruppe kann dem Grödner Sandstein und den Quarzporphyrdecken gleichgestellt werden.

Zu diesen Darlegungen über den Deckenbau der karnischen Alpen seien hier noch folgende Bemerkungen gestattet. Im Hauptprofil des Plöckenpasses erscheint als tiefste Decke die Eder Decke. Über sie legen sich gewölbeartig die höheren Decken bis zur Plenge Decke. Dabei liegt die Luggauer Decke im Norden, die Dimon Decke im Süden. Auffällig ist, daß die Luggauer Decke weitgehend mit der oberen Deckengruppe im Schichtaufbau übereinstimmt. Sie steht also im stratigraphischen Aufbau den oberen Decken näher als dem der tiefliegenden Eder Decke, unter der sie auch gar nicht zum Vorschein kommt. Die Luggauer Decke hat auch eine ganz andere Position. Sie liegt am Rande gegen das Gailtaler Kristallin. Sie liegt also an der Grenze der alpin-dinarischen Linie. Sie steigt steil aus der Tiefe heraus und liegt im Rücken der mittleren Deckengruppe.

Beim Studium der Profile von Gaertner zeigt sich die Tatsache, daß das Karbon im Süden offen, im Norden geschlossen ist. Das ist z. B. beim Karbon der Fall, das auf der Mauthner Alm Decke liegt. Das ist gerade das Gegenteil von dem, was man zu erwarten hat, wenn der Deckenbau von Süden gegen Norden geht. In dem Falle sollte gerade das Karbon als trennende Synklinale sich öffnen, statt sich zu schließen. Man kann sich mit Ausquetschungen helfen. Aber das Problem ist deswegen doch vorhanden. Ein weiteres Problem ist die Lage der Dimon Decke, die im Süden liegt. Ist sie eine Stirn, die von unten her auftaucht, oder kommt sie von oben her, von Norden ?

Aus der Anordnung der Faziesbezirke würde sich ergeben, daß die höheren Decken mit der Kieselschieferfazies der Hauptsache nach im Norden liegen, daß also ihre Wurzel im Norden liegt, gegen die alpin-dinarische Grenze zu. Daraus ergäbe sich ein Deckenbau gegen Süden. Der ist auch aus manchen Profilen ableitbar, so z. B. aus der Tektonik des Cellon. Auf der Karte von Gaertner erscheint dieser mit einem Kern von Ordovik, der über- und unterlagert wird von Obersilur-Devon. Das Profil: Mauthner Alm—Polinik—Freikofel macht doch ganz und gar den Eindruck einer Südbewegung.

Die östlichen Karniden.

Diese Zone beginnt mit dem Mittagskogel süd von Villach und reicht über Eisenkappel hinaus bis St. Veit, wo bereits die breite Tertiärmulde

Abb. 17. Charakterbild der alpin-dinarischen Grenzzone. Der Wörthersee und die Karawanken. Photo. Im Vordergrunde ostalpines Altkristallin der Brettsteinserie. Süd des Sees ostalpines Altkristallin, Paläozoikum mit Schollen von Trias. Hochaufragend die dinarische Front mit dinarischem Paläozoikum und dinarischem Mesozoikum. Die Karawanken sind z. T. noch ostalpin, aber die Julischen Alpen sind echte Dinariden, die nach Norden schauen — ein Bild, das an die Südseite der nördlichen Kalkalpen erinnert.

beginnt, die über Weitenstein hinaus das ostalpine Bachergebirge von den dinarischen Ausläufern von Gonobitz trennt.

Bei Arnoldstein bauen die Südhänge des Gailtales das dinarische Paläozoikum, darüber liegt dinarisches Mesozoikum. Die Nordmauer des

Tales bilden die Südwände des Dobratsch. Anderle hat gezeigt, wie hier nordalpine Trias flach gegen Süden ausstreicht, Verbindung suchend mit der Trias der Dinariden.

Bei Mallestig tritt das dinarische Paläozoikum mit Trogkofelkalk unmittelbar in das Kärntner Becken ein. Dinarisches Mesozoikum mit Raibler Schichten bildet den Zug des Mittagskogels. Am Ostufer des Faaker Sees finden sich Schollen nordalpiner Trias, die als die Fortsetzung des Dobratsch gedeutet werden können. Das Mallestiger Profil ist das einzige, wo die Karniden unmittelbar auf ostalpinen Boden vordringen, ohne daß ostalpine Trias vor ihnen läge als Grenze. Weiter im Osten schiebt sich wieder die Fortsetzung des Dobratschzuges ein und erst südlich davon kommen die Karniden. So wird im Osten das typische Profil der Grenze von Ostalpen und Dinariden. Es ist das Profil von Eisenkappel, das von Kober 1914 schon dargestellt worden ist.

Kommen wir von Norden, so treffen wir auf die steil aufstrebende Trias des Hochobir-Petzen-Zuges, die einen nach Norden überschlagenen Faltenwurf darstellt. Teller hat schon gezeigt, wie auf der Nordseite basal Lias-Jura liegt, überschoben von der Hochobirtrias, die eine Stirn bildet. Im Süden kommt steil aus der Tiefe verkehrt Muschelkalk und Werfener Schiefer heraus, darunter das Eisenkappeler Paläozoikum, das wahrscheinlich Karbon ist. Dann bildet eine schmale Zone von Gailtaler Altkristallin die Grenze. Der alte Eisenkappeler Granit zeigt Kontakte mit den Hüllschiefern. In der Grenzzone gegen die Trias des Südens steckt der junge (alpine) Eisenkappeler Tonalit.

Wir kommen jetzt in die Trias des Koschutazuges, die steil aus der Tiefe aufsteigt. Unter dieser Trias wird das karnische Paläozoikum sichtbar, das von ähnlichem Bau ist wie im Westen. Heritsch hat darüber berichtet. Kollmann arbeitet derzeit an der Aufklärung des Baues. Ein Deckenbau ist zu erkennen. Zwei Decken liegen in variszischer Tektonik übereinander. Transgressiv liegt ein jüngerer variszischer Oberbau mit Naßfeldschichten. Darüber folgen die Steineralpen Decken (zwei?) mit der „Salzburger Hochgebirgskorallriffkalkfazies", wie man einst gesagt hat. Bilder entstehen, die an die Südseite des Dachsteins erinnern.

Die ganze Zone zeigt, wie die alten Darstellungen schon feststellen, wie die Neuaufnahmen von Kostelka und Kollmann darlegen, eine gewisse En-bloc-Bewegung gegen Norden. Trotzdem ist in den Steineralpen die orogene Bewegungsrichtung echt dinarisch gegen Süden gerichtet. Noch nicht sicher ist die Bewegung im Paläozoikum, das jedenfalls auch alpin bewegt ist. Wir glauben aber, daß die variszische Bewegung ebenso gegen Süden gerichtet ist wie die dinarische. In variszischer Zeit gab es schon einen fundamentalen Unterschied zwischen dem alpinen Eisenkappeler Paläozoikum und dem dinarischen Seebergpaläozoikum. Es ist der gleiche Unterschied wie im Mesozoikum. Die alpin-dinarische Grenze hat auch hier ihre große Bedeutung. Das lehrt das Profil von Eisenkappel.

B. Die Molassebecken.
Die tertiären Becken.

1. Allgemeines.

Das jüngste Großelement im Aufbau Österreichs, der Alpen, des Vorlandes, ist der Raum der Molassebecken. Darunter verstehen wir hier die Gesamtheit der Ablagerungen, die in der Molassezeit, im Molassestadium der Alpen entstanden sind.

Die Molassezeit der Alpen setzt mit dem mittleren Oligozän ein. In dieser Zeit wird die Kalkalpenzone der Flyschzone aufgeschoben. Die Flyschgeosynklinale, das Flyschstadium der Alpen, das mit der Oberkreide begonnen hat, ist zu Ende. Die neue Ordnung der Dinge wird: die Molassezeit, das Molassemeer. Die alpine Geosynklinale wird immer mehr zum Restmeer, das sich in Kanäle, in Becken auflöst. Zugleich steigen die Alpen. Ihr Schutt füllt die Molassebecken, die auch Süßwasserbecken sein können, Seenplatten, die die Meeresgebiete umgürten.

Man hat bisher in der Regel nur die außeralpinen Becken als Molassebecken bezeichnet und von diesen die inneralpinen tertiären Becken geschieden; doch mit Unrecht, sieht man das ganze allgemeine Gestaltungsbild, dem ein allgemeines Gestaltungsprinzip zugrunde liegt: es ist der allgemeine Rückzug des Meeres der alpinen Geosynklinale auf das heutige Meeresgebiet. Es ist das allgemeine Aufsteigen der Alpen zum Ketten-, zum Hochgebirge, das zuletzt vergletschert. Im Diluvium stehen die Alpen im glazialen Stadium, das heute noch andauert, das solange dauern wird, solange die alpinen Ketten steigen, soweit dies die isostatische Lagerung der Erdrinde gestattet.

Es sind zwei geologische Großerscheinungen: Rückzug des Meeres und Aufsteigen des Gebirges, die aber, dem Wesen nach innig verbunden, Ausdruck des allgemeinen Gestaltungsprinzips sind, das aus der alpinen Geosynklinale das alpine Orogen gestaltet.

Um uns einen Begriff zu machen von den Zeiträumen, die hier in Betracht kommen, haben wir festzuhalten, daß für den alpinen Zyklus ein Zeitraum von 150—200 Millionen von Jahren in Betracht kommt. Davon würden dann etwa 50 Millionen Jahre mindestens für das Känozoikum in Betracht kommen. Nimmt man an, daß das Alttertiär (Eozän und Oligozän) gleich lang gedauert haben mag wie das Jungtertiär (Miozän und Pliozän), so käme für die Molassezeit mindestens ein Zeitraum von 25 Jahrmillionen in Betracht. Davon entfiele auf das Diluvium ungefähr 1 Million von Jahren.

Diese Betrachtungen werden notwendig, wenn man bedenkt, daß die Molassezeit die morphologische Entwicklung der Alpen in sich schließt. Man soll sich klar darüber werden, welche Zeiträume hier in Betracht kommen. Welche Zeiträume die einzelnen Stadien der Alpenwerdung umfassen, vom ersten Stadium der Molassealpen bis zu den Alpen der Gegenwart.

Man hat bisher die Molasseablagerungen in zwei große Zyklen gliedern können, in die Zyklen der unteren Meeres- und der unteren Süßwassermolasse, von denen die erste das Mitteloligozän — die stampische Stufe —, die zweite das Oberoligozän, die chattische Stufe, umfassen soll. Dazu käme vielleicht noch die aquitanische Stufe des unteren Miozäns. Das Burdigal leitet den zweiten marinen Zyklus ein, die obere Meeresmolasse, die in die Bildungen der I., der II., eventuell der III. Mediterranstufe gegliedert werden kann. I. Mediterranstufe wäre im Sinne von E. Sueß das Burdigal und Helvet, das z. T. verlandet. II. Mediterranstufe wäre demnach das Torton; das Sarmat ist bereits wieder brackisch. III. Mediterranstufe wäre das marine Pliozän in Italien. Im Raum der Alpen und des Vorlandes der böhmischen Masse gibt es keine III. Mediterranstufe, gibt es keine marinen Ablagerungen des Pliozän mehr. Im Unterpliozän, im Pont (Pannon) ist nur mehr eine Süßwasserseenplatte vorhanden. Im Mittelpliozän (Daz) existiert bereits die Donau. Im Oberpliozän (Levantin) wird das heutige Relief gestaltet. Die Alpen werden zum Hochgebirge. Der glaziale Zyklus wird vorbereitet.

Es ist aber nicht möglich, die Molassebildungen des Ostens dem großen Bauplan des Westens ohneweiters einzuordnen. Dazu sind die Verhältnisse zu kompliziert. Das kommt daher, weil die Molassebildungen, die an sich fossilreich sind, Faziesgesteine darstellen, die in gewissen Faziesbezirken entstanden sind, Folgen von bestimmten Zuständen darstellen, denen auch das Leben sich weitgehend anpaßt. So werden Faziesfaunen, Faziesfossilien, die für die Fazies leitend sind. Aber Faziesfossilien sind schlechte Leitfossilien, da sie in der Fazies und mit der Fazies leben und so lange existieren, als eben die Fazies ihre Existenz begünstigt.

So werden für die Molassezeit bestimmte Ablagerungen leitend, die durch Zeiträume hindurchgehen. Eine solche typische marine Fazies ist der alpine Schlier, der für I. Mediterranstufe, für Burdigal, galt. Heute weiß man aber, daß die Schlierfazies schon mit dem Mitteloligozän beginnt, daß die Schlierfazies bis in das Torton reichen kann, wie der „Schlier von Walbersdorf" im Burgenlande bezeugt.

Eine andere Leitfazies der Molasse sind die braunkohleführenden Schichten, die im Oligozän sich finden, wie im Mio- und Pliozän. Gewiß kann man oberoligozäne und untermiozäne kohleführende Süßwasserschichten auf Grund der Leitfossilien zeitlich trennen. Aber es gibt doch Fälle, wo man im unklaren ist, gilt es das genaue Alter der inneralpinen kohleführenden Schichten festzulegen. So sind diese z. B. von E. Sueß in das Helvet gestellt worden, während sie Petrascheck in das Aquitan gestellt hat, weil die kohleführenden Schichten Steiermarks unter den (burdigalen) Schlier einfallen.

Leitgesteine der Molasse sind auch die Salzlagerstätten, die Erdöllager, die in bestimmten Faziesgebieten entstehen, in der Zeit, da die alpinen Geosynklinalbecken verlanden und Restmeere und Restseen bilden, wie sie heute noch im Typus: Schwarzes Meer und Kaspisee (Aralsee) bestehen.

Man kann die Molassebecken dem Orte und der Zeit nach gliedern: in die außer- und inneralpine Molasse, in die ältere, die mittlere, in die jüngere Molasse. Der Typus der außeralpinen Molasse ist die Vorlandmolasse zwischen Alpen und der böhmischen Masse. Typus der inneralpinen Molasse ist das große pannonische, das inneralpine Becken von Wien. Ältere Molasse sei alle oligozäne Molasse. Mittlere Molasse nennen wir hier alle miozäne Molasse bis zum Helvet. Jüngere Molasse beginnt mit dem Torton und ist nicht mehr in den Deckenbau der Alpen einbezogen.

Die Vorlandmolasse der Ostalpen Österreichs ist in der älteren und mittleren Molasse marin, in der jüngeren kontinental entwickelt, da sie mit Helvet endet. Am Ende des Helvet wird der Flysch auf die Molasse geschoben. Das Molassemeer verschwindet. Die kontinentale Phase beginnt, zum Unterschiede vom inneralpinen Wiener Becken, in dem mit dem Torton die jüngere marine Molassezeit noch bis zum Ende des Miozäns fortdauert. Dann verschwindet auch hier das Meer. Es wird zum Mittelmeer.

Der Rückzug des Meeres vom Torton auf das Mittelmeer der Gegenwart ist aber keine einfache negative eustatische Strandbewegung im Sinne von E. Sueß. Vielmehr erfolgt der Rückzug durch allgemeine Landerhebung und Gebirgsbildung, durch positive Landhebung und Einbruch des Mittelmeeres. Hier kombinieren sich, wie immer in der Natur, komplizierte Vorgänge; doch das Primäre ist die Deformation der Erdrinde, das Sekundäre die damit im Zusammenhang stehende Deformation des Meeresspiegels.

2. Die außeralpine Molasse.

Das außeralpine Molassefeld liegt zwischen den Alpen — Karpathen und der böhmischen Masse. Sein Untergrund mag der Hauptsache nach die alpin-variszische Grenzscholle sein, die alte erstarrte Scholle, die das alpine Orogen vom variszischen schon in variszischer Zeit getrennt hat. So bestimmt hier alter Bauplan die jüngere Geschichte, die das alte Bauprinzip aber getreulich festhält: Grenze zu sein zwischen Alpen und der böhmischen Masse.

Diese Grenzscholle liegt heute tief, bildet oberflächlich eine Ebene. Sie war in der Molassezeit Vortiefe, Saumtiefe, tiefeingesenkte Restgeosynklinale, die sich mit dem Schutte der werdenden Alpen füllte, mit dem Schutte des aufsteigenden böhmischen Massivs. Heute ist die Donau die tiefste Stelle zwischen Alpen und Vorland, entstanden im Pliozän, als Schotter noch die böhmische Masse bedeckten. Heute ist die Donau, sozusagen, die Vortiefe der Alpen.

Verbreitung. Die außeralpine Molasse setzt am Genfer See ein und ist als einheitlicher Zug um die Alpen und Karpathen zu verfolgen. Sie ist im Profil von Passau gegen Salzburg an die 80 km breit. Gegen Osten wird das Molassevorland immer schmäler, so daß im Profil von St. Pölten eine 10 km breite Molassezone übrig bleibt, die aber schon z. T. auf den Gesteinen der böhmischen Masse liegt. Nord der Donau wird die Molasse wieder breiter und tritt in unmittelbare Verbindung mit der inneralpinen Molasse. Hier, im Raume Nord vom Waschberg, verschmelzen außer-

und inneralpine Molasse zu einem großen Becken, aus dem als trennende Zone nur mehr die Klippenberge inselgleich herausragen, die tektonische Grenze zwischen außer- und inneralpin markierend.

Bei Nikolsburg setzt die karpathische Sandsteinzone ein und damit wieder die scharfe Grenze von außeralpiner·und inneralpiner Molasse, die durch die ganzen Karpathen zu verfolgen ist. So ist an der Kettungsstelle von Alpen und Karpathen der „Donaudurchbruch" seit dem Miozän vorgezeichnet.

Die außeralpine Molasse reicht also vom Bodensee bis Nikolsburg, ist so an 600 km lang, hat auf der einen Seite die böhmische Masse als natürliches Ufer, auf der anderen Seite die Alpen. Dieser Rand ist aber immer Überschiebungsrand, im Gegensatze zum böhmischen Rand, der immer Ufer ist, Transgressionsrand für das Molassemeer.

Gliederung. Es ist natürlich, daß am Vorlandufer andere Bedingungen der Gestaltung geherrscht haben als an der alpinen Front. Andere Bedingungen gestalteten die Verhältnisse der Mitte, der Tiefe. Man wird die Verhältnisse am besten verstehen, wenn man bedenkt, daß die außeralpine Molasse die Vortiefe, die nach Norden wandernde Saumtiefe der Alpen darstellt. Das Molassemeer läßt in der Beckenmitte hauptsächlich den Schlier entstehen, der über 1000 m mächtig wird. Es ist ein feines sandiges, schlammiges Sediment, das in der Vortiefe entsteht, in Tiefen, die ähnlich sind wie die des Mittelmeeres, des Schwarzen Meeres. Es ist nicht richtig, daß der Schlier nur in ganz seichtem Wasser entstanden ist. Dagegen spricht der Fossilgehalt, vor allem aber die tektonische Position der Schliermolasse, die als ständig sinkende Vortiefe in den alpinen Ketten Europas zu erkennen ist.

Am Ufer des Schliermeeres entstanden Sande, Tone, kohleführende Schichten, Schotterbildungen, Deltas in subtropischen Wald- und Wiesenlandschaften. Groben Schutt lieferten von Zeit zu Zeit die Alpen, besonders im Westen. Das zeigt, daß damals schon die Westalpen relativ höher waren als die Ostalpen. Exotischer Schutt spielt in der „bunten Molasse" eine große Rolle. Es sind das Molassegesteine, die in Deltas entstanden sind, indem alpine Flüsse die Schotter der ostalpinen Decke sedimentierten, solange noch ostalpine Deckenmassen als Klippen auf helvetischem Gebirge lagen. Dieser westalpine Typus der „alpinen Molasse" fehlt auf der Strecke von Salzburg bis Nikolsburg fast ganz. Nur vereinzelt finden sich Schotterkegel zwischen Molasse und dem Flyschrande, wie das z. B. in der Konglomeratmasse des Buchberges bei Neulengbach der Fall ist.

Gliedert sich so die Molasse von Norden gegen Süden, so ist auch der Westen und der Osten verschieden. Man wird hier vor allem die ostalpine und die karpathische Molasse zu unterscheiden haben.

Wir betrachten also zuerst

a) die ostalpine Molasse,

die sich vor die Ostalpen legt, die in Österreich in zwei Gebieten vorkommt, ganz im Westen, in Vorarlberg, dann im Osten, von Salzburg an bis zur Donau.

Der Nordrand der Molasse ist auf der Strecke von Passau über Linz bis St. Pölten durch die Auflagerung der Molasse auf die Gesteine der böhmischen Masse gegeben. Auf den Gneisen und Graniten der moldanubischen Zone — die moravische liegt offenbar überschoben in der Tiefe — liegt die ostalpine Molasse in der Form von Sanden, Tonen, Tegeln, von kohleführenden Schichten. Aber auch der Schlier liegt unmittelbar transgressiv auf der böhmischen Masse.

Es sind mitteloligozäne bis mittelmiozäne Bildungen, die marin oder kontinental entwickelt, den „Donau-Molasserand" — wenn der Ausdruck gestattet ist — bilden. Dieser ist keine gerade Linie, sondern löst sich in einzelne mehr oder minder tiefgreifende Becken auf, deren Anlage oligozäne und jüngere Tektonik in Form von Brüchen bestimmen. Die Donaubrüche spielen da eine Rolle.

Als Becken tritt das Linzer Becken, das Gallneukirchener Becken hervor, Gebiete, die in letzter Zeit von Schadler, von Grill untersucht worden sind. Die Linzer Sande sind offenbar das Äquivalent der Melker Sande des „Melker Beckens", der Teilbucht der Molasse auf dem böhmischen Massiv. Diese weißen Sande sind nach den neuen Bestimmungen von Ellison v. Nidlef mittleres Oligozän. Jünger sind die braunkohlenführenden Schichten von Statzendorf bei St. Pölten. Kohleführende Schichten liegen auch unter den Melker Sanden. Schichten gleicher Art finden sich auch am Alpenrand. In Fällen können Schichten dieser Art auch jünger sein (Burdigal-Helvet). Es handelt sich bei diesen Bildungen eben um eine „Strandfazies", die lange Zeit hindurch bestehen kann. So können diese Faziesgesteine von der Art der Melker Sande, der kohleführenden Schichten, offenbar vom Mitteloligozän an bis in das Miozän hinein entstehen. Ihr Alter kann nur auf Grund von Fossilfunden in den einzelnen Fällen festgelegt werden.

Es kann sein, daß auch in den limnisch fluviatilen Becken auf der böhmischen Masse, die auf der Karte ausgeschieden sind, oligozäne Ablagerungen vorkommen. Es sind dies die Becken von Budweis, Gmünd—Wittingau; doch gelten die Bildungen meist für unter- und mittelmiozän. Es sind Süßwasserbecken, die eine Tiefe von 300 m erreichen. Basal liegen die Basissande mit Tonlagen, denen Lignitflöze aufliegen. Zuoberst liegen vielfach grobe Schotter, zu Konglomeraten verfestigt.

Die Beckenmitte der ostalpinen Molasse bildet hauptsächlich der Schlier. Die Bohrungen von Wels, 1037 m tief, von Braunau (Julbach 1092 m, Eisenhub 1533 m tief) zeigen, daß dem Schlier bedeutende Mächtigkeit zukommt. Er zeigt leichte Faltung. Nach den Untersuchungen von Vetters ist der Schlier auch oligozänen Alters (mitteloberoligozän); doch gilt der typische Ottnanger Schlier für Burdigal-Helvet. Durch Wechsellagerung mit Sanden verlandet der Schlier und es legen sich über ihn die brackisch-sandigen und tonigen Oncophora Schichten des Helvet darüber. Oncophorasande finden sich um Ried, um Lambach, dann um Tulln. Sie liegen diskordant und werden noch nördlich der Donau, auf dem Wagram, angetroffen. Sie sind das Äquivalent der Grunder Schichten nord der Donau.

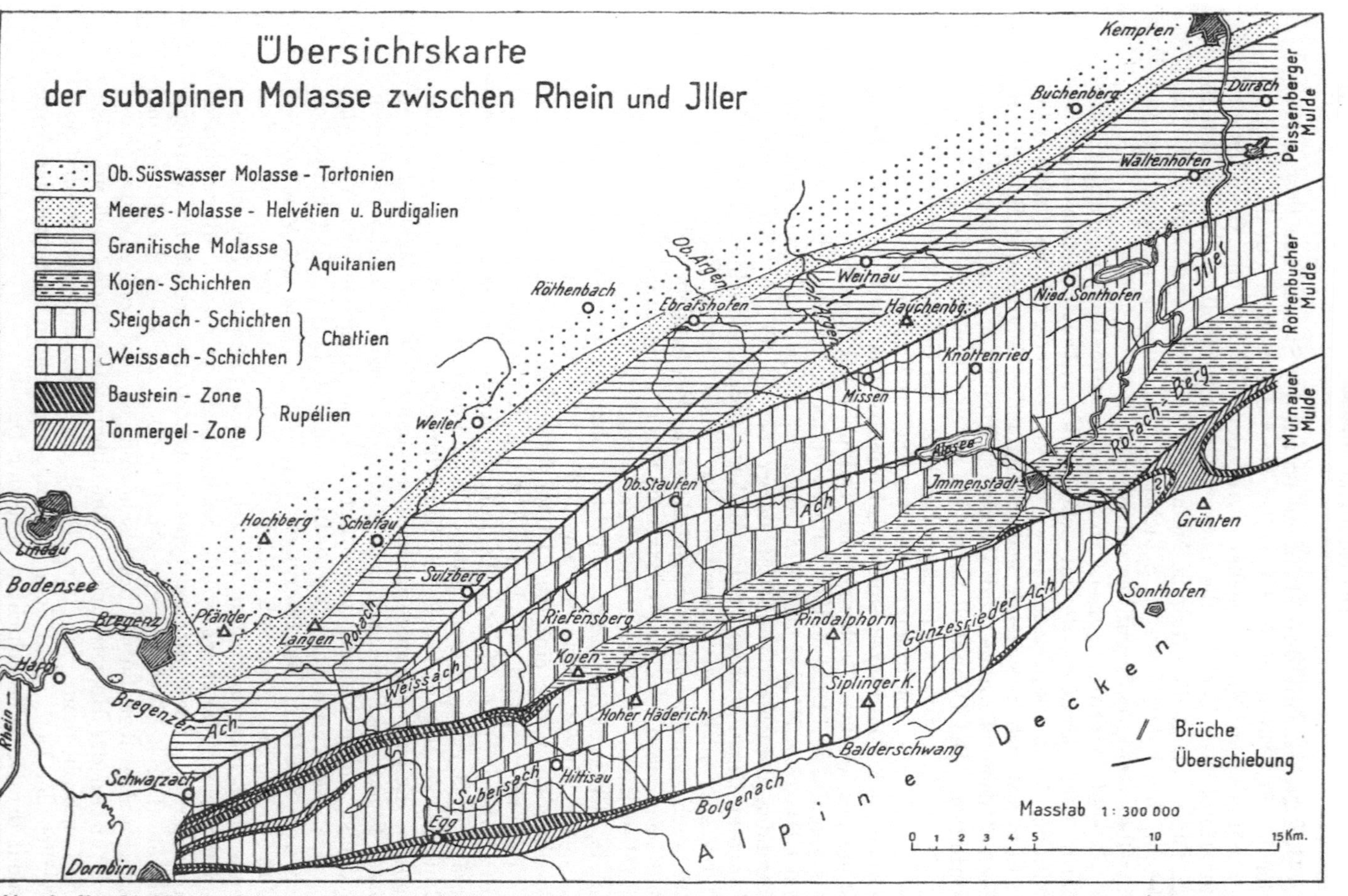

Abb. 18. Charakterbild der Molasse östlich des Rheins nach F. Müheim Ecl. Geol. Helv. 27, 1934. Süd der Molasse liegt die helvetische Zone des Bregenzerwaldes. Man beachte, daß sogar noch die tortone Molasse des Pfänder bei Bregenz aufgewölbt ist.

Jüngere Bildungen des Molassebeckens sind die obermiozänen kohleführenden Schichten des Hausruck, die an 150 m mächtig werden, die diskordant auf Schlier, auf Oncophorasanden liegen.

Wieder diskordant liegen die altpliozänen Hausruckschotter, die aus einem Delta hervorgegangen sind, das vor den Alpen sich gebildet hat. Es kann sein, daß diese Schotter auch noch mittelpliozän sind. Jungpliozän sind dann die folgenden Terrassenschotter, die schon Flüssen zugehören, denen die Donau der Leitstrom war.

Der Ostalpine Molassenrand ist von der Art, daß in Vorarlberg noch ganz und gar der Typus der Schweizer Molasse herrscht. In Österreich ist von Salzburg bis an die Donau ein anderes Verhältnis herrschend. Fast überall tritt der Schlier unmittelbar an die Flyschzone heran und wird von ihr überschoben. An der Donau stellt sich dann der Übergang ein zum karpathischen Typus des Molasserandes, wie er durch die Klippenberge Waschberg—Nikolsburg gegeben ist. Bei Neulengbach stellen sich Konglomeratlagen an der Grenze von Molasse und Flysch ein. Hier sehen wir zum letzten Male in verkleinertem Maßstabe bunte, exotische Molasse vom Schweizer Typus zwischen Flysch und Schlier.

Die Molasse in Vorarlberg zeigt folgenden Aufbau: es sind die Bildungen der unteren Meeres- und Süßwassermolasse, der oberen Meeres- und Süßwassermolasse, die noch gestört sind. Am Pfänder sieht man sehr schön, wie die tortonen Schichten flach aus der Ebene emporsteigen. Gegen die Alpen zu kommen die älteren Molasseschichten gefaltet zutage. Es ist der gleiche Aufbau wie in der Schweiz. Die ältere Molasse liegt unmittelbar am Alpenrand und ist in die Tektonik mit einbezogen. Ein Deckenbau ist nicht zu erkennen. Die Molasse Vorarlbergs ist von den Alpen aufgestaut. Müheim hat eine Darstellung des Molassebaues von Vorarlberg gegeben, den wir hier als Beispiel des westlichen alpinen Molassebaues kurz wiedergeben.

Die Molasse zeigt im Raume von Bregenz bis Kempten folgenden Bau: außen liegt vom Pfänder an bis Kempten die tortone obere Süßwassermolasse. Bregenz selbst liegt auf der darunter liegenden Meeresmolasse des Helvet und Burdigal, die als schmaler Streifen, 1—2 km breit, gleichfalls bis Kempten zieht. Dann folgt südlich, im Gebiete der Bregenzer Ache, 3—4 km breit, das Aquitan, die granitische Molasse, die im Osten mit der Helvet-Meeresmolasse die Peissenberger Mulde bildet. Bei Schwarzach folgt dann überschoben Oberogliozän in der Form der chattischen Weißachschichten, die mit Schichten der Rupelstufe und der Tonmergelzone und der Bausteinzone verschuppt sind. Diese Schuppenzone des Oligozän, das in der Tiefe marin ist, reicht von Schwarzach bis Dornbirn und bildet das flachere Vorfeld vor den Stirnwellen der helvetischen Zone des Bregenzer Waldes. Die oligozäne Schuppenzone erweitert sich gegen die Iller zu und wird zur Murnauer Mulde (im Süden) und zur Rottenbucher Mulde im Norden, der selbst wieder die Peissenberger Mulde vorliegt. Diese im Profil Kempten gegen den Grünten zu 16 km breite Molasse, die in sich weitgeschuppt ist, hat im Profil von Bregenz bis Dornbirn bloß die Breite von 8 km.

Der ostalpine Molasserand des Ostens zeigt nach den Aufnahmen von Vetters und Götzinger eine Übergangs- und Randzone, derart, daß sich Schuppenzonen einstellen. Flysch und Molasse schuppen sich am Rande. Oligozäne, miozäne Sande, Konglomerate, Braunkohlenschichten, exotische Blöcke (Granite) stellen sich in der Randschuppenzone ein. Es bahnt sich in diesem Bauplane die karpathische Klippenzone vom Waschbergtypus an. Am schönsten ist dieser Bautypus von Flysch und Molasse im Buchberg bei Neulengbach entwickelt. Kober hat 1912 auf diesen Bau, der auch an das Molasseprofil der Ostschweiz (Speer) erinnert, aufmerksam gemacht. Vetters hat eine Darstellung der Schuppenzone von Flysch, Melker Sand, Buchbergkonglomerat, kohleführenden Schichten und Schlier gegeben. Kober hat hier 1912 schon die allgemeine Überschiebung des Flysches auf die Molasse ausgesprochen, die Petrascheck später noch für eine Anpressung gehalten hat. Heute gilt wohl allgemein das Überschiebungsprofil.

Es ist in klarer Weise bei Königstetten aufgeschlossen. Schlier senkt sich mit mürben Sandsteinen und (exotischen) Blockschichten unter den Flysch, der mit neokomen Hornsteinkalken und Sandsteinen regional über Schlier hinweggeht. Der Aufschluß selbst gibt keine Möglichkeit, die Tiefe (Weite) der Überschiebung anzugeben; doch gibt die so weitgehende Verschiedenheit von Molasse und Flysch den Anlaß, die Überschiebungsweite für 10—20 km zu halten. Von dieser Größenordnung muß die Überschiebung von Flysch auf Molasse sein.

Diese Feststellung ist aus der Theorie des alpinen Deckenbaues schon lange erflossen. Sie wird hier mit aller Entschiedenheit festgehalten und ist die Grundlage für alle Praxis, die mit Erdölgeologie zu tun hat, die von großer Bedeutung wird, als damit die Erdölhöffigkeit von Flysch und Molasse naturnotwendig gegeben ist.

b) Die karpathische Molasse.

Wir betrachten nunmehr die Molasseregion Nord der Donau. Wieder scheiden wir den Molasserand der böhmischen Masse, die Molassemitte, den alpinen Molasserand. Wieder finden wir am Molasserand der böhmischen Masse andere Ablagerungen als in der Mitte und am Alpenrande. Wieder finden wir die Mitte mit Schlier erfüllt. Doch ist der Bau wieder anderer Art, als hier, Nord der Donau, außer- und inneralpine Molasse sich vereinigen und die marinen Bildungen der zweiten Mediterranstufe, also Torton und Sarmat sich einstellen. Ein Bauplan, der der ostalpinen Molasse fremd ist, der jedoch typisch ist für die karpathische Molasse. So liegt also hier, Nord der Donau, eine geologisch bedeutungsvolle Grenze. Ein neuer Bauplan beginnt. Er gibt sich auch am Rande der böhmischen Masse zu erkennen. Hier stellen sich die klassischen Ablagerungen der ersten Mediterranstufe, die fossilreichen Schichten des Altmiozäns der Becken von Horn, Eggenburg ein.

Die Molassebecken von Horn und Eggenburg sind der Ausgang gewesen für die Gliederung, die E. Sueß gegeben hat, als er im

Wiener Becken die Ablagerungen der ersten und zweiten Mediterranstufe geschieden hat. Das war im Jahre 1887. Demnach sollten die Bildungen der ersten Mediterranstufe (Aquitan und Burdigal) nur in Eggenburg—Horn vorkommen, die der zweiten Mediterranstufe (Helvet—Torton—Sarmat) nur im Wiener Becken. Die Zeit hat diese Gliederung nicht ganz gelten lassen, insofern man erkannt hat, daß auch im inneralpinen Wiener Becken Schichten vorkommen, die möglicherweise älter sind als Helvet und andererseits drängt sich die Erkenntnis auf, daß im Eggenburger Molassefeld auch jüngere Schichten als erste Mediterranstufe vorhanden sein könnten. Auch hier gibt die scharfe Faziesdifferenzierung die Möglichkeit, — nicht Horizonte, Stufen, sondern eben Faziesreihen zu sehen, die z. T. ganz gut auch nebeneinander existieren können.

Die Eggenburger Molasse liegt in alten weiten Talfurchen, in Becken, die auch Brüche bestimmen. Die ältesten Ablagerungen finden sich in der Horner Bucht und gelten für Aquitan. Es sind das die lignitführenden Molterschichten. Marine Faunen mit brackischem Einschlag finden sich in Tonen und sandigen Ablagerungen, die höher liegen, die bei Eggenburg als Liegendsande, in der Horner Bucht als Loibersdorfer Sande bezeichnet werden. Darüber folgen die Gauderndorfer Schichten: Sande, Sandsteine mit Schalen und Steinkernen grabender Muscheln und Schnecken. Diese Schichten sind überlagert von Sanden mit Austern, Balanen. Auch stellen sich Bryozoenkalke, sowie Nulliporen- und Lithothamnienkalke bei Zogelsdorf ein, die II. Mediterran sein könnten.

In der Beckenmitte liegt wieder der Schlier, dem im Süden Oncophorasande, im Norden die Grunder Schichten des Helvet-Torton aufliegen, deren Fauna marin-brackisch ist. Auf dem Buchberg bei Mailberg kommen Nulliporen- und Lithothamnienkalke vor, die torton sein können. Marines Torton ist jedenfalls in der Brünner Bucht in gleicher Ausbildung wie im Wiener Becken vorhanden und liegt auf Oncophoraschichten.

Sarmat-pontisch sind die Weinviertelschotter, die von der Donau aufgeschüttet wurden, als noch nicht der Durchbruch bei Wien bestand. Als dieser im Mittelpliozän, zur Zeit der Nußbergterrasse, heute in 360 m Meereshöhe gelegen, geschaffen wurde, hörte die Aufschotterung im Weinviertel auf. Es begann vielmehr die Erosion der neubelebten Donau, die in das Wiener Becken einbrach und sich den Weg schuf in das pannonische Gebiet.

Der karpathische Beckenrand, d. i. also der Rand der außeralpinen Molasse gegen die Flyschzone, ist auf der Westseite der Klippenzone aufgeschlossen und zeigt die Überschiebung der Klippenzone, damit der Flyschzone auf die Molasse. Das gleiche Profil zeigt sich in den Pollauer Bergen. Soweit die Grenze von außeralpiner Molasse und Flysch-Klippenzone aufgeschlossen ist, läßt sich überall der gleiche Bauplan erkennen, wie er vom ostalpinen Molasserand bekannt ist: Überschiebung der Molasse durch den Flysch.

Über diese allgemeine Überschiebung geht Nord der Donau die Transgression des Torton hinweg. So kommt hier der neue Bauplan zustande, der vom Torton an außer- und inneralpines Becken verbindet.

Überschau. Eine wechselvolle Geschichte liegt der außeralpinen Molasse zugrunde. Die Molassezeit endet vor den Ostalpen mit der allgemeinen Überschiebung der Flyschzone über die Molasse. Die Alpen überfahren weiter ihren Schutt.

Die Überschiebung der Helvetiden auf die Molasse ist in der Schweiz sarmatisch, allenfalls noch pontisch. Im ostalpinen Gebiet sehen wir bestenfalls helvetischen Schlier überschoben. So kann die Überschiebung nur vortorton sein, falls wir hier nicht allzu enge sehen. Jedenfalls deutet die große Verschiedenheit von äußerer und innerer Molasse auf große Umstellungen, die nur in Deformationen der Erdrinde, in unserem Falle, in der alpinen Region in erster Linie zu suchen sind. Das spricht dafür, daß die Hauptüberschiebung posthelvet und vortorton — oder noch torton — ist. Es gibt aber zweifellos im ältesten Pliozän noch Überschiebungen. Das beweisen die Deformationen der Leithakalke des Wiener Beckens, die K o b e r dargestellt hat (1926).

Im karpathischen Molasseraum Österreichs werden wohl die gleichen großen Maßstäbe des Geschehens, der Deformation gelten, so daß in dieser Hinsicht e in B a u p l a n über die Kettung von Alpen und Karpathen an der Donau hinweggeht.

Bezeichnend aber ist, daß die marine Fazies der äußeren Molasse mit der Molasseüberschiebung an der Wende von Helvet und Torton zu Ende ist. Daß vor den Alpen die Molassevortiefe verschwindet. Daß das Meer gerade vor den Alpen sich zurückzieht. Daß im alpinen Raume sich die jüngeren Molassebecken mit marinem Torton bilden. Der Baustil der Molasse der zweiten Mediterranstufe wird herrschend.

Inneralpines und außeralpines zweites Mediterran verbinden sich im mährisch-karpathischen Gebiet, so daß das mediterrane Meer mit dem Nordarme von Deutschland, Polen, Rumänien sich kettet. Der mährische Kanal verbindet das Mittelmeer mit dem Nordmeer.

3. Die inneralpine Molasse.

Definition. Hierher gehört also die Gesamtheit der Molassefelder, die innerhalb des alpin-karpathischen Raumes liegen. Wieder kann man ältere oligozäne, mittlere, d. i. altmiozäne (Aquitan und Burdigal) und jüngere Molassefelder trennen, die postburdigalisch sind.

Gliederung. Alle diese Bildungen zeigen die typische Molassefazies. Man kann sie wieder dem Orte nach trennen in zwei Hauptgruppen: in die Molassefelder, die als kleinere Becken innerhalb der Alpen liegen, und in die Molassefelder, die zu einer Einheit zusammengefaßt werden können, wie dies beim inneralpinen Becken von Wien und dem pannonischen Becken der Fall ist.

Man pflegt diese Großformen der Molasse in der Art zu trennen, daß man die eigentlichen alpinen Becken als inneralpine Süßwasserbecken abtrennt, obwohl in ihnen auch marine Schichten vorkommen, wie das im Klagenfurter Becken zu erkennen ist.

Wir betrachten zuerst die inneralpinen Becken und dann die — Randbecken: das Wiener Becken und das steirische Becken. Wir können die ersteren auch allgemein als Talbecken trennen, weil sie in ihrem Vorkommen meist an Täler gebunden sind.

a) Die inneralpine Talmolasse.

Wir bezeichnen damit also die Gesamtheit der Molassefelder, die in kleineren Becken innerhalb der Alpen vorkommen, die meist in Tälern, in Talbecken liegen, die meist limnisch-fluviatil sind. Es sind dies die Becken mit den inneralpinen Süßwasserschichten, die kohleführend sind, die als Helvet angesprochen werden. Dazu kommen noch Molassebecken, die älter sind, die sich auch in Tälern finden.

Diese ältere Molasse innerhalb der Alpen kennt man im Westen aus der Flyschzone vom Grünten. In neuester Zeit haben Vetters und Götzinger typische Vorlandmolasse in Form von Schlier (oder schlierähnlichen Bildungen) in der Flyschzone, in der Klippenzone von Scheibbs, Gresten, von Rabenstein bekannt gemacht. In beiden Fällen liegt Molasse innerhalb der Flyschzone. Im Westen liegt Molasse zweifellos auf dem Helvet, im Osten ist die Position noch nicht geklärt.

Ältere Molasse gibt es auch in der Kalkalpenzone, im Inntale, im Ennstale. Im Inntale liegt alte Molasse in der Form der Schichten von Häring vor. Über limnischem Obereozän mit Kohlenflözen folgt noch marines Obereozän. Die gleichen Schichten finden sich auch bei Kössen im Walchseegebiet. Auch das Unteroligozän ist marin mit reicher Korallen- und Molluskenfauna entwickelt. Marin sind auch die Zementmergel von Häring.

Jünger sind die Angerbergschichten von Rattenberg, Kirchberg, die Mittel- und Oberoligozän sind und aus Schottern und Konglomeraten bestehen. Kohleführende Schichten stellen sich ein, die am Ostrande der Alpen als Sotzka-Schichten bekannt sind.

Vielleicht gehören in diese Zeit die Molassebildungen, die auf der Südseite des Dachsteinstockes, auf dem Stoderzinken in 2047 m Meereshöhe vorkommen, die also einer „Ennstaler Molasse" zukommen, wie die Rattenberger Molasse alte „Inntalmolasse" darstellt. Das ist natürlich nicht so zu verstehen, daß es im Oligozän schon ein Inn-, ein Ennstal gegeben hätte. Es soll damit bloß eine einfache, klare Lokalisierung der Molasse in der Gegenwart gegeben sein.

Es ist klar, daß diese ältere Molasse noch in den Alpen der Anfangszeit entstanden ist, daß diese Molassefelder nur Reste einer Molasse Decke sind, die einst größere Verbreitung gehabt hat. Das gleiche gilt auch für die jüngeren Molassefelder, die wir hauptsächlich aus Talgebieten kennen. Die Täler der Mur, der Enns, der Mürz, der Lavant, der Drau sind die Zonen, wo die inneralpinen Süßwasserschichten weite Verbreitung haben. Man hat gemeint, daß demnach diese Schichten in alten Talformen dieser Flüsse entstanden sind. So hat man zu diesem

Zwecke einen „norischen Fluß" konstruiert, in dem die kohleführenden Süßwasserschichten der Mur und der Mürz entstanden sein sollten. Aber man fand mit der Zeit auch die gleichen Schichten hoch oben auf dem Berge, so in 1100 m Meereshöhe bei Kathrein am Hauenstein (Mürztal). In neuester Zeit hat man Reste dieser Molassefelder in der Umrahmung von Gmünd bis zum Katschberg gefunden.

Petrascheck hat zuerst dargelegt, daß die heutigen „Becken" Reste einer großen zusammenhängenden Decke darstellen, die den Ostfuß der Alpen im Miozän bedeckt hat. Dann erfolgte die Hebung der Alpen, ihre Zerstückelung in Hoch-, in Tiefschollen. Das war an der Wende von Helvet und Torton. Damals wurden die Becken, damit die ersten Talformen angelegt. Die Erosion zerstörte die hochliegenden Molassefelder und ließ nur die Molassebecken der Täler weiter bestehen.

Die Becken werden von Bruchlinien (Überschiebungslinien) eingerahmt. Sprunghöhen von 1000 m werden erreicht. Die Becken können auch zusammengefaltet werden, wie das beim Gloggnitzer (Harter) Kohlenbecken der Fall ist. Die Dislokation ist der Hauptsache nach posthelvet und vortorton. Sie kann aber in der Folgezeit noch weiter ausgestaltet werden.

Die inneralpinen Molassefelder dieser Art zeigen z. T. marine Tegel in der Tiefe. Das ist im Draubecken der Fall, vielleicht auch im Lavantaler Becken. Die Füllmasse der Becken, die in subtropischer Wald- und Wiesenlandschaft, inmitten von Seenplatten, nahe dem Strande des Molassemeeres entstanden sind, bilden Sande, Tone, Schotter, denen Kohlenflöze eingelagert sind.

Reiche Pflanzen- und Tierreste sind aus diesen Schichten bekannt geworden, die dem Helvet zugezählt werden. Eine jüngere Bildung ist das Sattnitzkonglomerat des Drautales (Süd des Wörther Sees), das Pliozän sein kann und mit der jungen Gestaltung des Klagenfurter Beckens zusammenhängt.

Hoch ragen die Berge der Karawanken über die Fluren der Drau, die z. T. in enger Talfurche gebettet, durch schöne Terrassenlandschaften fließt. Im Norden steigt mit breiter Flanke das Koralpengebiet als Block empor. Das geschulte Auge des Geologen erkennt hier die junge Tektonik, die die heutige Gestalt geschaffen hat.

Hoch oben auf dem Hochobir liegen ähnlich wie in den nördlichen Kalkalpen, die Augensteinschotter, die letzten Reste miozäner Molasse, die heute unter dem Fuße der Karawanken hervortritt. Die Karawanken schieben sich über das vorliegende Molassefeld (Kieslinger).

Die Gipfel der Koralpe, des Hochobir aber erzählen uns von der Geschichte der Gestaltung der alpinen Talmolasse der letzten Vergangenheit.

b) Das Wiener Becken.

Das Wiener Becken ist der Typus der inneralpinen Molassefelder der jüngeren Zeit, das mit dem außeralpinen wie auch mit dem pannonischen Becken in unmittelbarer Verbindung steht. Es ist der Typus der Molassebildung, die als Füllung die Sedimente der zweiten Mediterranstufe haben, die mit dem Pliozän (Pont) verlandete. Die erste Anlage geht auf den Anfang des Helvet zurück, die Ausgestaltung erfolgt dann hauptsächlich im Torton, derart, daß neue Verhältnisse eintreten. Aber die ganze folgende Zeit arbeitet an der Gestaltung der Landschaft. Das allgemeine Gestaltungsprinzip ist: die Alpen steigen, das Wiener Becken senkt sich relativ dazu. So wird das Wiener Becken mehr zu einer großen Bruchsynklinale inmitten der Kettung von Alpen und Karpathen. Querdislokationen wirken mit. Aber die große Anlage zeigt alpinen Bau, insofern, als alpine Streichrichtung beherrschend hervortritt.

Das Wiener Becken mag in der Mitte gegen 3000 m tief werden und stellt so eine große Wanne dar, die zwischen Alpen und Karpathen eingebettet liegt. Die Donau scheidet die Nord- und die Südhälfte. Die Enden liegen bei Göding im Norden, bei Gloggnitz im Süden. So wird das inneralpine Molassefeld 150 km lang, 40 km breit. Die Flanken begrenzen Brüche, aber auch das Becken selbst zeigt in sich Sprünge, die im Streichen des Beckens laufen.

So sehen wir heute das allgemeine Gestaltungsbild des Wiener Beckens. Es ist anderer Art als das der alten Geologie, das hier ein vortortones Bruchfeld sah, das seit dem Torton keine Deformation erlitten hat.

Das Wiener Becken ist das klassische Land der Ablagerungen der zweiten Mediterranstufe, der Wiener Stufe. Die ältere Geologie und Paläontologie hat hier Grundlagen geschaffen, die für die ganze Wissenschaft Geltung haben. Dazu kommen die neueren Arbeiten verschiedener Richtung. Es liegen da morphologische Arbeiten vor, die die Erkenntnisse von Hassinger fortbauen. Geophysikalische Untersuchung wurden gemacht, als man daranging, das Erdöl des Wiener Beckens zu erschließen. Hier werden die Erkenntnisse von H. v. Böckh leitend. Kober sucht das neue Gestaltungsgebiet zu erklären. Den gleichen Weg gehen Stiny, Winkler, Küpper, Bobies, Büdel. Praktische Geologie treiben Petrascheck, Friedl, Meier u. a. Neuere stratigraphische Untersuchungen auf biologischer Grundlage leitet Sieber ein. So gibt es hier auf allen Gebieten Arbeit, Probleme, Erkenntnisse.

Geben wir einen allgemeinen Überblick über Bau und Geschichte des Wiener Beckens, so ergibt sich folgendes allgemeines Gestaltungsbild.

Die Geschichte des Wiener Beckens beginnt mit dem Helvet. In der Anfangszeit dieser Stufe ist im Wiener Becken in der heutigen Form noch nicht vorhanden. Das beweisen gewisse Ablagerungen in der Gaadener Bucht, die Kober und Bobies aufgefallen sind, weil hier in Geröllschichten Quarzite vom Wechseltypus vorkommen. Stammen diese Gesteine wirklich vom Wechsel, so muß ein „norischer Fluß" sie ins Gaadener Becken gebracht haben; demnach kann damals das Wiener Becken noch nicht in diesem Raume existiert haben.

In dieser helvetischen Zeit entstanden um Pitten, um Gloggnitz die kohleführenden Süßwasserschichten des Randgebirges. Im

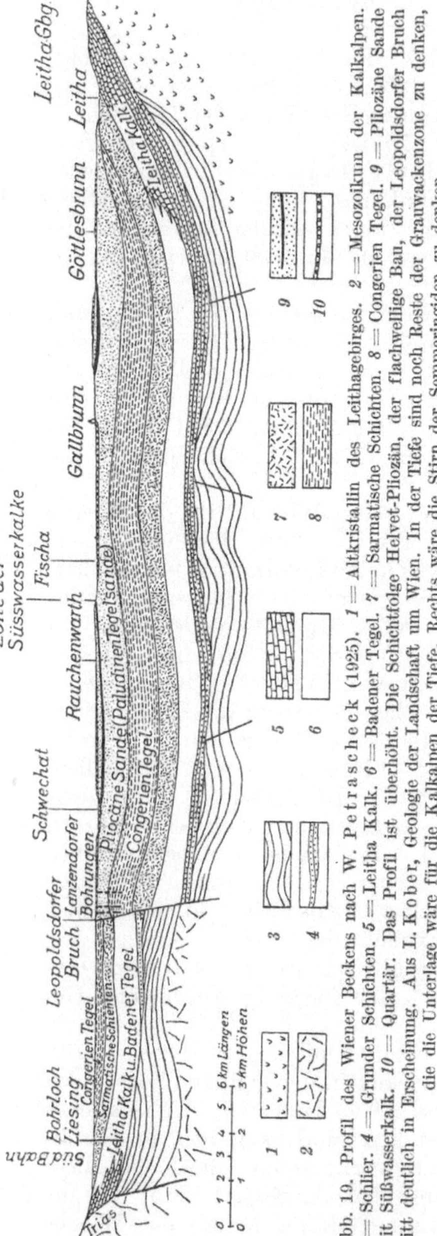

Abb. 19. Profil des Wiener Beckens nach W. Petrascheck (1925). *1* = Altkristallin des Leithagebirges. *2* = Mesozoikum der Kalkalpen. *3* = Schlier. *4* = Grunder Schichten. *5* = Leitha Kalk. *6* = Badener Tegel. *7* = Sarmatische Schichten. *8* = Congerien Tegel. *9* = Pliozäne Sande mit Süßwasserkalk. *10* = Quartär. Das Profil ist überhöht. Die Schichtfolge Helvet-Pliozän, der flachwellige Bau, der Leopoldsdorfer Bruch tritt deutlich in Erscheinung. Aus L. Kober, Geologie der Landschaft um Wien. In der Tiefe sind noch Reste der Grauwackenzone zu denken, die die Unterlage wäre für die Kalkalpen der Tiefe. Rechts wäre die Stirn der Semmeringiden zu denken.

späteren Helvet muß dann der „Einbruch" des Wiener Beckens erfolgen, da aus dieser Zeit offenbar der Schlier stammt, der in letzter Zeit aus dem Wiener Becken (mit Melettaschuppen!) bekannt geworden ist. Foraminiferen Tone von Schliercharakter hat Koch schon in der Bohrung von Liesing (in 600 m Tiefe) erkannt. Petrascheck hat ausgesprochen, daß der Schlier die Alpen überdeckt hatte, aber infolge der Hebung erodiert worden sei. Im Wiener Becken sei er infolge der Senkung erhalten geblieben. Dieser Schlier galt auch als Muttergestein für Erdöl.

Gleichzeitig mit dem Schlier entstanden bei Mauer auch die kohleführenden Grunder Schichten. Die gleichen Schichten finden sich auch als Beckenfüllung im Korneuburger Becken, das zwischen Waschberg und Bisamberg liegt. Dieses Becken bildet die Verbindung des außeralpinen Beckens mit dem Wiener Becken, das am Ende der helvetischen Zeit große Neugestaltung erfährt. Das tortone Meer dringt ein.

Das Torton. Eine große Umwälzung der Verhältnisse hatte stattgefunden. Der Schlier ist von der Flyschzone überschoben worden. Das außeralpine Molassestadium ist vor den Alpen zu Ende gegangen. Ganz neue Verhältnisse gestalten sich jetzt, in einer Zeit, die so an zehn Millionen von Jahren vor der Gegenwart liegen mag.

Jetzt erst wird das Wiener Becken angelegt in der Form, daß das Meer der zweiten Mediterranstufe in den alpin-karpathischen Raum eindringt, das Wiener Becken erfüllt. Dieses wird zum sinkenden Molasseboden, der innerhalb der Alpen-Karpathen-Kettung liegt, der ständig tiefer sinkt, so daß im Laufe der Zeit eine Molassefüllung von 2000 oder mehr Meter entstehen kann.

Man darf sich aber nicht vorstellen, daß die heutige Morphologie schon damals bestanden hätte. Es gab im Torton noch keine Donau. Das ganze Gebiet lag nahe dem Meeresspiegel. Eine flache Landschaft umgab die blaue Flut der Wiener Bucht. An deren Rändern entstanden als typische Strandfazies die Leithakalke, die Leithakalkkonglomerate, die Sande und Mergel von Pötzleinsdorf und Gainfarn. In der Beckenmitte kamen die Pleurotomatone als Schlammfazies zur Ablagerung. Reicher Fossilgehalt ist allen diesen Bildungen eigen, die weithin in dieser Form auch im pannonischen Becken zu erkennen sind. Ein flaches Meer spannte sich weithin aus und brachte die Bildungen der zweiten Mediterranstufe zur Ablagerung, die auch bei Tortona in Oberitalien vorkommen (darum die Bezeichnung „tortonische Stufe = Wiener Stufe = Vindobonien von Depéret).

Die Strandmarken des Leithakalkmeeres finden sich am Gebirgsrande in der Höhe von 320 m. E. Sueß hat die Vorstellung vertreten, daß damals der Meeresspiegel wirklich diese Höhe hatte; demnach sollte der Meeresspiegel heute 320 m tiefer liegen. In negativer eustatischer Bewegung sollte der Meeresspiegel gesunken sein — eine Auffassung, die heute anscheinend nur mehr von F. E. Sueß vertreten wird.

Die Deutung der Strandmarken. Wir glauben heute nicht mehr, daß seit dem Torton der Meeresspiegel um 320 m gesunken ist, vielmehr sind wir der Erkenntnis, daß seit dem Torton eine Hebung stattgefunden hat. Daher liegt im Wiener Becken heute der Leithakalk in 300 m Meereshöhe. In Kalabrien aber liegen die gleichen tortonen Sedimente in 1100 m Meereshöhe. Das kann man bei Rossano sehen, wie aus dem Meeresspiegel das Torton aufsteigt und in gewaltiger antiklinaler Hebung im Silamassiv zu 1100 m Meereshöhe ansteigt. Alle diese Bewegungen sind posttorton. Sie beginnen mit dem Ende des Torton, sie setzen im Sarmat fort und gestalten so wieder neue, ganz andere Verhältnisse.

In der sarmatischen Zeit tritt im alpinen Gebiet die Abschnürung des Meeres ein. Eine große, brackische Binnensee wird. Weithin gestalten sich wieder durch lange Zeit gleiche Verhältnisse und bringen auch im Wiener Becken die sarmatischen, die Cerithienschichten zur Ablagerung. Eine artenarme aber individuenreiche Fauna lebt, die sich den neuen Verhältnissen gut anpassen kann. Wieder werden am Strande Kalke, Konglomerate und Sande abgelagert, während in der Beckenmitte sarmatische Tegel entstehen. 600 m Sarmatschichten können sedimentiert werden. Diese Verhältnisse beweisen, daß das Beckeninnere sich konstant vertieft. Brüche zerteilen das Becken, daß im großen doch eher als Synklinale gedacht werden muß. Die Ränder werden zusammengepreßt, können so in gleicher Höhe bleiben. Die Beckenmitte aber muß sich vertiefen. Das aber kann nur sein, wenn der Seitendruck und auch die Tektonik in gleichem Sinne weiterwirkt.

Pliozän. Die pontische = pannonische Stufe. Mit dem Ende der Sarmatzeit verschwindet das Meer endgültig. Das Wiener Becken wird ein Teil des pontischen Sees, der als große Seenplatte die Alpen im Osten umgibt. Wieder entstehen Strandablagerungen und Tegel in der Beckenmitte. Pontischer Tegel kann im Wiener Becken bis 800 m mächtig werden — wieder ein Beweis, daß der Beckenboden ständig sinkt. Gegen Ende dieser unterpliozänen, pannonischen Zeit werden auch im Wiener Becken die Lignite von Zillingsdorf gebildet. Dann verschwindet der See. Es kommen die Paludinensande zur Ablagerung (Eichkogel bei Mödling), darauf die Süßwasserkalke des Eichkogels. Auf dem Mittelpliozän werden die Laaerbergschotter abgelagert, die in 260 m Meereshöhe liegen. Sie werden von der Donau aufgeschottert. Sie sind die letzte Aufschüttung — seit dieser Zeit erodiert die Donau und liegt heute 100 m tiefer, in 160 m Höhe. Ihr höchster Stand war Ende der pannonischen Zeit, als der Bisamberg zum ersten Male in der (heutigen) Höhe von 360 m von der Donau überflossen worden ist.

Der Rückzug des pontischen Sees hat seine Strandterrassen am Rande des Wiener Beckens hinterlassen. Hassinger hat in großer Studie diese Terrassen weithin verfolgt und zwölf solcher Terrassen aufgezeigt. Die deutlichste ist die Nußbergterrasse in 360 m Meereshöhe, die weithin zu erkennen ist. Hassinger hat diese Terrassen noch mehr im Sinne von E. Sueß erklärt. Heute wissen wir, daß Terrassen vorliegen, die beim Aufsteigen des Gebirges entstanden sind. Demnach ist die Tektonik die Ursache der Terrassenbildung.

Diese Tektonik erkennt man auch an den Deformationen, die das Wiener Becken erlitten hat. Man sieht, daß das alpine System steigt, daß die Alpen, das Leithagebirge Antiklinalen darstellen. Man erkennt, wie die Leithakalke gestört sind, gegen das Gebirge einfallen. Koch hat schon den Sollenauer Bruch gekannt. Bohrungen haben bewiesen, daß dieser Bruch im Leopoldsdorfer Bruch fortsetzt, der schon alt ist. Das zeigt die verschiedene Mächtigkeit der Sedimente auf den Bruchschollen. Weiter im Norden zerspaltet ein Bruchsystem den Steinbergdom, der aus Leithakalk besteht. Friedl nahm eine Sprunghöhe von 1000 m an — eine Tektonik, die nur verständlich wird, wenn sie in langer Zeit gestaltet.

Man lernt aus allen diesen Verhältnissen auch, daß die Tektonik nicht in streng getrennte Phasen im Sinne von H. Stille zerlegt werden kann. Tektonik mag in der germanotypen Fazies episodisch sein, weil sie schwach ist — in den Alpen kommt immer mehr zum Ausdruck: alpine Tektonik ist anderer Art, ist groß, wirkt und gestaltet durch Raum und Zeit, mag sie sich auch zu Zeiten gewaltig steigern.

Die Tektonik geht heute noch fort. Die Erdbeben sind die Zeichen der Bewegung. Die Thermenlinie, die das Becken von den Alpen scheidet, ist die relativ aktivste Zone. Das ist verständlich; denn sie trennt zwei Schollengebiete, die entgegengesetzte Bewegungstendenz — heute noch haben: die Alpen steigen, das Becken sinkt.

c) Das burgenländisch-steirische Molassefeld.

Denselben Bauplan hat im Grunde genommen der ganze Ostrand der Ostalpen bis zum Bacher. Den Rand nehmen die kohleführenden Süßwasserschichten ein. Hierher gehören die Becken von Köflach—Voitsberg im Norden, von Wies—Eibiswald im Süden. Es sind dies helvetische Bildungen, die in die Ebene hinaus in die Grunder Schichten übergehen. Diese liegen über Schlier. Helvetische Randschichten sind also die Eibiswalder—Köflacher Schichten, die Blockschichten des Radlkonglomerates im Süden, der Sinnersdorfer Konglomerate des Wechselgebietes. Helvet sind die Auwaldschotter des Burgenlandes (Janoschek), der steirische Schlier, der Florianer Tegel. Torton sind die Leithakalke von Leibnitz und Ehrenhausen, die Sande von Spielfeld, die Sande von Ritzing. Torton ist auch der Walbersdorfer Tegel (Schlier). Über diese Schicht folgt das Sarmat, das Pannon und die weiteren Schichten.

Unterschied. Das steirische Becken unterscheidet sich vom Wiener Becken grundsätzlich dadurch, daß im steirisch-burgenländischen Becken ein Vulkanismus auftritt, der dem Wiener Becken vollständig fehlt. Winkler hat die Geschichte des steirischen Vulkanismus gegeben. Sie beginnt noch vor dem Torton und endet im Pannon. Die älteren Ergüsse sind Trachyte und Trachyandesite. Die jüngeren sind atlantische Basalte. Sie finden sich vom Stradnerkogel bei Gleichenberg bis zum Pauliberg im Burgenlande. Diesen jüngsten Staukuppenvulkanismus hat Kümel beschrieben.

Evolution. So ist im Laufe der Zeit die Gegenwart geworden. Wir können aber die Ereignisse dieser Zeiten viel genauer verfolgen, da sie viel näher liegen. Wir lernen immer mehr aus den Gesteinen, aus den Fossilien, aus der Landschaft, aus der Tektonik den Werdegang der Landschaft zu erschließen.

Wir erkennen, wie mit dem Aufsteigen der Alpen die Verhältnisse sich ändern, wie das Klima, damit auch das Leben anders wird. Zeiten verrinnen, Landschaften vergehen. Meere und Seen verschwinden. Faunen verlieren sich im Strom der Evolution. Auf dem subtropischen Waldboden des Miozän folgt im Pliozän der Steppenboden. Die Steppenfauna von Pikermi wandert ein.

Aber in gerader Linie geht die Entwicklung weiter fort. Die Alpen steigen immer höher. Das Klima verliert den rein ozeanischen Charakter der Molassezeit und wird immer kontinentaler, bis endlich die Eiszeit wird — Schnee, Eis, Gletscher die Alpen überziehen, eine Innlandeisdecke weit hinaus in das Vorland seine Zungen streckt. Tundraboden umgürtet als periglaziale Landschaft die Eiskalotte der Alpen.

In dieser Zeit streicht ein neues Wesen über die Steppen, sucht Schutz Leben für sich, für das Neue, das aus ihm kommen soll. Unbewußt der großen Sendung geht der Eiszeitmensch seinen Weg. Er aber geht den Weg, den er gehen muß, den die Evolution ihm gebietet — bis der Sinn der Evolution sich endlich erfüllt: der bewußte Mensch wird, die bewußte Evolution.

d) Die Molasse und die Donau.

Man kann diese Betrachtungen über die Molassefelder nicht schließen, ohne nicht der Beziehungen zu gedenken, die sich zwischen der Molasse und der Donau einstellen.

Die Donau ist auf der Strecke von der Quelle bis zum Alpendurchbruch ein typischer Vorlandfluß, der auch Molassefluß genannt werden kann. Flüsse, Ströme dieser Art sind vor jungen Ketten häufig. Hierher gehören Teile des Indus, des Ganges.

Abb. 20. Charakterbild des Donautales in der böhmischen Masse. Aggstein. Die Verebbungsfläche. Photo. Ein Bild, wie es für Flüsse in alten Schollengebirgen üblich ist (Rhein im rheinischen Schiefergebirge).

Von Wien an wird die Donau ein alpiner Querfluß, um dann wieder, gegen die Mündung zu, ein Vorlandstrom zu werden. So hat die Donau recht verschiedenen tektonischen Bau.

Besonders interessant aber sind die Beziehungen der Donau zum alpinen Bau auf der Strecke von der Quelle bis gegen Wien, bis zum Durchbruch der Alpen. Man erkennt aus der ganzen Geschichte der Alpen, daß die Vortiefe immer mehr gegen Außen, gegen die böhmische Masse zu wandert. Man sieht, wie die Flyschvortiefe zur nördlich gelegenen Molassevortiefe wird. Man sieht, wie heute die Vortiefe zwischen Alpen und dem Vorlande — von der Donau gebildet wird. Die Donau der Gegenwart ist die Vortiefe zwischen Alpen und Vorland. Man sieht, wie die Vortiefe wieder gegen Norden gewandert ist, wie sie heute von der Grenze von Molasse und Vorland gebildet wird. Man erkennt, wie die Donau von der Quelle bis Regensburg SW—NO fließt, wie sie in schwäbisch-westalpiner Richtung orientiert ist. Man kann festhalten, daß sie von Regensburg bis Wien NW—SO fließt, also in böhmischer, in ostalpiner Richtung. Man erkennt mit Staunen, wie hier in der Anlage der Donau uralte Kräfte noch immer gestalten. Die Konstanz des geologischen Geschehens wird in großartiger Weise offenbar.

e) Die Entwicklung der alpinen Landschaft.

Allgemeines. Im Zusammenhange mit der Molasseentwicklung steht die Herausbildung der heutigen Gestalt der alpinen Landschaft. Eine Großform wird, die in Kleinformen sich auflöst, deren Grundzug durch die Tektonik gegeben wird, deren äußere Form exogene Kräfte gestalten. Endogenismus und Exogenismus formen die Morphotektonik der Alpen. Wir können von einer Morphotektonik der Molasse, der Flysch-, der Kalkalpen-, der Grauwackenzone, der Zentralalpen sprechen. Wir können in diesen Zonen wieder Differentialformen unterscheiden. Wir sehen, wie sich Teile und Ganzes verbinden und zur Einheit werden, der so mannigfach gestalteten alpinen Landschaft.

Gegenüber dem Vorlande werden die Alpen zu einer **morphotektonischen Einheit**, die wie eine riesige Aufwölbung der Erdrinde erscheint, die in sich wieder durch junge kratogene Tektonik in Hoch- und Tiefschollen zerlegt wird. Aus dem zugeschütteten Molassebecken der Umrahmung erheben sich die Alpen zur langgestreckten Geoantiklinale, die im Osten durch das ungarische Zwischengebirge geteilt wird, in die Nord-, in die Südzone, in **Alpiden** und **Dinariden**.

Die Alpen zeigen sich zum ersten Male in der Form der **Gosaualpen**. Relief dieser Zeit ist in der Transgression der Gosau erhalten, weiters in den **Reliefüberschiebungen**, die O. Ampferer in den Kalkalpen aus dieser Zeit nachgewiesen hat. Alte **Reliefs erscheinen** allgemein überall dort, wo vorgosauische Überschiebungen wieder aufgedeckt werden. Das sieht man sehr schön in der Überschiebung der Kalkhochalpen, im Falle der Überschiebung der Schneeberg Decke auf die voralpine Decke. Darauf hat Kober schon 1911 hingewiesen. Altes Relief der Alpen erscheint auf allen Transgressionsflächen des Eozäns in der Zentralzone, des Oligozäns, des Miozäns. Alte Reliefflächen großen Stiles erkennen wir zum ersten Male in der Molassezeit, in der **Grundfläche alpiner Morphologie**, die die inneralpinen Süßwasserschichten trägt. Das ist eine oberligozäne Landfläche, die sich nach der mitteloligozänen Überschiebung der Alpen auf die Flyschzone herausgebildet hat.

Diese **jungoligozänen Alpen** hatten verschiedene Höhen, waren im Westen höher als im Osten. Das beweisen die Schuttfelder, die in der Randzone der Alpen in Form von Flußdeltaschotter zur Ablagerung gelangt sind.

Dieses Relief ist wieder gestört worden in der Zeit als dann die Alpen über die Molasse geschoben wurden. Diese Alpen der älteren Molassezeit waren die Grundform für **die Alpen der jüngeren Molassezeit**. Das sind die Alpen zur Zeit des Wiener Beckens, die Alpen des Torton, des Pliozän. Alpen, die an die 15—20 Millionen Jahre zurückliegen. Diese Zahl wird mit aller Absicht hierher gestellt, um die Größenordnung der Zeiträume zum Ausdruck zu bringen.

Haben die Alpen der älteren Molasse, also der Schlierzeit, ihren Schutt in die Molassebecken ringsum die Alpen geschüttet, so bringt die neue Zeit eine neue Ordnung. Jetzt erst, mit dem Torton, beginnt die Ge-

staltung der Alpen zum Bilde der Gegenwart. Entscheidend
wirkt dabei die pliozäne Deformation, die allgemein Hochhebung ist,
Großfaltung und Großschollenbau. Es ist epirogene, besser gesagt,
kratogene Gebirgsbildung, deren Achse absolut alpin orientiert ist. Sie
ist also ganz und gar Tektonik, die alt verankert ist, die West—Ost
„orientiert", ist die durch Nord—Süd-Linien verquert wird.

Die Hauptbewegung ist ein Zusammenschub in N—S-Richtung. Er
erzeugt die positive Gebirgsbildung im Sinne von Steinmann.
also das, was man als Hebung der Alpen bezeichnet. Eine Großundation
liegt vor, die durch Querundationen geteilt wird. Dabei kommen alte
Grundmauern alpiner Orogenese zum Durchbruch. Denken wir nur an die
großen Kulminationen des Tauernfensters, des Wechselfensters, an die
großen Depressionen der Ötztaler-, der Silvretta-, der Muralpendepression.
Bedeutungsvoll wird hier die „Öffnung des Tauernfensters", die aller
Wahrscheinlichkeit nach in das obere Oligozän fällt. In den Jungmolasse-
alpen ist das Fenster schon vorhanden. Die jungmolassische Verebnung
geht schon über das Tauernfenster und seinen alpinen Rahmen hinweg.

Die Jungmolasseverebnung ist die jüngste „Fastebene", die
den Alpen in gewissen Zonen eigen war, in erster Linie in den Randzonen
gegen die Molassefelder. Diese Landschaft ist heute noch vielfach auf
weite Strecken gut erhalten. Es war eine Flachlandschaft, eine reife Landschaft der Randzonen, der schon höheres Relief in der Zentralzone gegen-
überstand.

Man kann in den Alpen verschiedene alte Landflächen unter-
scheiden. So liegt unter der Gosau der Kainach, die alte vorgosauische
Landschaft. Es gibt eine eozäne, eine oligozäne Landschaftsform. Besser
zu erfassen ist die jungoberoligozäne-altmiozäne Landschaft, auf der die
kohleführenden Schichten liegen. Es ist die Landschaft, in der Flüsse
Schotter in die Molasse schütten, deren Reste möglicherweise mit den
„Augensteinen" zusammenhängen. Diese Augensteinlandschaft ist
Landschaft der großen Altflächenlandschaften der Kalkhochalpen, der
Zentralalpen.

Demnach ist die Raxlandschaft im Sinne von Lichtenecker
jünger. Sie ist die Landschaft, die wir hier der Jungmolasse zuschreiben,
also dem Torton, dem Sarmat, dem Pannon. In dieser Zeit beginnt der
letzte große Zyklus, der die Alpen zum eisgepanzerten Hochgebirge macht. Der glaziale Zyklus formt die glaziale Landschaft.

Die „präglazialen Alpen" waren aber immer noch nicht die Alpen der
Gegenwart. Noch immer gestalten Bewegungen. Hebungen und Senkungen durchweben das alpine Gefüge. Das beweisen die Schotterfelder
der Eiszeit.

Die Flußsysteme sind die empfindlichsten Organe der Alpen, die
alle Bewegungen des ganzen Körpers aufzeichnen in den Formen der Tal-
landschaften. Verfolgen wir alpine Flüsse von der Quelle bis zur Mündung,
so ergibt sich ein Bild der Talgestaltung.

Nur Beispiele seien kurz angeführt. Die Salzach fließt von Krimml bis Bruck-Fusch fast ebensohlig mit den Nebentälern. Bei Bruck-Fusch ist das Tal breit, in dem sich der Nord—Süd- und Ost—West-Tallauf ebensohlig kreuzen. Ganz anders ist das Bild des Salzachtales von Taxenbach bis St. Johann im Pongau, wo das Tal wieder breit ist und Aufschüttung zeigt. Auf der Strecke Taxenbach—Lend liegt der „alte Talboden" hoch über der Salzach, die in der Tiefe des Tales in enger Schlucht rauscht, die bis auf den anstehenden Fels erodiert. Das Tal ist so eng in der Tiefe, daß die Straße nicht mehr Platz hat, die Bahn in Tunnels durchgeführt werden muß. Die Seitentäler der Tauern münden hochhängend aus. Ihr Wasser stürzt in Klammen in die Tiefe.

Weiter abwärts muß die Salzach durch die Enge des Luegg-Passes. Hohe Mauern begrenzen den Cañon der Salzach, der gleich ist an Größe und Schönheit dem gewaltigen Cañon der Enns in den Gesäusebergen. Auf die kurze Strecke des Durchbruches dieser Flüsse durch die Kalkhochalpen entstehen Bilder, die in ihrer Größe der Erosion, der Enge des Profils mit dem berühmten Koloradocañon verglichen werden können.

Die Mur fließt im Ursprungsgebiet von Muhr in einem engen alpinen, glazial geformten U-Tal. Dieses gibt uns die Größe der Erosion der Mur seit ihrer Entstehung. Im Becken von Tamsweg dagegen liegt eine Einmuldung der Alpen vor. Das „Murtal" von Tamsweg ist gar kein Murtal mehr, wie es das Murtal in Muhr ist. Das Murtal von Tamsweg ist ein „jungtertiäres Einbruchsbecken", in dem unter den jungtertiären Schichten die alte Molasselandschaft liegt. Die Mur fließt hier in einer alpin gestreckten Synklinale. Die Mur hat nicht das Murtal von Tamsweg erodiert. Ein zweites solches jungtertiäres Becken durchfließt die Mur im Becken von Judenburg, Fohnsdorf, Knittelfeld. Hier ist die Beckennatur des Murtales sofort klar. Das dritte Becken ist dann das steirisch-pannonische Becken, das die Mur aufnimmt, in dem die Mur endlich in die Drau mündet.

Zwischen diesen Becken liegen aber auffallende Engen, Durchbruchstäler, die wieder ganz anderen Charakter haben. Das eine Durchbruchstal liegt Ost von Tamsweg bis Murau—Scheifling, das andere ist das schöne Durchbruchstal der Mur zwischen Bruck und Graz. Dieses ist wieder rein erosiv, gibt ein Bild der Erosion des Murtales. Es ist ein Anzapfungstal vom Grazer Becken her, dessen Erosionsbasis tiefer gelegt worden ist.

Der Kampf der Erosionsbasis des Wiener und des Grazer Beckens kommt in dem Unterschied der Landschaft, der Talbildung zum Ausdruck, der die pittoreske Landschaft des Semmering gestalten hilft, wenngleich hier auch Tektonik entscheidend mitwirkt.

Der Gegensatz von alter und junger Landschaft kommt Ost und West der Katschberglinie in einer Art zum Bewußtsein, wie das ein zweites Mal nicht mehr vorkommt. Ost vom Katschberg liegt das ostalpine System der muriden Glimmerschiefer, der koriden paläozoischen Mulden von Murau, der Gurktaler Alpen.

Alte Landschaft in der Form der Nocklandschaft formt das Gebirge, das glaziale Formen in Karresten zeigt, die, wie von Riesenfaust gegraben, eher Anfangsstadiem eines glazialen Zyklus darstellen, als Endformen. Wie anders ist das Bild der Landschaft West der Katschberglinie. Wir kommen in die Tauernkulmination. Hoch sind die Zentralgneise emporgetragen. Die ganze Landschaft ist hochalpin, ist glazial-alpin. Die alten Landoberflächen liegen über 3000 m. In sie sind schon in verschiedenen Hebungszyklen U-Täler eingesenkt, deren Ursprung die Ache war. Das deutet auf rasche starke Hebung. Das Firnfeldniveau kann der Augensteinlandschaft oder der Raxlandschaft der Kalkalpen gleichgestellt werden. Es ist hier nicht leicht zu trennen. Auf alle Fälle aber liegen die flachen alten Alpentäler hoch über dem heutigen Talboden und gehören als „Almbodenlandschaft" dem Landschaftsstadium und -typus zu, in dem die Alpen noch ein reifes Mittelgebirge waren. Das kann nur noch mehr in der pliozänen Zeit, in Pont-Pannon der Fall gewesen sein.

In den Alpen hat man geglaubt, drei ineinandergeschachtelte Taltröge unterscheiden zu können. Man hat geglaubt, daß die Alpen präglazial „fertig" gewesen seien. Man hat auch die Meinung ausgesprochen, daß die präglazialen Alpen noch ein ganz flaches Hügelland waren. Man hat aber auch gesagt, daß die Alpen als „fertiges Gebirge" noch überschoben worden seien.

Man sieht: Es gibt vielerlei Meinungen. Aber für alle Fälle wird jene Auffassung den Weg der Wahrheit fördern, die imstande ist, auf Grund der modernen Erkenntnisse der Geologie, Morphologie zu treiben, die aufs genaueste imstande ist, geologische und morphologische Forschungsweise zu verbinden, daß die natürliche Morphotektonik wird, die natürliche Gestaltungsgeschichte der Alpen.

Immer aber wird man damit rechnen müssen, daß die alpine Landschaft aufgelöst werden muß in die Phasen der Entstehung. Alte Landflächen schalten sich übereinander, überschneiden sich, „transgredieren" übereinander. Bewegungen gestalten bis in das Sarmat, bringen in Form von Überschiebungen alte Landschaften, Landflächen übereinander. Erosion deckt sie wieder auf.

Exogene Zyklen modellieren die tektonischen Grundformen und gestalten spezifische Erscheinungen eines Zyklus, so z. B. die Karstlandschaften der Kalkalpen, deren Herausbildung mit dem Miozän beginnt.

Wasser und Eis sind die Hauptgestalter der Alpen, sieht man die spezifischen Formen der Landschaft. Es ist ja klar, daß dem Wasser dabei der Hauptanteil zufällt. Es ist ebenso klar, daß dabei das Gestein eine Rolle spielt. So wird eine Zentralgneis-, eine Schiefer-, eine Kalklandschaft, eine Flyschlandschaft.

Hier kommt aber gleich wieder die Zonenmorphologie zum Ausdruck, in der Morphologie und Tektonik sich naturgemäß verbinden und die große Synthese wird, die auch in der Natur ist, die aus dem Ausgleich der Kräfte erfließt, aus dem Gegen- und Zusammenspiel von Exogen und Endogen.

C. Die böhmische Masse.
Moraviden und Moldaniden.

1. Allgemeines.

Nord der Donau erscheint im Raume Passau—St. Pölten—Retz ein neues Großelement im geologischen Aufbau Österreichs und Mitteleuropas: die böhmische Masse.

Ein altes Horstgebirge wird hier sichtbar. Ein älterer Bau tritt zutage. Vergebens suchen wir hier nach alpiner Morphologie, nach alpiner Tektonik, nach alpinen Gesteinen. All das fehlt hier. So wird der scharfe Gegensatz von Alpen und Vorland, den schon E. Sueß in seiner ganzen großen Bedeutung dargestellt hat.

Archäischer und variszischer Gebirgsbau kommt in dem alten Schollen- und Massengebirge der böhmischen Masse zutage. Weithin bauen alte Granite die Landschaft. Hochmetamorphe, kristalline Schiefer bauen das alte Grundgebirge. Im Osten tritt an einer Überschiebung Paläozoikum hervor.

In einem großen Bogen legt sich die Molasse auf die böhmische Masse und deckt diese zu und nirgends kommt mehr vor der alpin-karpathischen Front der alte Bauplan zutage, der im Westen NW—SO, im Osten SW—NO streicht.

Die geologische Erforschung dieses Gebietes setzt besonders im Waldviertelgebiet früh ein und geht rasch vorwärts. 1849 erscheint die erste geologische Karte von Čžjžek, die deutlich die scharfe Grenze von Granit zum Gneis zeigt, das Einfallen der östlichen Schieferzone unter die Gneise — eine Beobachtung, die anscheinend vergessen worden ist. Es ist auch ganz und gar vergessen worden, daß E. Sueß der erste war, der 1875 in: „Die Entstehung der Alpen", S. 68, eine Großgliederung der böhmischen Masse gibt. Er erkennt im Osten eine Trennungslinie, die zwei Schollen scheidet. Die westliche nennt er die böhmische, die östliche die sudetische Scholle.

Diese Gliederung ist dann in anderer Form von F. E. Sueß aufgenommen worden. Auch er unterscheidet eine West-, eine Ostscholle, dabei schiebt sich die westliche, die moldanubische Scholle über die östliche, das moravische Gebirge. Damit ist der Deckenbau variszischen Alters aufgezeigt. F. E. Sueß stellt von hier aus auch ein neues Bild der Gestaltung auf, das er in dem Werke: Intrusionstektonik und Wandertektonik im variszischen Grundgebirge (1926) zu verallgemeinern sucht.

Die leitenden Gedanken sind: Eine neue Form der Tektonik wird im Waldviertel offenbar. Sie ist mit alpiner Tektonik nicht vergleichbar. Sie ist Intrusionstektonik, d. i. Tektonik mit Intrusion, mit allgemeiner Metamorphose. Sie ist zugleich Wandertektonik im Sinne von Wegener. Leitlinien fehlen diesem Bauplan, in dem böhmisches Paläozoikum in Katagesteine umgeformt worden ist, dabei spielen die Granitbatholithe eine gestaltende Rolle — ein Baubild, das ob seiner Eigenartigkeit bisher wenig Anklang hat finden können.

Wir müssen hier noch erwähnen, daß vom Waldviertel auch eine Gliederung der kristallinen Schiefer durch F. Becke ausgegangen ist, die von grundlegender Bedeutung wurde. So ist das niederösterreichische Waldviertel wieder klassisches Gebiet österreichischer Geologie und Petrographie. In neuerer Zeit haben hier Himmelbauer, Marchet, Köhler, Waldmann, Kölbl, Gerhard u. a. gearbeitet. Zusammenfassende Arbeiten liegen hier von F. Becke, A. Himmelbauer und A. Marchet, dann von L. Waldmann, insbesondere von F. E. Sueß, so z. B. die Zusammenfassung: Die moravischen Fenster, 1912, vor.

Wir betrachten nun zuerst

2. Die Moraviden = Die Moravische Zone.

Sie ist von F. E. Sueß als tektonische Einheit am ganzen Ostrand der böhmischen Masse bis nach Schlesien — als silesische Zone — verfolgt worden. Es kann kein Zweifel sein, daß im Osten der böhmischen Masse eine tektonische Linie erster Ordnung die moldanubische Zone des Westens von der moravischen Zone des Ostens trennt.

Alle Beobachtungen, von Cžjžek an bis auf die jüngste Zeit, haben gezeigt, daß die paläozoischen Schiefer unter die Gneise des Westens einfallen. Es besteht nur die eine Möglichkeit, dieses Lagerungsverhältnis zu erklären: Deckenbau. Und zwar schiebt sich die moldanubische Scholle von Westen her über die moravische. Erstere Zone wird dabei von F. E. Sueß mit den Dinariden verglichen, die moravischen Fenster aber werden den penninischen Zonen der Alpen zur Seite gestellt.

In Österreich erscheint die moravische Zone — wir sprechen hier auch einfacher von Moraviden — am Ostrande der böhmischen Masse, auf der Strecke von der Donau bei Krems bis Retz, bis zur Grenze an der Thaya. Die Moraviden streichen hier SW—NO, sind 50 km lang, maximal an 25 km breit. Im Westen taucht die ganze Zone unter die Moldaniden. Die Grenze verläuft von Langenlois über Horn nach Geras, weiter nach Frain in Mähren und stößt bei Kromau an die jüngere mit Jungpaläozoikum erfüllte Boskowitzer Furche.

Es gibt aber auch moldanubische Deckschollen im Osten des Thayafensters. Solche kommen nach F. E. Sueß vor: ganz im Süden, bei Schönberg am Kamp. Hier trennt die Diendorfer Verwerfung Schollen von Granulit und Gföhlergneis mit dem Zöbinger Rotliegenden von dem Südende der moravischen Zone. Östlich von Maissau liegt an der Schmieda bei Frauenberg, von Tertiär umrahmt, eine moldanubische Scholle. Ähnliches findet sich östlich von Znaim an der Thaya bei Gurwitz. Der Mißlitzer Horst ist die nördlichste moldanubische Deckscholle im Osten der Thayakuppel, deren Nordende bei Kodau liegt. Hier stößt das moravische Fenster an das Oberkarbon und Perm der Boskowitzer Furche. Die Moraviden tauchen unter und kommen erst bei Oslawan wieder zum Vorschein und formen das neue moravische Fenster der Schwarzawakuppel.

Gesteinsfolge. Das tiefste Glied der Thayakuppel ist der „Thayabatholith", der Eggenburger Granit. Er erscheint auf eine Strecke von 50 km und ist an 15 km Breite aufgeschlossen. Er gehört der gleichen magmatischen Provinz und Intrusion an wie die Brünner Intrusivmasse und ist ein mittelkörniger Biotitgranit, der in ein älteres Dach eingedrungen ist. Dieses alte Dach besteht aus verschiedenartigen Gesteinen, wie Gneisen, Kalksilikatschiefern. Im Granit finden sich Dachgesteine, wie gneisähnliche Biotithornfelse als Einschlüsse. Alle Erscheinungen des Kontaktes stellen sich ein, da ein altes Dach weitgehend aufgeschmolzen wird. Aplite durchädern noch den Thayabatholithen, aber sie finden sich niemals im Paläozoikum.

Dieses liegt nach W a l d m a n n in Diskordanz über dem Thayabatholithen und seinem alten Dache. Konglomeratische Lagen liegen basal, dann folgen die moravischen Schiefer, die moravischen Kalke. Ihr Alter ist unbekannt; doch handelt es sich hier offensichtlich um Paläozoikum, um Silur-Devon. Karbon kann nicht vorhanden sein, denn die moldanubisch-moravische Überschiebung erfolgt vor der Ablagerung des Kulms, der transgressiv über die Überschiebung hinweggeht. Immer wieder wird auch der moravische Kalk mit dem Devonkalk von Brünn in Beziehung gebracht. Die Überschiebung ist postdevon und praekarbon. Sie ist „b r e t o n i s c h" im Sinne von H. S t i l l e.

V e r g l e i c h. Wenn wir dieses System: Thayagranit, Thayagneise (altes Dach), moravische Schiefer und Kalke mit alpinen Verhältnissen vergleichen wollen, so fehlt es nicht an Gegenstücken. Am meisten ähnelt diese „Thayazone" der unteren Zentralgneiszone. Auch hier tritt der Tauerngranit hervor, seine Intrusion in ein altes Dach. Die junge mesozoische Schieferhülle der Tauern ist das Gegenstück zur moravischen Schieferhülle, wenn dieser Ausdruck gestattet ist.

Ganz ähnlich wie in den Tauern ist auch im Thayafenster der tiefliegendste Teil am wenigsten deformiert. Die Deformation tritt aber sehr stark in der Dachzone des Fensters auf. Das gilt sowohl vom Tauernfenster wie vom Thayafenster. Wie im Tauernfenster die oberen Decken, die Sonnblick, die Modereck Decke, stärkste Groß- und Kleindeformation zeigen, so ist das auch bei dem Bittescher Gneis der Fall. Er bildet eine durch das ganze Thayafenster zu verfolgende Oberzone, eine obere Deckenmasse, die mit den moravischen Schiefern verfaltet ist. Zungen von Glimmerschiefern und moravischer Schieferhülle trennen die Gneismylonite des Bittescher Gneises und der Weitersfelder Stengelgneise.

T e k t o n i k. Die Mächtigkeit dieser oberen Decken des Bittescher Gneises mag 3 km bei einer Länge von 90 km sein. Eine gewaltige Deformation wird hier sichtbar und man kann verstehen, wenn hier weitgehende Überschiebung angenommen wird. Das gilt sowohl von der Unter- wie von der Oberseite, die von Glimmerschiefern gebildet wird. Nach F. E. S u e ß sollen diese verschleifte moldanubische Gneise darstellen.

Die Glimmerschiefer sollen nach F. E. S u e ß somit die Grenze sein. Mit ihnen beginnt die Überschiebung der ganz anders gearteten moldanubischen Scholle.

Die Überschau über das moravische Fenster der Thayakuppel ergibt zweifellos einen Deckenbau von alpinem Typus. Am nächsten kommt der penninische Bau, wie das auch F. E. Sueß schon angenommen hat. Der Vergleich mit dem Tauernfenster gibt weitgehende Analogien. Ein auffallender Unterschied liegt darin, daß alle oberen Tauern Decken Schieferhülle tragen, während Bittescher Gneis unmittelbar von den Glimmerschiefern überschoben wird, die die verschleifte Sohle der moldanubischen Gneise darstellen sollen.

Es stellen sich Fragen ein: Sind die Glimmerschiefer die Basis der Moldaniden? Gehören nicht vielleicht auch die Bittescher Gneismassen zu den Moldaniden? Liegt nicht vielleicht die Hauptüberschiebung unter dem Bittescher Gneis statt über ihm, wie allgemein angenommen wird? Oder, wenn der Unterschied von Thayabatholith, Bittescher Gneis und Moldanubikum so groß ist, liegen da nicht vielleicht drei tektonische Zonen vor, von der Art: Helvet, Pennin und Ostalpin? Helvet wäre demnach das Thayagrundgebirge mit moravischer Schieferhülle. Pennin wäre der Bittescher Gneis mit basaler moravischer Schieferhülle. Sie fehlt dem Dache durch Abstau. Ostalpin wäre das Moldanubikum.

Wie immer auch die Zukunft sich zu diesen Problemen stellen mag — so weit sehen wir heute klar: in der moravischen Zone liegt in der Thayakuppel zweifellos ein Bauplan der Varisziden vor, der penninischer Art ist. Er liegt auf der Ostseite der böhmischen Masse und ist regionaler Natur. Damit tritt klar hervor: im variszischen Orogen herrschen in dieser Zone die gleichen großen Gestaltungsgesetze, die wir aus dem alpinen Zyklus, aus dem alpinen Orogen kennen.

3. Die Moldaniden = Die Moldanubische Zone.

Überschreiten wir die Glimmerschieferzone, so betreten wir die moldanubische Scholle. Ein Bauplan eigener Art liegt vor uns. Er ist nach F. E. Sueß nicht mehr mit den Alpen zu vergleichen. Gesteine, Tektonik sind ganz anderer Art: Es ist eben der Bau der Intrusions-, der Wandertektonik.

Betrachten wir nun zunächst das geologische Tatsachenbild der moldanubischen Scholle. Wir müssen da unterscheiden: das große Gebiet der Granitintrusion, des südböhmischen Granitbatholithen und das Gebiet der moldanubischen kristallinen Schiefer. Hier haben wir wieder zu trennen: die innere, die äußere Zone.

Betrachten wir zuerst die äußere Zone der moldanubischen kristallinen Schiefer, so wie sie im Waldviertel Ost des großen Granitstockes vorliegen. Die Zone beginnt an der Donau und überschreitet die Grenze zwischen Zlabings, Drosendorf und Schaffa. Hier ist die moldanubische Schieferzone zwischen dem Granit und dem Bittescher Gneis 25 km breit. Im Süden wird sie im Profil St. Pölten—Aggsbach—Gutenbrunn (an der Granitgrenze) 30 km weit aufgeschlossen. Die Länge der Zone ist 100 km — innerhalb der österreichischen Grenzen.

Das Streichen der ganzen Zone, der Gesteine ist steil NO. Es tritt in den Marmorzügen deutlich hervor. Es gibt sich in der Grenze gegen den Granit kund. Auch die moldanubische Überschiebungslinie streicht von SW gegen NO, also in moravischer Richtung.

Sieht man die Verteilung der Gföhler Gneise, der Granulite genauer an, so ergeben sich auch da Leitlinien, die von SW gegen NO ziehen — es erscheint dem objektiven Betrachter unverständlich, wenn dieser Anlage ein Streichen abgesprochen wird, das doch so klar im ganzen Bilde des Baues zum Ausdruck kommt.

Betrachtet man z. B. auf der geologischen Karte die Marmorzüge, die von der Donau, von Artstetten an in Zügen bis Drosendorf zu verfolgen sind, 80 km lang, maximal 6—7 km breit — im Süden wird die Zone an 10 km breit —, so erkennt man sofort, daß diese Marmorzüge, auch wenn sie noch so sehr gefaltete Kleintektonik zeigen, großtektonisch eine Leitzone, eine Leitlinie darstellen, die steil SW—NO streicht, die das typische moldanubische Streichen aufzeigt. Es ist daher auch der moldanubischen Zone eine moldanubische Streichrichtung der Marmorzüge zuzuschreiben, die im großen und ganzen die gleiche Richtung hat wie das moravische Streichen. Es ist daher unmöglich, von dieser Tatsache der Erkenntnis aus der moldanubischen Zone einen besonderen, nur ihr eigenen Bauplan zuzuschreiben. Vielmehr ist Tatsache: Tektonik, Deformation regelt auch hier das Gefüge — und nicht der Granit. Der Granit ist genau so passiv, wie das immer der Fall ist. Davon wird später die Rede sein.

Es gilt nun zuerst die Tektonik aufzuzeigen, die Gesteine zu geben. Ortho- und Paragesteine sind vorhanden. Die ersteren zeigen wieder die Differenzierung in die saure, in die basische Reihe. Das Gros der kristallinen Schiefer bilden wohl die Paragneise, die Sillimanit-, die Cordierit-, die Schiefergneise, die mit Marmorzügen, mit graphitischen Lagen verknüpft sind. Alle diese Gesteine gelten für typische Glieder der Katagesteine, der Katametamorphose. Die Gesteinszusammensetzung ist wechselvoll.

Saure Orthogesteine sind der Gföhler Gneis und der Granulit, basische die Eklogite, Pyroxen-Olivin-Felse, Gabbros, Serpentine und ein Teil der Amphibolite, Granatamphibolite und sonstiger Hornblendegesteine.

Die Tektonik zeigt, daß die Schiefergneise auf der Strecke von Ybbs an der Donau bis Allentsteig, 65 km weit, mehr im Westen liegen, die Orthogesteine, wie der Gföhler Gneis, der Granulit, im Osten; doch finden sich auch in dem bunten Gebiete der Schiefergneise Linien, Bänder von Orthogneisen. Im Profil Waidhofen gegen Geras liegt im Westen der Thaya ein schmales Band von Gföhler Gneis inmitten von Schiefergneisen. Dann folgt eine 15—20 km breite Zone, die fast ganz aus Gföhler Gneis und Granulit (mit basischen Orthogesteinen) aufgebaut ist. Die Schiefergneiszone von Drosendorf trennt die östlich liegende Gföhler-Gneis-Zone von der westlichen.

F. Becke hat schon beschrieben, wie Gföhler Gneise über dem Seiberergneis liegen, wie sie muldenartig auf den Schiefergneisen lagern, und auch F. E. Sueß zeichnet in seinen Diagrammen der „Intrusionstektonik“, S. 199, Granulite und Gföhler Gneise in der Position von Deckschollen. Wenn auch nicht überall diese zweifellose interne Deckentektonik zu erkennen ist, so ergibt sich doch aus der Lagerung der Gföhler Gneise von Gföhl, aus der Lagerung der Granulite von St. Leonhard, daß die Gesteine eher Stirnposition haben als Wurzelposition. Sie bilden also den Kopf von Deckenmassen, die von Westen stammen. Im Westen ist das Wurzel-, im Osten das Stirngebiet.

So können schmale Züge von Gföhler Gneis, von Granulit als Wurzelzonen in Betracht kommen, wenn die Wurzelzonen nicht im Bereiche der Granite des Westens liegen. Die Entfernung vom Granitrand bei Grafenschlag bis zum Rand des Gföhler Gneises bei Gföhl selbst beträgt 25 km. Dazu kommen 10 km Breite des Gföhler Gneises, gibt 35 km Überschiebungslänge. Das ist ungefähr die Breite helvetischer Decken. Rechnen wir dann noch die moldanubische Deckscholle ost von Langenlois dazu, so ergibt sich 50 km Förderungslänge — gegenüber 100 km ostalpiner Überschiebungsbreite.

Man wird also mit der Tatsache zu rechnen haben, daß die moldanubische Deckenmasse mindestens in zwei Teildecken gegliedert werden kann. Unten liegt die Decke, in der hauptsächlich die Schiefergneise auftreten — sagen wir also die Schiefergneis Decke —, oben liegt die Decke der Gföhler Gneise, der Granulite. Auch sie kann basal und dorsal Schiefergneise führen. Die Deckentrennung geht durch die Schiefergneise und liegt unter den Deckschollen von Gföhl. Die Gföhler Gneise bilden mit den Granuliten vielleicht auch die Kerne der Teildecken oder wenigstens der oberen Decke.

Hier kommt es in erster Linie auf das Prinzip an, zu zeigen, daß die moldanubische Decke in sich nach Art alpiner Teildecken tektonisch und faziell gegliedert ist. Daß sie somit in Hinsicht auf die Gesteine auf die Tektonik kein Bau besonderer Art ist, keine Ausnahme. Vielmehr gilt für objektive Betrachtung beim Vergleiche mit alpinen Verhältnissen die Tatsache: Der interne Bau der moldanubischen Deckenmasse ist von alpiner Art, ist vom ostalpinen Typus. Er ist kein Spezialfall. Er ist ganz typisch gebaut, mag er auch natürlich seinen individuellen Charakter haben in bezug auf die spezielle Zusammensetzung der Gesteine, der Tektonik. Aber dieser Bau könnte gerade so gut auch in den Alpen vorkommen.

Es mag sein, daß beide Deckenmassen als Ganzes über das moravische Gebirge verfrachtet worden sind. Ist das der Fall gewesen, dann liegt eben in der moldanubischen Deckenmasse ein vorvariszischer Deckenbau vor. Er könnte jüngstenfalls kaledonisch sein, ältestenfalls aber jungproterozoisch. Ein altproterozoischer Bau kommt wohl nicht mehr in Betracht.

Nun betrachten wir die Großtektonik der moldanubischen Scholle. Nach F. E. Sueß könnte die moldanubische Decke (S. 197) von Krems bis Stockerau reichen. Und zwar deshalb, weil im Waschbergzug sich Gerölle finden, die moravischer und moldanubischer Abkunft sind. Ist das der Fall, dann ergibt sich eine Förderweite der moldanubischen Scholle von mindestens 80 km. Die Überschiebungslänge ist an alpinen Verhältnissen gemessen, immerhin möglich. Aber sie ist keinesfalls von der Art, daß sie eine Ausnahme darstellt. Es ist eine Überschiebung, die ganz gut in den Alpen vorkommen kann. Das gilt auch in bezug auf die Mächtigkeit der Decke. Man kann auch die moldanubische Deckscholle mit den Dinariden vergleichen, doch liegt dem alpinen Geologen der Vergleich mit der ostalpinen Decke viel näher.

Aber dabei muß man bedenken, daß diese 80 km Förderlänge von Geröllen aus dem Flysch des Waschbergzuges abgeleitet wird. Wie ist es aber, wenn diese Gesteine wirklich fluviatil oder bei Hochwässern von Westen her in den Flysch des Waschberges eingeschüttet worden sind? Gilt der Fall, dann reduziert sich die zu erschließende Förderlänge der moldanubischen Scholle auf die Entfernung von der Granitgrenze bis zur Langenloiser Deckscholle. Daraus ergibt sich eine Überschiebungsbreite von 50 km an der Oberfläche. Kämen dazu noch 30 km Tiefenüberschiebung, so ergibt sich in summa 80 km moldanubische Überschiebung — maximal 100 km.

Der objektive Tatbestand der Großtektonik ergibt: Die moldanubische Großtektonik ist nicht besonderer Art, sondern fügt sich ganz und gar in den Rahmen normaler orogener Tektonik.

Von besonderem Interesse ist auch die Frage nach dem Alter der moldanubischen Katagesteine. F. E. Sueß sucht zu zeigen, daß im Moldanubikum katametamorphes böhmisches Paläozoikum vorliegt, also Kambrium, Silur, Devon. Die Granulite werden von sauren Ergußgesteinen abgeleitet, die Graphite von organischer Substanz, die Marmore von paläozoischen Kalken. Dem stehen die Auffassungen von Köhler, Kölbl, Waldmann, Limbrock u. a. gegenüber, die in den Gföhler Gneisen und Granuliten metamorphe granitische Intrusionen darstellen, die zugleich auch an der Metamorphose der Schiefergesteine in irgendeiner Form mitgewirkt haben. Es gibt in dieser so bedeutungsvollen Frage zwei Wege der Betrachtung: den petrographischen, den geologischen. Wir verfolgen hier den letzteren.

Der geologische Verband zeigt der objektiven Betrachtung: Ausgangsgesteine der moldanubischen Serie sind Sedimente, wie Tone, Schiefer, Sandsteine, Quarzite, Kalke, Bitumen. Dazu kommen granitische und basische Gesteine. Wesentlich ist, daß der Kalkgehalt der Serie nicht groß ist. Wesentlich ist ferner, daß diese Serie der Brettsteinserie der Alpen gleicht. Nur liegt in den Alpen in der typischen Brettsteinserie die Mesofazies vor, in der Koralpe aber die Katafazies. Gesteine ähnlicher Art finden sich in der Greiner Scholle der westlichen Tauern.

Dem alpinen Geologen ist die moldanubische Serie mit den Marmorzügen — sozusagen — wohl vertraut, und er kann aus dem geologischen Befund die moldanubischen Gesteine nicht für eine Fazies besonderer Art halten. Sie ist individualisiert, sie ist kata-moldanubisch, aber sie ist — regional gesehen — die Katafazies der Brettsteinfazies. Es ist im höchsten Grade wahrscheinlich, daß diese Serien gleichen Alters sind, daß sie proterozoisch sind. Man kennt aus dem Proterozoikum der ganzen Erde derartige Serien. In diese Zeit paßt auch der relativ geringe Kalkgehalt. Auch der Bitumengehalt ist in dieser Zeit möglich. Wären die Gesteine kaledonisch, so wäre ein größerer Kalkgehalt denkbar.

Wir können die Frage nach dem Alter der moldanubischen Gesteine nicht entscheiden, aber sicher ist: sie stellen kein katametamorphes Barrandien dar. Das ergibt sich auch aus folgender Tatsache. Wäre das Moldanubikum böhmisches Paläozoikum, das bis in das mittlere Oberdevon reicht, so muß in der Zeit vom Oberdevon bis zum Anfang des Karbon dieses Paläozoikum katametamorph geworden sein, dann erstarrt, dann als starre Masse über das Moravikum geschoben worden sein. Dazu ist ja auch notwendig, daß eine gewisse Tiefenstufe erreicht wird, die wieder durch Abtragung an die Oberfläche kommen muß — viele grundlegende Ereignisse drängen sich da auf eine relativ kurze Zeit zusammen und formen in einem Geschehen, wie aus einem Gusse Tiefenmetamorphose, Tiefentektonik, die in dieser Art wirklich ein besonderer Typus wäre.

Wäre das Moldanubikum die Katafazies des Barrandien, dann ist auch die Brettsteinserie jungpaläozoisch — dann aber hat die variszische Orogenese große Teile Mitteleuropas meso- und katametamorph gemacht. Dann gibt es variszische Vergneisungen regionaler Natur. Dann ist der variszische Zyklus total anderer Art als der alpine. Dann ist moldanubische Intrusionstektonik grundsätzlich anderer Art als alpiner Tektonismus. Dann aber gibt es kein altes Grundgebirge mehr, kein Proterozoikum, kein Archäikum in Mitteleuropa mehr; denn alles alte Grundgebirge mit Katafazies ist gleicher Entstehung wie das Moldanubikum.

Weiter ist noch die Frage zu untersuchen: In welcher Beziehung steht die Intrusion der südböhmischen Granite zur Metamorphose, zur Tektonik der moldanubischen Scholle? Nach F. E. Sueß stellt der Granit eine durch lange Zeiträume andauernde Intrusion dar, die mit der Metamorphose des Moldanubikums in ursächlichem Zusammenhange steht. Die Granitnähe leitet und bestimmt Lagerungsverhältnisse und Kristallisation der Gneise und Schiefer. Die Intrusion der Batholithen ist der letzte, große, gestaltende Akt.

In den Grenzprofilen von Granit und Gneis und Schiefer kann man z. B. bei Sarmingstein an der Donau sehen: Schiefergneise stehen steil, werden vom Granit her mit Feldspäten gespickt. Gänge dringen vom Granit her quer durch die Schiefer, schlichten sich dann in die Schieferung ein. Man sieht, wie im Granit selbst noch Reste der Schiefergneise, förmlich an Ort und Stelle, nebelhaft im Granit verschwimmen, nebulite Nester bildend. Man sieht im Granit verschiedene Generationen von Apliten. Der Granit selbst ist in weitem Gebiet bis nach Grein hinauf differenziert bis zum groben Porphyrgranit. Die großen Feldspäte zeigen das Fließen des granitischen Stromes, des Magmas, der Aufschmelzung. Keine regionale Deformation geht über den Granit hinweg. Es ist das Bild posttektonischer Intrusion oder Aufschmelzung.

Gewiß ist es viel komplizierter. Wir wissen: es liegt kein Batholith vor. Die Granite bilden auch Lagergänge (Cloos). Es liegt keine einheitliche Granitmasse vor. Waldmann unterscheidet drei Granitgenerationen: den alten Kristallgranit, den jungen, den Eisgarner Granit. Dazwischen liegt die Intrusion des Mauthausener Granites.

Die Kontaktbilder vom Granit zum Schiefergneis lehren, daß die Schiefergneise bei Sarmingstein schon vorhanden waren, als der Granit aufstieg. So hat dieser Granit zumindest nichts zu tun mit der Katametamorphose der moldanubischen Schiefer. Er zeigt zweifellos einen gewissen Kontakthof — aber Granitintrusion einerseits, Metamorphose und Tektonik anderseits sind unabhängig voneinander.

Diese Tatsache bezeugen auch alle Petrographen, die die Granulite der Gföhler Gneise (und andere Gesteine) in Verbindung bringen mit der Metamorphose des Moldanubikums.

Es ist eine alte Erkenntnis: die kristallinen Schiefer der böhmischen Masse verdanken ihre Metamorphose nicht dem böhmischen Granitbatholith, sie sind nicht katametamorphes Barrandien. Sie sind nicht monometamorphe Gesteine. Sie sind vielmehr die polymetamorphe Katafazies vorpaläozoischer Gesteine.

Nun gilt es noch kurz den Westen zu überschauen, das Gebiet, das längs der Donau und der Grenze liegt, das zum größten Teile aus Granit besteht, der von Gneisen flankiert wird. In diese Zone tritt auch noch im Mühlviertel der bayrische Pfahl ein. Er ist eine Störungslinie, die bei Schwandorf in Bayern einsetzt und bis Aigen in Oberösterreich zu verfolgen ist. Diese Störungszone ist über 100 km lang und streicht NW—SO, verwirft im Westen Mesozoikum gegen die böhmische Masse.

Der Westen der böhmischen Masse zeigt ähnlichen Bau wie der Osten, nur fehlen die im Osten so auffälligen Marmorzüge. Die äußere Schieferzone streicht von Passau bis Linz, ist 15 km breit, 80 km lang. Der Granitkörper ist an die 40 km breit. Der Außenrand geht von Linz in gerader NW-Richtung gegen Passau. Der Innenrand ist von Hohenfurth gegen Wählern zu verfolgen. Dann erscheint die Innenzone der Schiefergneise, die auch Glimmerschiefer enthalten. Diese Zone formt einen inneren Bogen, der im Osten von Krumau, von Friedberg im Süden, bis Ledenitz im Norden reicht (Ost von Budweis). Der Bogen ist 40 km lang, an die 10 km breit.

Dieser innere Bogen erscheint wie ein Abbild des äußeren Bogens, der auf der Strecke Linz—Krems zu erkennen ist, in dem sogar auch die Donau eingebettet ist.

Dieser äußere Bogen ist die Scharung des böhmischen NW- und des moravischen NO-Streichens. Es ist die böhmisch-(herzynische) moravische Scharung.

4. Überschau.

Damit kommen wir zur regionalen Betrachtung.

Wir sehen, wie die innere Schieferzone einen großen Bogen formt, der von Neuhaus über Wittingau gegen Rosenburg zieht, hier aus der NO-Richtung in die NW-Richtung einschwenkt. Damit zeigt auch der Granit-

körper auf der Innenseite diese Bogenform. Die Intrusion steht mit
der Regionaltektonik in ursächlichem Zusammenhang.

Der äußere Bogen zeigt sich in gleicher Weise in der Grenze von Granit
und der äußeren moldanubischen Schiefergneisserie. Diese endet bei
Blindenmarkt. 60 km weiter nordwärts setzt sie bei Linz wieder an.
Auf dieser Strecke wird der Granit der heute oberflächlich erschlossene
Außenrand der böhmischen Masse. Aber in der Tiefe verbinden sich die
östlichen und die westlichen moldanubischen Schiefergneise.

Der objektive Tatbestand spricht dafür, daß innere und äußere
Schieferzone, daß der Granit einen Bogen bilden. Diese Gesteinszonen
streichen nicht nach Süden fort. Sie haben keine Fortsetzung in die
Alpen. Alpen und böhmische Masse sind getrennt.

Die trennende Scholle ist die alpin-variszische Grenzscholle. Daher hat die moravische Zone keine Fortsetzung nach Süden
in die Alpen. Die Fortsetzung der Moraviden ist nicht im Süden, sondern
gegen Westen zu suchen. Allem Anschein nach erscheint sie im Süden
des Schwarzwaldes wieder, weiter in der Ostflanke des französischen
Zentralplateaus.

Alle diese Zonen zeigen Bewegung gegen Süden, bzw. gegen Osten.
Alle diese Zonen haben die alpin-variszische Grenzscholle zum Vorlande.
Alle diese Zonen sind auf diese Vorlandscholle bewegt. Alle diese Zonen
bilden den Südstamm des variszischen orogenen Mitteleuropas.

Im großen Bogen zieht in der Tiefe diese alpin-variszische Grenzscholle von der Rhone zur Donau bei Wien, streicht weiter gegen Nordosten fort, trennt das variszische vom alpinen Orogen. Sie ist das Vorland, auf das die Varisziden sich von Norden gegen Süden wälzen, die
Alpiden später von Süden gegen Norden.

Sie bestimmt die böhmisch-moravische Kettung in variszischer
Zeit, wie sie auch die Scharung von Alpen und Karpathen in
alpiner Zeit fixiert. Nur liegen die Bögen ein wenig exzentrisch. Die
Kettungspunkte liegen am Außenrande um Pöchlarn und um Wien. In
der Tiefe der Alpen, im nordsteirischen Gneisbogen liegen die Scharungs-
punkte im gleichen Meridian, in Ybbs, in Leoben, 80 km weit auseinander.

Der nordsteirische Gneisbogen ist die alpine Nachbildung des alten,
des variszischen böhmisch-moravischen Bogens. Die beiden Bögen laufen
mehr oder weniger parallel, getrennt durch die alpin-variszische Grenzscholle.

Es gibt keine Nord-Südverbindung von Alpen und Varisziden, wie
Schwinner zu zeigen versucht hat. Die Alpen schwenken um die
böhmische Masse herum. Das ist die Erkenntnis von E. Sueß. Sie wird
hier erweitert, durch die Tatsache, daß auch die böhmische Masse im
Bogen gegen Westen umschwenkt. Ihr alter Bauplan bestimmt hier
alles Geschehen mit großer, kausaler Konstanz.

Als Ergänzung zu dem allgemeinen Tatsachen- und Erkenntnisbild fügen wir noch an, daß die Molasse in großem Bogen die böhmische Masse umgürtet. Wir verweisen darauf, daß gerade die Westflanke der böhmischen Masse längs der Donau junge Brüche und Über-

schiebungen zeigt, die gegen Süden gerichtet sind, die also alte Tektonik fortsetzen. Junge Bruchschollenüberschiebung ist nach Petraschek auf der Linie von Straubing—Vilshofen bis nach Winetsham—Andorf in Oberösterreich zu erkennen. Durch Bohrungen ist hier Oberjura unter dem Granit angetroffen worden. Die Überschiebung ist allem Anschein nach prämiozän.

Auf der Ostflanke der böhmischen Masse ist eine derartige Bruchtektonik noch nicht erkannt worden.

Als weitere Ergänzung sei noch angeführt, daß der böhmischen Masse ein posttektonischer Vulkanismus basischer Natur eigen ist. Er fördert auf steildurchsetzenden Gängen basaltische Massen (Lamprophyre), deren Alter unbekannt ist.

Wir haben hier ein allgemeines Gestaltungsbild der böhmischen Masse zu geben versucht. Wir konnten uns hier kurz fassen, weil über dieses Gebiet eine eingehende Zusammenfassung von F. E. Sueß vorliegt. Wir haben zugleich zu zeigen versucht, daß in der böhmischen Masse, im variszischen Orogen die gleichen Kräfte gestalten, wie im alpinen Orogen. Damit soll wieder das große allgemeine Gestaltungsgesetz aufleuchten; die Konstanz des geologischen Geschehens. Innerhalb der Evolution geht alles Geschehen in streng kausaler Geschlossenheit nach altem Bauplan zu Neuem.

D. Erdbeben. Schwere und Magnetische Anomalien.
Bodenschätze und Bodenforschung.

1. Erdbeben.

Erdbeben sind in der Regel tektonische Erscheinungen und hängen mit den Ausgleichsbewegungen der Erdrinde zusammen. Immer wieder gibt es Ungleichgewicht in der Erdrinde, damit Spannungen, die Ausgleich fordern. Naturgemäß werden Erdbeben am stärksten sein, wo das Gleichgewicht der Erdrinde am stärksten gestört ist. Daher sind die Zonen der jungen, der alten Kettengebirge, die Gebiete der großen Grabenbrüche der Tafeln Erdbebenzonen erster Ordnung.

So ist auch zu verstehen, daß der alpine Raum stärker beweglich ist als das außeralpine Vorfeld. Und wieder sind es Zonen, wo junge und jüngste Tektonik auf altem Plane am stärksten hervortritt. Nicht so sehr die großen Überschiebungslinien der Decken, die orogene Tektonik bestimmen das Erdbebenfeld. Vielmehr ist es die kratogene Tektonik, die auf orogenem Grunde weiterbaut, die Größe und Art der Erdbebengebiete bestimmt.

Es gibt in Österreich Erdbebengebiete, -felder, -zonen, die sich auch zu Erdbebenlinien anordnen. Man sieht, wie Erdbeben von ihrem Herd (Epizentrum) in bestimmter Richtung wirken. Das Schüttergebiet zeigt vielfach eine Längsachse und eine Querachse. Dabei läuft die Längsachse quer auf das alpine Streichen. Eine solche Linie ist z. B. die Kamplinie von E. Sueß, die von den Alpen in·die böhmische Masse zieht, die über Neulengbach, dem Epizentrum, quer NW in die böhmische Masse zieht, nach SO die Alpen quert. Dabei ist die SW- und NO-Erstreckung weitaus geringer.

Über die Erdbeben des östlichen Teiles der Ostalpen, über ihre Beziehungen zur Tektonik und zu den Schwereanomalien liegt eine Studie von F. Kautsky aus dem Jahre 1924 vor. Kautsky lehnt die alte „Stoßlinientheorie" ab, bringt die Erdbeben mit starkem Schweregefälle in Verbindung. Nachdem diese quer auf die Alpen gehen, liegen auch die Erdbebengebiete transversal und hängen mit jungen Querverbiegungen der Alpen zusammen. Das alpine Orogen ist der Träger der Erdbeben, dagegen sind böhmische Masse und Molasse relativ erdbebenarm. In den Alpen sind Flysch und Zentralzone, die Deckengebiete, seismisch aktive Zonen. Das Tauernfenster ist relativ ruhig.

Halten wir Überschau über die Erdbebengebiete der Alpen und des Vorlandes, so ergibt sich eine gewisse Anreicherung von Erdbeben in Erdbebenzonen. Das steht unleugbar fest. Solche Schüttergebiete sind der Rand der böhmischen Masse längs der Donau, das Gebiet des Kamptales, des Wagram (Kirchberg am Wagram), dann die Molasse-Flyschgrenze, dann der Grenzraum von Kalkalpen und Grauwackenzone, das Mürz- und Murtal, das Wiener Becken, das Leithagebirge, das Lavanttal, das Gailtal, das Grazer Becken. Dazu kommen Erdbeben im Brenner Gebiet, im Inntal, in den Tiroler Kalkalpen — um nur einige charakteristische Erdbebengebiete zu nennen.

Man erkennt, daß die Erdbeben der Donau-Randzone der böhmischen Masse um Linz mit den „Donaubrüchen" zusammenhängen. Die Erdbeben des Kamptales liegen in der Nähe der großen moravisch-moldanubischen Überschiebungen. Die Beben von Neulengbach (1590, 1873, 1875, 1895), das Scheibbser Beben (1876) liegen ganz im Randgebiet der Alpen. Die Semmering-Mürztaler Beben liegen im Stirngebiet der Semmeringiden, in der Wechselkulmination, also im großen im Raume des Semmering-Wechselfensters. In der Tiefe hat man hier die Grenze von Helvet—Pennin zu sehen. Die Erdbeben des Liesing-Paltentales, die von Admont haben in der Tiefe das Grenzgebiet von Helvet und Pennin, also eine Zone, die zweifellos als beweglich gedacht werden kann. Die Erdbeben des Murtales liegen in den Molasse Becken, die Senkungsfelder innerhalb der Alpen darstellen. Junge Bruchfelder dieser Art greifen von Süden her in das Lavanttal ein, dann vom großen Kärntner Becken gegen den Neumarkter Sattel. Die Gailtallinie, also die alpin-dinarische Grenzlinie, ist eine starke Bebenlinie. Das gleiche gilt für die Thermenlinie des Wiener Beckens. Es sind die Ränder der Becken von Wien und Graz, die seismisch aktiv sind.

Man erkennt, wie alte und junge Tektonik, wie Kräfte hier gestalten, die im Streichen der Zonen liegen und quer darauf. Man sieht zweifellos auch hier Leitlinien an der Oberfläche, die das Abbild sind der

Vorgänge der Tiefe. Hier wirkt alles zusammen, was nur wirken kann. Man sieht auch, wie bei Beben gewisse Stoßlinien sich äußerlich einstellen, wie diese gewisse Gebiete umgehen, von denen man glauben sollte, daß sie als unmittelbare Nachbargebiete erschüttert werden sollten.

Ein schönes Beispiel dafür ist das Obdacher Beben vom 3. Oktober 1936, 16 Uhr 49 Min., das nach der Karte von Toperczer zeigt: das Tauernfenster West vom Bebenherd zeigt in 80 km keine Erschütterung, die nach Osten hin über Graz 130 km weit reicht. Nach NW reicht die Erschütterung bis an die Donau bei Passau 200 km weit. Dagegen bleibt das Kalkalpenfeld des Ybbs- und Traisentales ohne jede Erschütterung, so daß sich schon in 80 km in NO-Richtung eine schütterfreie Masse (Platte) einstellt.

Das Lavanttaler Erdbeben vom 8. Januar 1936 zeigt nach Toperczer die Stärke VI im Raume der Einmündung der Lavant in die Drau bis 30 km südostwärts bis Windischgraz.

Dieses Erdbeben reicht mit der Schütterstärke IV bis zur Raab (Feldbach) bis zur Mur (Bruck—Judenburg), im Westen bis Gurk und zum Millstätter See. Im Osten kann man das Semmeringfenster mit der Stang-Birkfelder Linie als Grenze nehmen, im Norden die Murlinie, im Westen ist keine tektonische Linie zu sehen. Die NW—SO-ziehende Lavanttaler Linie schneidet bei Judenburg die Murlinie, im Süden die Gailtallinie. Gegen den Schnittpunkt der Lavanttaler- und der Gailtaler Linie liegt das Epizentrum. Im Schnittpunkte der Lavanter und der Murlinie liegt der Schütterpunkt Judenburg. Das ganze Gebiet ist die typische Schollen-Senken-Landschaft, die junge, kratogene Tektonik geschaffen hat. Die Senkungszonen sind die Talfluren, die Hochzonen Blöcke, wie der der Koralpe. Diese hat zweifellos steigende Tendenz, genau so wie etwa die im Süden aufragenden Karawanken des Hochobirzuges. Wo die Schollen sich berühren, entstehen die Erdbebenlinien, die tektonischen Linien folgen, die in die Tiefe gehen, in der Ungleichheit herrscht wie an der Oberfläche. Der Versuch, hier Ausgleich, Gleichgewicht zu schaffen, ist das Erdbeben.

Linien dieser Art sind die Donaubrüche, die Überschiebungslinien des Alpenrandes, die Grenze von Vorland und Orogen in der Tiefe, die alpindinarische Grenzlinie. Das sind alpine West—Ost orientierte Linien, denen die Querlinien, die Transversallinien gegenüberstehen, wie die Lavanter Linie, die Brenner Linie und andere. Diese Querlinien können auch ins Vorland hinausgehen.

Eine solche Querlinie wäre am ehesten die Wechsellinie. Man sieht, wie die Wechselkulmination auf der Linie Gloggnitz—Aspang die ,,Bucklige Welt‘‘ mit ihrer alten Flachlandschaft, die noch dem Pliozän entstammt, aufwölbt und zum Wechsel wird. Die Aufbiegungslinie wird an der Ostseite des Otters bei Gloggnitz zur Bruchlinie. Diese Linie scheidet die hochliegende Schneebergscholle von der tiefliegenden Hohen-Wand-Scholle. Sie geht weiter gegen St. Pölten und Krems in die böhmische Masse. Sie ist im allgemeinen eine Scharungslinie von ostalpiner und karpathischer Richtung. Daß hier Erdbeben sein können, ist verständlich. Im Raume von Gloggnitz queren sich die Wechsellinie und die Thermenlinie. So werden hier Erdbeben häufig.

2. Schwere Anomalien.

Wäre die Erdkugel eine vollkommen homogene Masse, ihre Radien gleich lang, so müßte auf jedem Punkte der Erdoberfläche die gleiche Schwere herrschen. Die Ungleichheit der Erdrinde bewirkt also Schwereunterschiede, die miteinander verglichen werden können. Zu dem Zwecke werden alle Schwerebeobachtungen z. B. nach der Bouguer-Methode reduziert.

Der österreichische Oberst v. Sterneck hat mit Hilfe von Pendelschwingungen zum ersten Male relative Schwerebestimmungen in einem Querprofile der Alpen gemacht und gefunden: dem Alpenkörper kommt ein Massendefizit von — 206 (in Trafoi) zu. Es fehlt also eine Gesteinsplatte von 2060 m und der Dichte 2·5. Verständlich wird diese Erscheinung, wenn man bedenkt, daß die Alpen in der Tiefe genau so zusammengeschoben werden wie an der Oberfläche. Daher kommt die wirkende simatische (basaltische) Schicht tiefer zu liegen. So wird das Pendel weniger beeinflußt, als wenn der Tiefenkörper näher wäre. So wird das Defizit, das nur hervorgerufen wird durch die Einsenkung des Alpenkörpers. Der Auffaltung nach oben entspricht eine Einfaltung gegen unten. So liegen die sialischen alpinen Kulminationen in simatischen Depressionen. Wird das Sima aber Kulmination, so wird sofort Überschwere, Massenüberschuß, weil die wirkende Simazone dem Pendel näher kommt.

In neuerer Zeit liegen Schweremessungen über das Sonnblickgebiet vor, die nach der Bouguer-Methode —150 bis —160 $\Delta g''$ Defekte ergeben, ein Ergebnis, das mit den Schweizer Erfahrungen vollständig übereinstimmt. Kautsky hat eine Zusammenstellung der relativen Schwerebestimmungen der östlichen Alpen und Pannoniens gegeben, die aber aller Wahrscheinlichkeit nach der Wirklichkeit nicht entspricht. Sie ist auf bloß statistischen Methoden aufgebaut, ohne auf die Besonderheit der Bauformen einzugehen. Man kann nur so viel sagen: das Tauernfenster ist ein Minusgebiet mit —100 bis —150. Die alpin-dinarische Grenzlinie ist die Null-Linie.

Das Wechselfenster ist positiv wie das Leithagebirge. Die böhmische Masse bis zum Granitrand ist positiv, westlich davon negativ. In den Alpen geht die Linie —50 von Salzburg über Ischl gegen den Semmering, kehrt hier um und läuft über Bruck und Peggau gegen Süden. Der Millstätter See liegt an der —50-Linie, die über Paternion in das Gailtal zieht. Das Wiener Becken hat Minuswerte von der Größenordnung —20 bis —30. Aber auch positive Aufragungen kommen vor.

Man hat mit den relativen Schweremessungen auch den Deckenbau der Alpen beweisen wollen (A. Heim). Man hat umgekehrt aus dem Schwerebilde auch wieder zeigen wollen, daß die Ostalpen kein Deckengebirge sein können (Koßmat). Beide Auffassungen werden widerlegt durch die Tatsache, daß im afrikanischen Grabenbruch gleichfalls ein Minus von 160 vorkommt. Dabei liegt hier statt alpinem Zusammenschub typischer kratogener Bruchtektonismus vor.

Man hat aus den Schwereanomalien auf Bodenschätze in der Erde schließen wollen, auf Erze, Kohle, Öl, Salz. Allein es zeigte sich, daß die Verhältnisse in der Natur so schwierig sind, daß die Deutung der Schwereanomalien sehr problematisch ist. Offenbar spielen hier Ungleichheiten der Tiefe, der Oberfläche zusammen und erzeugen so das Bild, das überaus interessant, aber doch derzeit noch recht vieldeutig ist. Hier müssen vor allem neue Messungen, ein dichteres Beobachtungsnetz neue Tatsachen bringen. Dann muß eine Reduktionsmethode geschaffen werden, die der Natur entspricht. Dann wird auch die Lösung der Fragen kommen, die zurzeit klar vor uns liegen — aber die richtige Antwort fehlt.

3. Die magnetischen Anomalien.

A. Schedler und M. Toperczer haben in letzter Zeit eine Darstellung der Verteilung der erdmagnetischen Deklination in Österreich der Epoche 1930 gegeben. Es lassen sich Störungen der Deklination feststellen, die zweifellos irgendwie mit dem geologischen Bau zusammenhängen.

Wieder erscheinen Plus- und Minusgebiete. In den Plusgebieten wird die Magnetnadel zum magnetischen Meridian hingezogen, in den Minusgebieten davon abgelenkt. Plus- und Minusgebiete ziehen in Zonen ungefähr N—S, also quer durch die Alpen. Das westlichste Minus liegt über dem Prätigau, das mittlere über den Tauern und Nord und Süd davon. Das östliche Minus liegt über dem Osten der böhmischen Masse und dem Vorlande. Das ist der nördliche Teil. Der südliche folgt der Hauptsache nach dem Alpenostrande. Zwischen Minusgebieten liegen die Plusgebiete der Silvretta-, der Ötztaler-, der Muralpen.

Schedler und Toperczer weisen auf Grund der Information von O. Ampferer und W. Hammer darauf hin, daß das negative Störungsgebiet im Westen mit dem Gebiet der Bündner Schiefer zusammenfällt. Das Minus im Nordosten stehe mit der böhmischen Masse im Zusammenhange. Die südöstliche Störung findet in der steirischen Tertiärbucht ihr eigentliches Verbreitungsgebiet.

Dieses Bild ist nicht vollständig und bedarf der sinngemäßen tektonischen Erklärung in der Richtung der modernen alpinen Erfahrungen. Man sieht auf den ersten Blick, betrachtet man vom Standpunkt des Deckenbaues der Alpen, die Karte von Schedler und Toperczer: die magnetischen Anomalien folgen den Deckenkulminationen und ihren Depressionen. Die Plusgebiete liegen über den Depressionen, die Minusgebiete über den Kulminationen.

Das Minus des Prättigaus liegt über der Prättigaukulmination, über dem Prättigaufenster. Das Minus der Mitte liegt über der Kulmination der Tauern, also auf der Tauernaufwölbungszone.

Das Ostminus liegt in den Alpen über der Wechselkulmination, über dem Wechselfenster, seine Fortsetzung nach Norden und Süden.

So wird hier die **böhmische Masse** mit einbezogen, der Norden so wie der Süden, wo das Minus über der **steirischen Tertiärbucht** liegt.

Die Plusgebiete liegen demnach in der Deckenmulde der Silvretta, der Ötztaleralpen im Westen, im Osten über der Deckenmulde der Muralpen. Diese großen Kulminationen und Depressionen des ostalpinen Deckenbaues habe ich schon 1923 in meinem Alpenbuch auf der Übersichtskarte als quere N—S-Linien festgehalten und auf ihre Bedeutung hingewiesen.

Nun erscheinen diese **jungen Großdeformationen auch in den magnetischen Anomalien** irgendwie abgebildet und damit irgendwie im Zusammenhange mit magnetischen Vorgängen, die dem geologisch-tektonischem Befunde nach ihren **Ursprung in der Erdrinde** haben und irgendwie mit dem Deckenbau, mit der Struktur der Alpen verbunden sind.

Das zeigen auch die allgemeinen Erfahrungen, die man in letzter Zeit gesammelt hat. Man erkennt, daß die säkularen Variationen, besonders der vertikalen Kraft, in ihren Zentren mit den Orogenen zusammenfallen. Daß gerade die Zentren dieser Anomalien auf den Schnittpunkten von Orogenen liegen, das haben Fisk, Trubjatschinski für bestimmte Fälle schon aufzeigen können.

Auch hier ergeben sich (ungeahnte) Zusammenhänge, die zeigen, wie in der Tiefe sich alles verbindet, sich nach oben auswirkt, Erscheinungen geschaffen werden, die durch das Zusammenwirken verschiedener Wissenschaften sinngemäße Deutung finden können.

4. Die Bodenschätze.

Allgemeines. Bergbau in den Alpen ist uralt. Bayer hat in den Radiolariten des oberen Jura der Klippenzone von Mauer bei Wien die Spuren ältesten Bergbaues alpiner Menschen aufgefunden. Hier haben sich schon die Eiszeitmenschen die Feuersteine für ihre **Steinwerkzeuge** geholt. Weitaus jünger ist der Kupferbergbau der „Alten" auf der Südseite des Hochkönigs (Dientner Gebiet). Am jüngsten ist der Hallstätter Salzbergbau der Hallstätterzeit, der an 3000 Jahre zurückliegt.

Man muß bedenken, daß die alpinen Zonen dem Menschen dieser Gebiete viel „Anregung" gegeben haben, in dem Momente, wo Menschen in die Alpen eindringen konnten. Hier fanden sie in den hochaufgeschlossenen **Bergwänden** Bodenschätze aller Art. Hier, in den **alpinen Zonen**, ist einer der Ausgangspunkte für die Metallzeit der Menschen. **Die Orogene habe in erster Linie dem Menschen das Kupfer gegeben**, im Osten wie im Westen, damit auch **die höhere Kultur, die Möglichkeit zur Evolution.**

Hier soll nicht über die Menge der Bodenschätze gesprochen werden, sondern über ihre Entstehungsart. Nur die wesentlichen Lagerstätten sollen hervorgeholt werden. Da kommen in erster Linie in Betracht, als sedimentäre Lagerstätten: Salz, Kohle und Erdöl. (Siehe Seite 127, 128.)

Das Salz findet sich in der Hallstätter Decke, gebunden an den Werfener Schiefer. Es ist in Lagunengebieten der Hallstätter Decke entstanden. **Es gibt zwei Hallstätter Decken. Es kann dem-**

nach auch zwei Salzlagerstätten geben, anstatt der einen, wie man bisher glaubt.

Kohle findet sich als Steinkohle in den Lunzer Schichten der Kalkalpen, in den Grestener Schichten der Klippenzone, in der Gosau von Grünbach und im Miozän z. T. als Steinkohle (Leoben) oder in der Form der Braunkohle (Lignit).

Erdöl (Erdgas) ist erst in der jüngsten Zeit im Wiener Becken erschlossen worden und wird derzeit im Gebiet von Zistersdorf abgebaut. Man weiß noch nicht recht, woher das Öl kommt. Offenbar ist es Molasseöl und stammt aus Ablagerungen des Oligozän, des Miozän. Erdölhältig sind also in erster Linie das außeralpine Molassefeld und das inneralpine.

Erzlagerstätten finden sich in metallo-genetischen Provinzen (und Zonen), die mit magmatischen Körpern der Tiefe in Zusammenhang gebracht werden. Granigg, Redlich, Waagen, Tornquist, Petrascheck, Brinkmann haben in letzter Zeit Versuche gemacht, Synthese und Systematik der Lagerstätten zu geben. Man ist der Auffassung: die Vererzung der Ostalpen sei jung, mio- bis pliozän und hänge mit Lösungen zusammen, die aus der Tiefe kommen, die gesetzmäßig gebunden, bestimmte Typen von Lagerstätten hervorrufen. Es gibt aber auch eine kretazische Vererzung.

Sicher ist, daß man alte und junge Lagerstätten unterscheiden kann. Also solche, die in Decken liegen, die überschoben sind, solche, die jünger sind als der Deckenbau. Im einzelnen mag die Entscheidung schwer sein, doch sie besteht grundsätzlich zu Recht.

Junge Lagerstätten sind zweifellos die golderzführenden Quarzgänge der Hohen Tauern, die den Deckenbau in N—S-Richtung durchsetzen. Sie hängen mit der jungen Granitisation der Ostalpen in der Tiefe des orogenen Troges zusammen. Sie sind entstanden, als die Tauern wieder in die Höhe stiegen. Kratogene Tektonik hat bei der Aufwölbung der Tauernkulmination Quersprünge, Klüfte geschaffen. So ist Raum geworden für die Lösungen, die so aus der Tiefe aufsteigen konnten.

In der Grauwackenzone liegen Kupfererzlagerstätten, die Eisenerzlagerstätten, ferner die Magnesite. Es handelt sich um Lösungen, die die ursprünglichen Kalke oder Dolomite mehr oder weniger verdrängen, imprägnieren, ersetzen. Die metasomatischen Lagerstätten werden von dem einen Forscher für alt, von dem anderen für jung gehalten.

In den Kalkalpen liegen, sowohl im Norden wie im Süden die Blei-Zinkerzlagerstätten, die bis zu den Raibler Schichten reichen.

Lagerstätten dieser Art gelten als postvulkanische Prozesse, als mehr oder weniger feine Ausstrahlungen eines Magmakörpers der Tiefe. Hier kann auch die Helvet-Penningrenze der Tiefe von Bedeutung sein — für die Vererzung der darüber liegenden Grauwackenzone.

Zu den natürlichen Bodenschätzen muß man auch das Wasser stellen, das gerade im orogenen Felde der Alpen geeignet ist, in der Form von Wasserkraftanlagen Energie zu liefern. Es wird so als „weiße Kohle“ immer mehr von Bedeutung.

5. Die Bodenforschung.

Die Rationalisierung der Wirtschaft, die heute durch alle Staaten durchgehenden Autarkiebestrebungen machen es notwendig, aus dem Boden alle Energiequellen herauszuschaffen. So ist heute eine weitgehende Bodenforschung tätig, die auf jede nur mögliche Weise den Boden restlos zu erforschen sucht.

Hierher gehört die alte Agrargeologie, die heute aber intensiver tätig ist und auch in Österreich darangeht, den Boden in dieser Hinsicht zu erforschen. Es gilt, die Bodenarten festzustellen, den Weg zu zeigen, wie aus diesem Boden maximaler Ertrag erzielt werden kann.

Der tiefere Untergrund wird auf verschiedenen Wegen erforscht. Es gibt verschiedene geophysikalische Methoden, Schwere-, Material-unterschiede festzulegen und damit Salz-, Erdöl- oder Erzlagerstätten zu erkennen. Man erzeugt durch Explosionen Wellen in der Erdoberfläche, die in ihrem Verlaufe verfolgt werden. Man sucht den Boden mit Hilfe der Schwereanomalien abzutasten. Man schickt elektrische Ströme in den Boden, man sucht das magnetische Verhalten des Untergrundes zu erkennen und daraus auf die Beschaffenheit des Untergrundes Schlüsse zu ziehen.

So gibt es auch im Wiener Becken seit R. Schumann Drehwaagen-messungen, dann neuere relative Schwerebestimmungen von R. Mader. Es wurden elektrische Schurfmethoden im Wiener Becken versucht. Ferberger, John und Petrascheck haben das Wiener Becken und den Alpenrand auf ihr magnetisches Verhalten untersucht.

Es ist dabei nicht allzuviel herausgekommen. Man erkennt, daß in all diesen Fällen noch Erscheinungen hineinspielen, die eine unmittelbare praktische Anwendung der Erkenntnisse nicht gestatten.

In der neuesten Zeit gibt es schon wieder neue Apparate, wie das Geoskop, das von der praktischen Geologie auf seine Verwendbarkeit hin untersucht wird.

Bodenforschung im weitesten Sinne wird heute im Rahmen der Autarkiebestrebungen der Staaten und ihres Dranges nach Selbstschutz zu einer neuen Disziplin, die als Wehrgeologie im weitesten Sinne unmittelbar im Dienste des Staates steht.

Wehrgeologie ist heute in den großen Staaten vollständig in den „Aufbauplan" eingefügt. Sie hat alle Bodenschätze aufzudecken, sie nutzbar zu machen, sie hat im Kriege aber alles das zu geben, was der Boden dem Kriege zum sinnvollen Ende geben kann.

Damit wird auch die ganze Bedeutung der Geologie in dieser Hinsicht offenbar. Sie hat im vorigen Jahrhundert die großen Erkenntnisse der Evolution der natürlichen Entwicklung der Erde, des Lebens, des Menschen gebracht. Dieses Jahrhundert bringt die Geologie die rationelle Bodenerschließung, die alle natürlichen Energien des Bodens erschließen wird.

Hier werden natürlich Geologie und verwandte Wissenschaften zu-sammenwirken müssen. Das ist selbstverständlich. Das Ergebnis aber wird sein: höhere Kultur.

E. Tektonogramme.

Erklärung der Tafel der Ostalpen.

Die Tektonogramme geben in vereinfachter Form die großen Züge des Aufbaues der Ostalpen und des Vorlandes wieder. Karten und Profile sollen als Einheit Einblick geben in die körperliche Gestaltung. Grundriß und Aufriß sollen zusammen das Bild der Oberfläche und der Tiefe gestalten. Das Raumbild soll hervortreten, in der großen Übersichtskarte, in den Nebentektonogrammen.

Die geologische tektonische Übersichtskarte der Ostalpen und des Vorlandes ist im Maßstabe 1 : 1 000 000 gehalten. Zum Verständnis dieses Tektonogrammes sind folgende Erklärungen notwendig:

In der böhmischen Masse bedeutet im Gebiete der moravischen Zone: E = Eggenburger Granit; S = moravische Schiefer; B = Bittescher Gneis; Z = Glimmerschieferzone, die Grenze bildend gegen die moldanubische Zone, in der S_1 und S_2 die äußere und innere Zone altkristalliner Schiefer darstellen. Der böhmische Granit scheidet beide Zonen. GF = Gföhler Gneis; Gr = Granulit; SM = miozäne (oligozäne) Süßwasserbecken; KU = Kulm (Unterkarbon).

Die alpine Zone scheidet sich in die nordbewegten Alpiden, in die südbewegten Dinariden.

In den Alpiden sind zu unterscheiden:

1. Die Flyschzone, die Helvetiden (HE) im Westen mit dem Jura der Canisfluh (JU) und die eigentliche Flyschzone (FL). In der östlichen Flyschzone unterscheiden wir: eine Randzone, die äußere Klippenzone I, die Greifensteiner Decke II, die Wiener Wald Decke III, die Schöpfel Decke IV mit der Klippenzone (schwarz). Eine ähnliche Großgliederung ergibt sich auch in der karpathischen Sandsteinzone. Hier wäre die Klippenzone $KL = IV$. Im Westen ist in diese tektonische Zone (Ultrahelvet) auch der Prättigauflysch zu stellen (PF).

2. Die penninische Zone mit den Fenstern: der Westalpengrenze, des Engadin, der Hohen Tauern. In den Westalpen ist alles tiefere Pennin in der Einheit P_1 zusammengezogen. P_2 wäre vor allem die Masse der Bündner Schiefer und die (oberste) Margna Decke. In Summe bedeutet also P_2 das höhere, obere Pennin der Westalpen.

Im Engadiner Fenster ist gleichfalls nur das obere Pennin P_2 in der Form der Bündner Schiefer vorhanden (Kreide). Im Tauernfenster bedeutet: A = die Ankogel, H = die Hochalm Decke im Osten. Ihr Äquivalent im Westen ist der Tuxer und der Zillertaler Kern. Über diesen unteren Zentralgneis Decken liegt die Dachzone der Sonnblick Decke (S) und der Modereck Decke (M). Weiss ist die (junge) Schieferhülle.

3. Die ostalpine Deckenmasse. Die Austriden = Zentraliden.

In den oberostalpinen Kalkalpen liegt zuunterst die Klippenzone, schwarz, an der Grenze von Kalkalpen und Flysch hervortretend. Bavariden sind: die Allgäu Decke des Westens (AL) und die Frankenfelser Decke des Ostens (FR). Über diesen tieferen Bavariden liegt die höhere Lechtal Decke des Westens, die gleich ist der Lunzer Decke des Ostens. Tiroliden sind die Inntal Decke des Westens, die Ötscher Decke des Ostens. Juvaviden sind: im Westen die Krabacher Decke (K), die Hallstädter Decken des Ostens (H). Darüber liegt die Dachstein Decke, die selbst noch Reste einer höheren Decke trägt. Diese Ultra Decke (?) ist nicht ausgeschieden. In den Karpathen gehört hierher die Lunzer-Ötscher Decke ($LÖ$), die subtatrische Decke (SO).

In der oberostalpinen Grauwackenzone kann man eine untere
(*UG*) und eine obere Grauwackenzone (*OG*) trennen. An der Grenze (norische
Linie) liegen kristalline Schollen, die in der Karte senkrecht gestrichelt sind
und schmale Linsen bilden. In der Grauwackenzone liegt im Süden des
Dachsteinstockes der Trias-Mandlingzug.

Die Zentralzone gliedert sich: in die unteren und in die oberen
Zentraliden. Untere Zentraliden sind: die Grisoniden des Westens. Sie
gliedern sich in die Sella und Err Decke (*E*), in die Bernina Decke (*B*), in die
Languard Decke (*L*). Horizontal gestrichelt ist das Altkristallin, schwarz ist
Paläozoikum und Mesozoikum. Diese Grisoniden legen sich über den Prättigau-
flysch (*PF*) und werden von den oberostalpinen Silvrettiden überschoben.
Eine schmale Zone unterostalpiner Decken (Falknis, Sulzfluh, Aroser Decke)
zieht als Aufbruchszone (schwarz) von Süden gegen Norden. Die Stirn dieser
Klippenzone liegt auf der Südseite des Rhätikon. Trümmer liegen aber auch
an der Grenze von Flysch- und Kalkzone (Oberstdorfer Decke).

Unter- oder mittelostalpin sind die Ötztaliden, deren Altkristallin
horizontal gestreift ist. Glimmerschieferzonen sind eng senkrecht schraffiert.
Das Mesozoikum ist senkrecht schraffiert. *EN* = Engadiner Dolomiten;
OR = Ortler; *C* = Campo Decke, von dessen Altkristallin ist *Q* = Quarz-
phyllit abgeschieden. *C* und *Ö* = Altkristallin der Campo Decke und der
Ötztaler Decke, die die Unterlage des Ortlermesozoikums darstellen.

Unterostalpin sind ferner die Lungauriden (*L*), die das Tauernfenster
umrahmen. Schwarz ist alles Mesozoikum, (rechts) quergestreift Quarzphyllit. Hierher gehört noch ganz oder nur zum Teil die Schladminger
Masse (*SL*). Unterostalpin sind weiters noch die Semmeringiden. Horizontal
gestreift ist (wie immer) alles Altkristallin, schwarz das Mesozoikum. Zutiefst
liegt das Wechselfenster, dessen Untergrund Pennin ist. Darüber folgen:
die Stuhleck Decke (*ST*), die Mürz Decke (*M*), die Thörler Decke (*TÖ*). Die
Fortsetzung dieser Zone ist jenseits der Donau die hochtatrische Zone (*HO*).

Oberostalpin sind: die Silvrettiden im Westen, deren Glimmerschiefer-
stirnzone stärker senkrecht schraffiert ist. Diese Stirnzone setzt mit Granitgneisen im Kellerjochgneis in der Grauwackenzone fort. *KR* ist das Silvrettakristallin; *DU* ist das darauf liegende Mesozoikum der Dunkangruppe. Zu
den Silvrettiden gehört auch die Steinacher Karbondeckscholle, die auf der
Tribulauntrias liegt. Deckschollen der Silvrettiden liegen auch auf dem Engadiner Mesozoikum. Oberostalpin sind ferner die Muriden des Ostens, deren
Glimmerschieferzonen mit *GL* ausgeschieden sind. *GN* bedeutet die Gneiszonen. *SK* umfaßt die Bösenstein-Seckauer Granitgneise, *GLE* das Gleinalpenkristallin. Noch höher liegen die Koriden, deren Westflügel (?) von den
Bundschuhgneisen (*BG*) gebildet wird. Auf den Koriden liegen: das Grazer
Paläozoikum (*GP*), die Gosau der Kainach (*KG*), das Murauer Paläozoikum
(*MP*), die Stangalpentrias (*T*) und das Paläozoikum der Stangalpe, der Gurktaler Alpen (*SP*). Dieses Paläozoikum ist der Stangalpentrias (*T*) aufgeschoben. (Von Süden oder von Osten ?)

Den Stammteil der ostalpinen Decken bilden die Drauiden. Sie
bestehen aus Gneisen (*GN*), Glimmerschiefern (*GL*) und tragen das Draupaläozoikum (*1*), das Draumesozoikum (*2*) und die Gosau (*3*) von Guttaring.

Die Dinariden scheiden sich von den Alpiden durch eine Zone Altkristallin mit Quarzphyllit (*Z*). In diesem Quarzphyllit hat man Graptolithen (Silur) gefunden. Die *Z*-Zone zieht, schwarz gezeichnet, vom Addatal
bis Eisenkappel in Kärnten. Dieses dinarische (alpin-dinarische) Kristallin
hat vor sich gegen Süden die dinarische Grauwackenzone, das karnische

Paläozoikum (*KP*). Das dinarische Kristallin mit Quarzphyllit erscheint inmitten der Dinariden im Cima-d'Asta-Massiv und im Grundgebirge von Rekoaro. Auf dem Grundgebirge liegt der Quarzporphyr des Etschtales, darauf die Trias der Dolomiten (*TR*), der Jura, die Kreide (*KR*). *KE* ist die Kreide der Flyschzone, *EO* deren Eozän, *OL* = Oligozän. *I* ist die Außen-, *II* und *III* die Innen- und Mittelzone, *IV* die Zone der Bosniden (bosnische Flysch-Hornstein-Zone). *P* = Paläozoikum der Zone *II* und *III* (Karbon).

Im Zwischengebirge *ZW* bedeutet *BT* das Bakonymesozoikum und *BV* den Bakonyvulkanismus. Eine dicke, gestrichelte Linie gibt die ungefähre Grenze des Zwischengebirges gegen die Alpiden (*A*), gegen die Dinariden (*D*).

Vulkanismus der Alpen. In einer Nordlinie liegen, auf helvetisch-penninischem Grenzraume, der Vulkanismus von Köfels im Ötztal (*VK*), des Patscherkofels bei Innsbruck (*VI*), der Vulkanismus des Pauliberges im Burgenland (*PV*) und von Pullendorf (*VP*). Der steirische Vulkanismus ist mit *SV* bezeichnet, der Balatonvulkanismus mit *BV*. Er liegt im Zwischengebirge. In den Dinariden liegt der Vulkanismus (*VU*) der Steiner Alpen und der Savefalten auf der Innenseite. Gegen das Vorland zu liegt auf der Außenseite der Vulkanismus der Euganeen (*EV*). Der Vulkanismus von Predazzo in den Dolomiten ist nicht eingetragen. Die periadriatische Intrusion umfaßt den Disgraziastock (*DG*), den Adamello-, den Brixener Granit (*BG*), den Bachergranit (*B*).

Das inneralpine Süßwassertertiär, die inneralpine Molasse ist nur in den großen Becken der Drau, der Mur, des Lavanttales mit *Te* angedeutet.

Zur Beachtung: In den Alpen ist die Flyschzone im allgemeinen punktiert. Die Kalkalpenzone ist mit geraden Strichen gezeichnet. Alles Paläozoikum ist schief (links-rechts-fallend) und mit dicken Linien gezeichnet. Alles Altkristallin der Zentralzone ist mit horizontalen Strichen wiedergegeben. Alles unterostalpine Mesozoikum ist schwarz gezeichnet.

In den Dinariden ist Altkristallin und Quarzphyllit schwarz gezeichnet. Alles Paläozoikum mit dicken Strichen von rechts nach links. Mesozoikum ist mit senkrechten Strichen gezeichnet, doch anders als die nördliche Kalkalpenzone. Immerhin soll die Symmetrie des Alpenbaues in dieser Hinsicht in der Zeichnung hervortreten.

Nebentafel 1.

Profil durch die Ostalpen. Ortlerprofil im Maßstabe 1 : 1 000 000. *V* = Vorland, *M* und *Mo* = Molasse. *HE* = helvetisches Mesozoikum. *G* = helvetisches Grundgebirge. *FL* = Flysch. *P* = penninisches Grundgebirge (ganz vereinfacht). *S* = Bündner Schiefer. Darüber liegt (punktiert) Prättigauflysch. Die ostalpine Deckenmasse mit dem Altkristallin *K*, dem Mesozoikum *T* und der Kalkalpenstirn. *KL* = Klippenzone, *1* = Allgäu, *2* = Lechtal, *3* = Inntal Decke. Von unten liegen nach oben: die (*1*) Sella, (*2*) Err, (*3*) Bernina, (*4*) Languard, (*5*) Campo Decke, die das Ortlermesozoikum trägt. Darüber folgt die Silvretta Decke, deren Wurzel schon im Süden des Ortlers liegt. *AD* = Adamellointrusion. Dinariden: *K* = Altkristallin und Quarzphyllit. *M* = Mesozoikum.

Nebentafel 2.

Tektonogramm des alpin-variszischen Orogens. Oberflächen- und Tiefenprofil (bis 100 km Tiefe). Die Mechanik des Orogens soll offenbar werden.

Man sieht die starren Schollen (horizontal schraffiert), links die alpin-variszische Vorlandscholle, rechts die adriatische Vorlandscholle. Dazwischen

liegen die Orogene, links das variszische, rechts das alpine Orogen. Die
Orogene werden zwischen den starren Schollen ausgepreßt. Sie fließen über
das Vorland. Im variszischen Orogen fließen darum die Überschiebungen auf
die alpin-variszische Vorlandscholle, also gegen Süden. Im alpinen Orogen
fließen die Alpiden als Nordstamm gegen Norden auf die alpin-variszische
Grenzscholle. Im Süden fließen die Dinariden als alpiner Südstamm auf die
adriatische Vorlandscholle, also wieder gegen Süden.

So wird der Fächerbau der Orogene, der im variszischen Orogen nur den
Südstamm zeigt. Er ist aber alt und nicht mehr tätig.

Der Tiefenbau. Unter den starren Massen, die an 60 km dick sein
können, liegen zuerst die sialischen Zonen, die aus granitischem Material bestehen. Erst tiefer liegt das basaltische Material der Simazone. Die Sial-,
die Simazone der Tiefe ist ebenso zusammengeschoben wie die (tektonische)
Deckenzone der oberen Partien der Erdrinde. Nur gehen in der Tiefe die Bewegungen im Plastischen vor sich, im Magma. Sie sind flachwelliger. Sie sind
Ausgleichsbewegungen der Tiefe, die solange vor sich gehen, bis Ausgleich
wird.

Man muß sich auch vorstellen, daß im variszischen Orogen der Ausgleich
schon weitgehend hergestellt ist. Das gegebene Bild des variszischen Orogens
zeigt den „orogenen Zustand", also den Zustand des Orogens im Karbon.
Dieser Zustand besteht heute nicht mehr. Der eigentliche orogene Zustand
ist längst dem ausgeglichenen kratogenen Bauplan gewichen, wie die geologische Geschichte der böhmischen Masse lehrt.

Man muß denken, daß alle Vorgänge der Oberfläche Abbilder, Folgen von
Vorgängen der Tiefe sind. Wir sehen in der allgemeinen Kontraktion der Erde
die Ursache der Gebirgsbildung. Diese ist also die Folge der Verkleinerung
der Erde, in erster Linie des Erdkerns. Dieser verdichtet sich, saugt
Massen an, „verkernt" diese. So wird die Erdrinde in Sial umgewandelt,
dieses wieder in Sima, dieses wieder mit der Zeit in Nife-Sima, in Material,
das eben noch schwerer und „dichter gepackt" ist. Zugleich muß das Erd-
innere die leichteren Massen ausstoßen und nach oben treiben. So ergibt sich
ein Auf und Ab in der Tiefe, an der Oberfläche. Im großen und ganzen
handelt es sich um interatomare Vorgänge, um physikalisch-chemische Prozesse, die geologisch als Magmatismus und Tektonismus sich auswirken. Die
an der Oberfläche getrennt erscheinen, die in der Tiefe aber Einheit sein
müssen. Immer entscheiden die Vorgänge der Tiefe, die sich aus dem Tektonismus des Magmatismus ergeben, aus der Gesamtheit der magmatischen
Bewegungsvorgänge der Tiefe.

Man sieht, es handelt sich hier um den orogenen Magmatismus der Tiefe,
von dem der Magmatismus im Orogon und an der Oberfläche nur Abbild ist.

Man sieht aus der ganzen Geschichte des Orogens, wie sich die orogene
Oberfläche hebt und senkt, wie sie pulsiert, wie sie zusammengeschoben wird.
Sie senkt sich in der geosynklinalen Phase. Sie steigt in der orogenen Phase.
Also muß der magmatische Untergrund sich zuerst senken, dann aber wieder
steigen. Es ist das gleiche Bild des Steigens der Magmasäule, wie es im
Schlote eines Vulkans eintreten kann. So wird auch das Orogen zwischen den
starren Massen zu einem Riesenschlot der Entgasung des Erdinneren,
die sich umsetzt in die Form magmatischer und tektonischer Vorgänge. Im
Kampfe um den Raum, der aus der Kontraktion der Erde erfließt, wird das
Gebirge der Oberfläche und sein Gegenstück, das Gebirge der Tiefe, die
zusammengestaute Magmazone, die Sial und Sima mischt, solange, bis Ausgleich wird, Gleichgewicht, Ruhe.

Diese Ausführungen sind notwendig, um das Bild dieses Tektonogramms zu verstehen. Es kann auch weiter nicht genauer erklärt werden. Dazu fehlt der Raum. Es soll vielmehr auch den Leser anregen, die Möglichkeiten des Gestaltens der Tiefe zu sehen, das Auf und Ab der Magmasäulen, der Geoisothermen, das Auf und Ab der Granitfront, der Basaltfront, ihr Erstarren, ihr Aufschmelzen in großen Zyklen und Rhythmen.

Körper, Massen, Räume gliedern sich bis in große Tiefen, in denen erst Ausgleich wird. So nimmt man eine solche „Ausgleichstiefe" in 100 km Tiefe an. Sie ist mit der Basislinie B angedeutet. Die Linie $A—A—A$ gibt ein höheres Niveau an, in dem Ausgleich angestrebt wird. Dieser Ausgleich der Tiefe soll die großen Antiklinalen von Sima—Basalt—Sima wieder einebnen, erniedrigen. Diese Antiklinalen sind mit dicken Linien gezeichnet (rechts und links). Die Mittelantiklinale, die das Aufsteigen der Simafront aus der Tiefe des Orogens darstellen soll, ist mit weniger dicken Strichen hervorgehoben.

Über dieser tiefen Sima—Basalt—Magma-Zone, die die basaltischen Gesteine liefert, liegt die leichtere granitische, die Sialzone. Sie ist punktiert. Sie hat Grenzzonen gegen oben, gegen unten. Gegen oben tritt Sialisierung der Erdrinde ein, also Aufschmelzung der starren Erdrinde durch das granitische Material. Gegen die Tiefe zu wird sie simatisiert, also in Basaltmaterial umgeformt. Die Linie $G—G$ soll das Aufsteigen der Geoisothermen andeuten, in der Zeit, wenn von der Tiefe her Aufschmelzung entsteht, Hochsteigen des Magmas, damit der Temperatur. Von der Granitzone aus erfolgen die granitischen Intrusionen und Aufschmelzungen in das Orogen, Prozesse, die allgemein in der orogenen Phase sich einstellen. Von dieser Granitzone aus erfolgen auch die posttektonischen Intrusionen der alpinen Granite, wie des Adamello. Von dieser Zone gehen weiter noch alle postvulkanischen Phänomene aus, also z. B. die Vererzungen, die mit dem alpinen Zyklus zusammenhängen, so also die junge Vererzung der Tauern. Von diesem granitischen Magmatismus (Vulkanismus) ist grundsätzlich der Vulkanismus der Basaltzone zu scheiden, der auf Spalten aufsteigt, der atlantische Gesteine liefert. Dieser Simamagmatismus ist also anderer Art als der Sialmagmatismus, der mit der Gebirgsbildung zusammenhängt, der Aufschmelzung ist, der mehr mit Tektonik gebunden ist. Wir sehen auch, wie der sialische Magmatismus im Orogen hochsteigt, wie er Teile des Untergrundes einschmilzt, wie hier die hochsteigende Geoisotherme von Einfluß wird bei der Metamorphose tiefversenkter alpiner Zonen, z. B. bei der Metamorphose der Schieferhülle der Tauern.

Wir nehmen eine Mächtigkeit der Erdrinde von etwa 60 km an, weil das der geophysikalischen Erfahrung entspricht. In diesen Tiefen ist der Schmelzzustand, der Magmazustand der Massen der Tiefe gegeben ($1200^0—1300^0$ C). In diese „Erdrinde" dringt der Vulkanismus auch in der Form von Spalten und Gängen ein (V_1, V_2, V_3 und V_4). Er kommt also aus verschiedenen Magmazonen (Magmakammern). Auch tritt Vermischung, Ausgleich magmatischen Materials ein. So werden die mannigfachen vulkanischen Gesteine, der mannigfache Magmatismus und Vulkanismus, der aber doch immer nach großen Gesetzen gestaltet.

Die Pfeile in den Schollen sollen die Bewegungsrichtungen angeben, die dem Großtektonismus zugrunde liegen.

Die tektonische Oberzone. Wir sehen nun links, im variszischen Orogen, die Granitfront hochsteigen, so daß der Granit an die Oberfläche kommt. In diesem „Granitbade" des böhmischen Granites stecken moldanubische Dachschollen. Das Moldanubikum (MOL) der böhmischen Masse (BM)

gliedert sich in die Teildecken *1* und *2*. Die untere (*1*) umfaßt die Schiefergneise, die obere (*2*) Schiefergneise und vor allem die Massen von Gföhlergneis, von Granulit und die dazugehörigen Gesteine.

Das Moravikum (*MOR*) gliedert sich in Teildecken, deren Altkristallin Bittescher Gneis ist. Den Mantel bilden paläozoische Sedimente, die bis zum Devon reichen. Sie sind schwarz gezeichnet. Der Eggenburger Granit gehört in diesem Profil bereits der alpin-variszischen Grenzscholle an, die horizontal schraffiert und ganz als tektonische Einheit gezeichnet ist.

Die Linie *T—T—T* bedeutet die tektonische Höhe des alpinen und variszischen Orogens, d. i. die mittlere Höhe, die die Orogene erreichen oder erreichen können, wenn alle Schubmassen als tektonische Körper übereinanderliegen.

Das alpine Orogen beginnt mit der Molassezone *M* im Norden. Dann folgt *H*, die helvetische Zone. In der Tiefe des Orogens liegt, bedeckt von der ostalpinen Schubmasse, das Pennin *P* auch *PE*. *P* stellt die junge Schieferhülle vor, hauptsächlich das metamorphe Mesozoikum. *PE* soll das Grundgebirge geben, also die Zentralgneise und ihr altes Dach. Die Deckengliederung ist in der Form *A—E* festgehalten. *A* soll die Ankogel-, *B* und *C* die in sich geteilte Hochalm Decke darstellen. Über diesen autochthonen Grunddecken liegen die zerschuppten Dachdecken, die Sonnblick Decke *D* und die Modereck Decke *E*. Das Pennin wird von Süden, von Norden her überschoben und so in die Tiefe gepreßt.

Die ostalpine Deckenmasse *OS* gliedert sich in die kristallinen Kerne *I—IV*. *I* soll die unterste Teildecken darstellen, also die Lungauriden, die Ötztaliden, die Semmeringiden. Schwarz ist das umhüllende Mesozoikum. Es liegt also unter *I* verkehrt, wie in den Radstädter Tauern, über *I* normal, als tief nach Süden greifende Deckenmulde (Tribulaun, Ortler). Von der Teildecke *I* stammen die grisoniden Teildecken, wie die Falknis-, die Sulzfluh-, die Aroser Decke ab. An der Grenze von Kalk- und Flyschzone können mesozoische Schollen von *I*, von *II* als „ostalpine Klippenzone" erscheinen (*1*).

Damit kommen wir an die Basis der Kalkalpen (*K*), deren Teildecken mit den Zahlen *2—7* wiedergegeben sind. *2* = Bavariden = Allgäu- und Frankenfelser Decke; *3* = Lechtal- und Lunzer Decke; *4* = Tiroliden = Inntal Decke im Westen = Ötscher Decke im Osten. Mit *5* beginnen die Juvaviden. *5* = Krabach Decke = Hallstätter Decke; *6* = Dachstein Decke; *7* = Ultra Decke. Diese Kalkalpen Decken stammen der Hauptsache nach wohl von den Teildecken *II*, die im Westen die Silvrettiden bilden, im Osten die Muriden. *III* wären die Koriden im Osten, die im Westen kein Äquivalent (unmittelbar) haben. *8* ist das daraufliegende Mesozoikum der Stangalpe, das von Süden her (lokal?) überschoben wird. Die Überschiebung kann aber auch von den Drauiden *IV* ausgehen. *V* bedeutet das Gailtaler Kristallin, also das Grenzgebiet gegen die Dinariden. *9* bedeutet die Zone der alpin-dinarischen Narbe, das Mesozoikum, das hier einmal vorhanden war, das die Verbindung herstellt zwischen dem Mesozoikum, das als Draumesozoikum sich zwischen *IV* und *V* (nordbewegt) sich einstellt und dem Mesozoikum *10*, das dinarisch ist. Es gehört dem Mesozoikum der Steineralpen, der Innenzone der Dinariden zu, dessen Untergrund *VI* das karnische Paläozoikum ist (mit dem ursprünglich darunter liegenden Altkristallin. *11* ist die Stirn der Steiner Alpen im Süden. *11* ist auch die Schuppenzone, die sich unter der Stirn der Julischen Alpen einstellt. Die Gipfelfaltungen (gegen Süden) dieser inneren Gebiete der Dinariden sind angedeutet. *12* ist das nach Süden über Flysch vordringende Pöllander Mesozoikum, dessen Paläozoikum und

Grundgebirge mit *VII* gegeben ist. *12* und *14* stellen die Faltenwellen der Kreide und des Eozäns (Flysches) der adriatischen Außenzone vor.

Noch sei gesagt: Aus Berechnungen über den Zusammenschub der Erdrinde durch die alpine Gebirgsbildung ergibt sich eine Verkürzung des Erdradius um 3% (**Heim** und **Kober**). Mit Beginn der Trias hat die Erde ungefähr die mittlere Dichte 5 gehabt. Der Radius der Erde war damals um rund 200 km größer. Diese Zeit liegt im Mittel 200 Millionen von Jahren vor uns. Die mittlere Kontraktionsgeschwindigkeit der Erde bewegt sich demnach in der Größenordnung von 1 mm pro Jahr (**Kober** 1935).

Die Nebentafel 3

gibt ein Profil der östlichen Alpen wieder (Maßstab 1 : 300000). Wir sehen im Norden in der Tiefe die böhmische Masse (B. Masse), darauf die Molasse. Diese ist überschoben, von Süden her, von der Helvetzone, dem Flysch, der an der Stirn in Teildecken geworfen ist. *M* bedeutet Mesozoikum, *E* = Eozän. Auf das Helvet folgt im Süden das Pennin, das unter dem Wechselfenster in geringer Tiefe liegen muß oder im Wechselfenster sogar mit Übergangsteilen zum Ostalpin zutage kommt.

Das Unterostalpin bilden die Semmeringiden. *K* soll das Grundgebirge darstellen. Das Mesozoikum ist schwarz gehalten. Man sieht, wie die Semmeringiden in großer Kulmination die Penniden der Tiefe überwölben und im Norden stirnen. Die kristallinen Stirnteile bilden relativ schmale Zonen, die von Mesozoikum eingehüllt werden. Das Mesozoikum ist hier übertrieben dick gezeichnet.

Im Süden des Wechselfensters liegen die oberostalpinen Decken- und Stammassen, die Muriden, die Koriden, die Drauiden. *OK* bedeutet oberostalpines Altkristallin, *OG* = oberostalpine Grauwackenzone. Diese Südzonen sind die Wurzelgebiete der nördlichen Deckschollenregion, die von den Kalkalpen und der Grauwackenzone gebildet wird. In der Grauwackenzone *P* stecken noch Teile von Altkristallin (z. B. das Vöstenhofer Kristallin), die hier aber nicht eingezeichnet sind. Die nordalpine Grauwackenzone *P* bildet die Umhüllung, die Stirn für das oberostalpine Kristallin *OK* des Südens. Die Kalkalpen Decken sind: Die Pieninen *KL* = die Klippenzone. Die Bavariden = *FR* = Frankenfelser und *LU* = Lunzer Decke. Tiroliden = *ÖT* = Ötscher Decke. Juvaviden = *HA* = Hallstätter Decke und *DA* = Dachstein Decke, darauf eventuell auch Reste der Ultra Decke. Man sieht, wie auf der Südseite sogar noch die Ötscher Decke in Spuren herauskommt (Profil des Werninggrabens bei Payerbach).

Nebentafel 4

gibt die Großgliederung von Alpen und Vorland. Es bedeutet *T* das Mesozoikum der schwäbisch-fränkischen Tafel. *MO* = Moldanubische und *R* = Moravische Zone. In den Alpen ist *H* = Helvetische Zone und *P* = Pennin. Das unterostalpine Deckensystem ist mit Schwarz wiedergegeben. *Ö* = Ötztaliden. Oberostalpin sind: *M* = Muriden und *KO* = Koriden *DR* = Drauiden. *DI* = Dinariden. *A* = Kulminationen. *S* = Depessionen (Linien quer durch die Alpen).

Nebentafel 5

gibt die Auflösung des variszisch-alpinen Orogens in seine Großzonen. *I—IV* die Zonen der Dinariden. *Bosnid* = Bosniden = die bosnische Schiefer-Hornstein Decke. Die Pfeile geben die Richtung der Bewegung.

In diesen Tektonogrammen sind die Grundformen des Baues in Karten und Profilen dargestellt. Es war nicht möglich, eine eigene Profiltafel zu geben. Aus Ersparungsgründen mußte auch im Text reicheres Abbildungsmaterial unterbleiben. Es war aus den gleichen Ursachen auch unmöglich, ein vielseitiges Verzeichnis der Arbeiten zu geben, die meist in den Verhandlungen und Jahrbüchern der Geologischen Bundesanstalt leicht zu finden sind. So wurde Literatur nur in notwendigen Fällen angegeben.

Im übrigen geben die zusammenfassenden Arbeiten der letzten Zeit von Heritsch, Kober, Kraus, Klebelsberg, Vetters, F. E. Suess, W. Petrascheck und insbesondere die Geologische Bibliographie der Ostalpen von R. v. Srbik weitgehende Überschau über die geologische Literatur Österreichs.

Additional material from Der Geologische Aufbau Österreichs
ISBN 978-3-7091-9578-9 (978-3-7091-9578-9_OSFO1)
is available at http://extras.springer.com